Sven Klausner

Thermische Beanspruchung von Leistungshalbleitern in Fahrzeugen des ÖPNV

TUDpress

2016

Die vorliegende Arbeit wurde am 25. November 2013 an der Fakultät Maschinenwesen der Technischen Universität Dresden als Dissertation eingereicht und am 29. Juni 2015 erfolgreich verteidigt.

Gutachter:
Prof. Dr.-Ing. habil. Jörg Huhn, Technische Universität Dresden
Prof. Dr.-Ing. Arnd Stephan, Technische Universität Dresden
Prof. Dr.-Ing. Achim Trogisch, Hochschule für Technik und Wirtschaft Dresden

Bibliografische Information der Deutschen Nationalbibliothek
Die Deutsche Nationalbibliothek verzeichnet diese Publikation in der Deutschen Nationalbibliografie; detaillierte bibliografische Daten sind im Internet über http://dnb.d-nb.de abrufbar.

Bibliographic information published by the Deutsche Nationalbibliothek
The Deutsche Nationalbibliothek lists this publication in the Deutsche Nationalbibliografie; detailed bibliographic data are available in the Internet at http://dnb.d-nb.de.

ISBN 978-3-95908-057-6

Universitätsverlag & Buchhandel
Eckhard Richter & Co. OHG
Bergstr. 70 | D-01069 Dresden
Tel.: 0351/47 96 97 20 | Fax: 0351/47 96 08 19
http://www.tudpress.de

TUDpress ist ein Imprint von w.e.b.

Gesetzt vom Autor.
Printed in Germany.

TECHNISCHE UNIVERSITÄT DRESDEN

Thermische Beanspruchung von Leistungshalbleitern in Fahrzeugen des ÖPNV

An der Fakultät Maschinenwesen
der Technischen Universität Dresden
zur Erlangung des akademischen Grades eines
Doktor-Ingenieurs eingereichte Dissertation

von

Dipl.-Ing. (FH)
Sven Klausner

geboren am 07.10.1969 in Dresden

Gutachter:

Prof. Dr.-Ing. habil. Jörg Huhn, Technische Universität Dresden

Prof. Dr.-Ing. Arnd Stephan, Technische Universität Dresden

Prof. Dr.-Ing. Achim Trogisch, Hochschule für Technik und Wirtschaft Dresden

Tag der Einreichung: 25.11.2013
Tag der Verteidigung: 29.06.2015

Vorwort

Diese Arbeit entstand in einem kooperativen Promotionsverfahren während meiner Tätigkeit als wissenschaftlicher Mitarbeiter am Fraunhofer Institut für Verkehrs- und Infrastruktursysteme (IVI) Dresden. Neben der herausfordernden und lehrreichen Bearbeitung der vorliegenden Dissertation hatte und habe ich die Gelegenheit, an sehr aktuellen Forschungsthemen auf dem Gebiet der Elektromobilität für Öffentliche Nahverkehrsmittel teilzuhaben. Ich möchte allen, die zum guten Gelingen der Dissertation beigetragen haben, meine tiefe Dankbarkeit ausdrücken.

Mein besonderer Dank gilt Prof. Dr.-Ing. habil. Jörg Huhn von der Fakultät Maschinenwesen der Technischen Universität Dresden, der mir stets mit kritischen Anmerkungen und wertvollen Hinweisen unterstützend zur Seite stand. Darüber hinaus möchte ich besonders Prof. Dr.-Ing. Arnd Stephan von der Fakultät Verkehrswissenschaften „Friedrich List" der Technischen Universität Dresden sowie Prof. Dr.-Ing. Achim Trogisch von der Fakultät Maschinenbau der Hochschule für Technik und Wirtschaft Dresden für die freundliche Übernahme der Koreferate danken.

Besonders danke ich dem Institutsleiter des Fraunhofer IVI, Herrn Prof. Dr.-Ing. Matthias Klingner, der mit der Überlassung notwendiger Laborausstattung einen wesentlichen Beitrag zum Gelingen der Arbeit beigetragen hat. Bei meinen ehemaligen Institutskollegen, Dr.-Ing. Martin Lehnert und Dr.-Ing. Matthias Herzog, möchte ich mich für die konstruktiven fachlichen Diskussionen, das von mir stets als angenehm und freundschaftlich empfundene Arbeitsklima sowie für schöne Momente außerhalb der fachlichen Zusammenarbeit ganz herzlich bedanken.

Mein Dank gilt nicht zuletzt meiner Partnerin Beatrix und meinen beiden Kindern Hannah und Yannic, meinen Eltern und meinen Freunden, die mich über die gesamte Dauer der Promotion unterstützten, Interesse zeigten, an mich glaubten und mir zur Seite standen. Ohne Euern Rückhalt wäre mir die Umsetzung meines Vorhabens nicht möglich gewesen.

Sven Klausner

Inhaltsverzeichnis

Abkürzungen und Formelzeichen VII

Kurzfassung XI

1 Einleitung 1

1.1 Motivation 1
1.2 Gewählte Methodik und Gliederung 3

2 Stand der Technik 7

2.1 Einteilung standardisierter Fahrzyklen 7
2.2 Energie– und Leistungsbedarf von Fahrzeugen des ÖPNV 10
2.3 Elektrische Energiespeicher für mobile Anwendungen 17
2.4 Leistungselektronische Kopplung 23
2.5 Sperrschichttemperatur und Lebensdauer 26
2.6 Schutzmaßnahmen gegenüber thermischer Überlastung 32
2.7 Modellierung thermischer Netzwerke 33
2.8 Softwarewerkzeuge 38

3 Simulationsmodell „Thermische Wechselbeanspruchung“ 43

3.1 Struktur des Werkzeugs 43
3.2 Teilmodell Fahrbetrieb 45
3.2.1 Elektrische Antriebsleistung 45
3.2.2 Netzrückspeisung 49
3.2.3 Hilfsbetriebebedarf 49
3.3 Teilmodell Gleichstromsteller 50
3.3.1 Gesamtverlustleistung des Gleichstromstellers 50
3.3.2 Verlustleistung in der Speicherdrossel 51
3.3.3 Verlustleistung in den Ein– und Ausgangskondensatoren 52
3.3.4 Verlustleistung in den Leistungshalbleiterbauelementen 53
3.3.5 Implementierung im Simulationsmodell 55
3.4 Teilmodell Energiespeicher 57
3.5 Teilmodell Sperrschicht 62

4 Modellparametrierung und Berechnungsbeispiel 67

4.1 Auswahl eines geeigneten Fahrzyklus‘ 67
4.2 Parametrierung und Überprüfung des Fahrzeugmodells 69
4.3 Auslegung des Energiespeichers 70
4.4 Auslegung des bidirektionalen Hoch–/Tiefsetzstellers 73
4.5 Beispielsimulationen 80

5 Sollstromvorgabe mittels Sperrschichttemperaturschätzung 95
5.1 Potential des Verfahrens 95
5.2 Ansätze für Temperaturschätzung und Sollstromvorgabe 97
5.2.1 Temperaturschätzung 97
5.2.2 Sollstromvorgabe 103
5.3 Versuchsanordnung 105
5.3.1 Kenndaten der Tiefsetzsteller–Schaltung 106
5.3.2 Gerätebeschreibungen 107
5.3.3 Spezielle Anforderungen 108
5.4 Experimentelle Verifizierung 110
5.4.1 Ermittlung der Verlustleistung der Leistungshalbleiter im Betrieb 110
5.4.2 Ermittlung der thermischen Impedanzen 116
5.4.3 Erprobung der Sollstromvorgabe mit Sperrschichttemperaturschätzung 118

6 Zusammenfassung 121
6.1 Modellierung der thermischen Wechselbeanspruchung 121
6.2 Kurzzeitbelastung über zulässigem Dauerstrom 122

Literaturverzeichnis 125

Anhang 131

Abkürzungen und Formelzeichen

Abkürzungen

APS	Alimentation Par le Sol – neues elektrisches Antriebssystem
CAN	Controller Area Network
CBD	Central Business District Fahrzyklus
CIS	Component Information System
CO	Kohlenstoffmonoxid
CO_2	Kohlenstoffdioxid
Cool	Kühlsystem
D/A	Digital/Analog
DCB	Direct Copper Bonding (Lötung ohne Trägersubstrat)
DLC	Double Layer Capacitor (Doppelschichtkondensator)
DOD	Depth of Discharge (Entladungstiefe)
ds1103	Bezeichnung einer verwendeten PC–Einsteckkarte der Firma dSpace
DSO	Digitalspeicheroszilloskop
DVB	Dresdner Verkehrsbetriebe AG
ELB	Energie– und Leistungsbedarf
EMV	Elektromagnetische Verträglichkeit
EOL	End Of Life (Ende der Lebensdauer)
FES	Fahrzeugenergieversorgungssystem
FIT	Failure In Time (zeitliche Ausfallrate)
GPS	Global Positioning System
HLE	Leistungshalbleiterbauelement/-e (hier IGBT und Diode)
IGBT	Insulated Gate Bipolar Transistor (Bipolartransistor mit isolierter Gate-Elektrode)
ILE	Integrierte Leistungselektronik
Inf	Infinitesimal
IPM	Integrated Power Module (Leistungsmodul)
IVI	Fraunhofer-Institut für Verkehrs– und Infrastruktursysteme
Li	Lithium
LKW	Lastkraftwagen
MTTF	Mean Time To Fail (mittlere Lebensdauer)
NiCd	Nickel–Cadmium
NiMH	Nickel–Metallhydrid
OFB	Oberleitungsfreier Betrieb
ÖPNV	Öffentlicher Personennahverkehr
PC	Personal Computer
PCT	Power Cycling Test (zyklischer Belastungstest)
Ph	Phase (Parallelzweig)
PKW	Personenkraftwagen
PWM	Pulsweitenmodulation
RBL	Rechnergestütztes Betriebsleitsystem
SORT	Standardised On–Road Test Cycle
TM	Teilmodel
WLP	Wärmeleitpaste, Wärmeleitschicht
WTM	Wärme–Temperatur–Modell
ZBDK	Zeitgewichtete Belastungsdauerkurve
ZRM	Zustandsraummodell

Formelzeichen

A_L	Induktivitätsfaktor [H=Vs/A]
A_N	Wicklungsfenster [m²]
A_R	Widerstandsfaktor [Ω]
A_O	Luftaufstandsfläche [m²]
B	magnetische Flussdicht [T=Vs/m²]
C	elektrische Kapazität [F=As/V]
C_{th}, Ca_{th}	Wärmekapazität [Ws/K]
D	Tastverhältnis [–]
E	Energie [Ws]
ESL	äquivalente serielle Ersatzinduktivität [H=Vs/A]
ESR	äquivalenter serieller Ersatzwiderstand [Ω]
F	mechanische Kraft [N]
I,i	elektrischer Strom [A]
L	Induktivität [H=Vs/A]
M	Drehmoment [Nm]
N	Windungszahl [-]
N	Häufigkeit [-]
P	Leistung [W]
R	ohmscher Widerstand [Ω=V/A]
R_{th}, Ra_{th}	Wärmeleitwiderstand [K/W]
SOC	State Of Charge (Ladezustand) [%]
T	Zeitschrittweite mit T=1/f [s]
T	Temperatur [°C]
Tau	thermische Zeitkonstante [s] für Modellierung in Foster-Form
Ta	thermische Zeitkonstante [s] für Modellierung in Cauer-Form
U, u	elektrische Spannung [V]
Z	thermische Impedanz [K/W]
a	Beschleunigung [$m \cdot s^2$]
c_W	Luftwiderstandsbeiwert [–]
f(...)	Funktionswert
f	Frequenz [Hz]
f_{Roll}	Rollwiderstandsbeiwert [-]
k_{Bo}	Boltzmannkonstante
k	spezifische Verlustleistung [W/A]
l	Länge [m]
m	Masse [kg]
n	Drehzahl [s^{-1}]
p	Anzahl [-]
r	Radius [m]
s	Weg [m]
t	Zeit [s]
$ü$	mechanisches Übersetzungsverhältnis [-]
v	Geschwindigkeit [m/s]
w	spezifische Temperaturerhöhung [K/W]
ε_{OL}	Anteil Netzrückspeisung [%]
ζ	Dynamischer Massenfaktor [–]
η	Wirkungsgrad [%]
ϑ	Temperatur [°C]

λ	Ausfallrate eines Bauteils [1/h]
μ	Permeabilität [H/m = (V·s)/(A·m)]
μ_r	Permeabilitätszahl [-]
ρ	Dichte [kg/m³]
τ	Zeitkonstante [s]
Θ	Massenträgheitsmoment [kg·m²]

Indizes

A	Ausgang
AC	Wechselstrom
Arb	Arbeit (Betrieb)
B	Beobachter
Bo	Boltzmann
BAT	Batterie
BN	Bordnetz
Br	Bremsbetrieb
BW	Bremswiderstand
C	Kondensator
C	Kollektor
Ca	Cauer
CC	Kollektor– Kollektor
CE	Kollektor–Emitter
D, DIODE	Diode
DC	Gleichstrom
DC/DC	Gleichstromsteller
DLC	Double Layer Capacitor (Doppelschichtkondensator)
DMS	Drehmassespeicher
DK	Drosselkern
E	Eingang
ES	Energiespeicher
EZ	Einzelzelle
F	Foster
FZ	Fahrzeug
GE	Gate–Emitter
GG	Gate–Gate
HS	Hochsetzsteller
IGBT	Insulated Gate Bipolar Transistor (Bipolartransistor mit isolierter Gate-Elektrode)
KL	Klemme
L	Luft
L	Induktivität
Mot	Fahrmotor
NV	Nebenverbraucher
OG	oberer Grenzwert
OL	Oberleitung
R	Rad
Rekup	Rekuperation
Roll	Rollreibung
RZK	Rad-Zwischenkreis
S	Schalter

S1, S2	Steuerstrategien 1 und 2
Str	Strang
TS	Tiefsetzsteller
UG	unterer Grenzwert
V	Verlust
VS	Vorwärtssperrend
W	Widerstand
ZK	elektrischer Fahrzeugzwischenkreis
a	Ambient (Umgebung)
a	Beschleunigung
c	Case (Gehäuse)
cond	Durchlassbetrieb
e	eingeschaltet
eff	effektiv
el	elektrisch
h	Hangabtrieb
ind	induktiv
j	junction (Sperrschicht)
kin	kinetisch
kond	konduktiv
m	mittel
mag	magnetisch
max	maximal
mech	mechanisch
min	minimal
off	Ausschaltvorgang
ohm	ohmsch
on	Einschaltvorgang
p	parallel
ph	physikalisch richtig
pr	praktisch angewendet
prä	prädiktiv
req	Request (Soll)
s	seriell
spez	spezifisch
th	thermisch
tot	total (gesamt)
trac	Traktion (Vortrieb)
zul	zulässig
0	Startwert

Kurzfassung

Elektrische Energiespeichersysteme können zur Verbesserung der energetischen Effizienz elektrischer Fahrzeuge des öffentlichen Personennahverkehrs eingesetzt werden. Die Integration der Energiespeicher bedingt deren leistungselektronische Kopplung mit dem Fahrzeugzwischenkreis. Die in Leistungswandlern eingesetzten Halbleiterelemente unterliegen im Betrieb thermischen Wechselbeanspruchungen, deren Amplitudengänge entscheidenden Einfluss auf die Lebensdauer der Dioden und Transistoren haben.

Zur Nachbildung der thermischen Wechselbeanspruchung wird ein geschlossenes Simulationsmodell benötigt, welches zu Beginn der Arbeit nicht verfügbar war. Die vorliegende Arbeit schließt diese Lücke. Darüber hinaus wird auf verschiedene Maßnahmen zur Absenkung der thermischen Wechselbeanspruchung bei möglichst vollständiger Erhaltung des durch Bremsenergierückgewinnung bestehenden Energiesparpotentials eingegangen. Als besonders vorteilhaft erweist sich die Steuerung des Energiespeichers unter Einbeziehung des prädiktiv ermittelten Traktionsleistungsverlaufs für den nächsten Streckenabschnitt. Die neu entwickelte Steuerstrategie bewirkt ohne Hardwareänderung im Leistungsteil des Leistungswandlers neben der angestrebten Absenkung der thermischen Wechselbeanspruchung gleichzeitig eine deutlich bessere Ausnutzung anfallender Bremsenergie.

Durch ein im Fahrzeug integriertes Energiespeichersystem kann neben der erhöhten Energieeffizienz auch der vollständige oder lokal begrenzte Verzicht einer kontinuierlichen Energieversorgung des Fahrzeugs erreicht werden. Ein Konzept des Fraunhofer IVI für den Betrieb elektrischer Nahverkehrsmittel macht durch die heute noch stark limitierte Energiedichte verfügbarer Energiespeicher deren Nachladung während des Fahrgastwechsels notwendig. Nachzuladende Energiemenge und nicht veränderliche Fahrgastwechselzeiten erfordern hierfür Energietransfers mit elektrischen Leistungen, die wesentlich über der Antriebsleistung des Fahrzeugs liegen können. Als Begrenzung für die Speicherladung erweisen sich die nominalen Strombelastbarkeiten der am Nachladeprozess beteiligten Leistungshalbleiter.

Die Arbeit stellt ein Verfahren vor, welches die Regelung der Strombelastung der Leistungshalbleiter in Kenntnis der mittels Schätzalgorithmus bekannten Sperrschichttemperaturen ermöglicht. Auf diese Weise können gleiche Energiemengen schneller übertragen werden, ohne ein katastrophales Versagen der Leistungshalbleiter durch thermische Überbeanspruchung zu verursachen. Das auf analytischem Weg generierte Verfahren wird an einem speziell präparierten Leistungsmodul experimentell verifiziert.

1 Einleitung

1.1 Motivation

Schwindende globale Energieressourcen, anhaltendes Bevölkerungswachstum und fortschreitender Klimawandel erheben die Entwicklung von energieeffizienteren Technologien zu einer zentralen Aufgabenstellung heutiger ingenieurtechnischer Tätigkeit.

Verkehrssysteme des öffentlichen Personennahverkehrs (ÖPNV) sind nach wie vor die umweltfreundlichsten Verkehrsmittel im städtischen und stadtnahen Bereich. Zugleich weisen sie auch zukünftig, bezogen auf die dafür notwendigen Investitionen, das höchste Potential für eine weitergehende Reduzierung der Schadstoffemission auf.

Der Betrieb von Fahrzeugen des ÖPNV ist durch häufige Beschleunigungen und Bremsvorgänge gekennzeichnet, wodurch sich im Vergleich zu Personenkraftwagen ein erhöhtes Energiesparpotential ergibt. Ein großer Teil der Traktionsenergie wird für Anfahrvorgänge verbraucht und geht bei konventionellen Bremsvorgängen wieder verloren. Fahrzeuge mit elektrischen Fahrmotoren haben die Möglichkeit, die Antriebe beim Bremsen als Generatoren zu verwenden und einen Teil der kinetischen Energie in Elektroenergie zu wandeln (Rekuperation). Dieses Prinzip wird bei Straßen– und Stadtbahnen sowie bei Bussen mit oberleitungsgebundener Energieversorgung (O–Busse) bereits häufig angewendet. Notwendigerweise müssen für die Rekuperation zeitgleich andere Verbraucher vorhanden sein, beispielsweise beschleunigende Fahrzeuge im gleichen Speiseabschnitt oder Nebenaggregate auf dem bremsenden Fahrzeug. Zusätzlich oder alternativ können geeignete Energiespeicher vorgesehen werden, um Bremsenergie einzuspeichern und diese in Beschleunigungsphasen wieder zur Verfügung zu stellen [KLA 0801].

Elektroenergiespeicher bieten somit den Vorteil, dass anfallende Bremsenergie vollständig zurück gewonnen werden kann, ohne dass die Notwendigkeit anderer Verbraucher besteht. Darüber hinaus können Energiespeicher durch Verringerung von Lastspitzen zur Spannungsstabilisierung im Speiseabschnitt beitragen.

Die Einführung von elektrischen Fahrzeugantrieben mit integriertem Energiespeichersystem ist mit einer erhöhten Komplexität des Antriebsstrangs verbunden. Dabei ist die Verfügbarkeit regelbarer leistungselektronischer Wandler eine notwendige Voraussetzung zur Kopplung von Antriebskomponenten mit unterschiedlichem Ein–/Ausgangsverhalten. Gleichzeitig gilt es, die geforderten Fahreigenschaften unter Beibehaltung der Beförderungskapazität und maximaler Achslasten bewährter Fahrzeugkonzepte zu erreichen.

Die Erfüllung der Antriebsaufgabe durch das Energieversorgungssystem, den Energiespeicher und die Antriebsmotoren ist für jedes Teilsystem mit einer Leistungsaufnahme oder -abgabe verbunden. Eine Koordination dieser Leistungsflüsse erfolgt durch Leistungswandler, die jedem Aggregat zur Anbindung an den gemeinsamen Fahrzeugzwischenkreis vorgeschaltet werden. Als Zwischenkreis wird die elektrotechnische Verbindung zwischen den einzelnen Teilsystemen bezeichnet. Die Arbeit fokussiert auf leistungselektronische Bauelemente, welche aufgrund ihrer integrierten Bauweise als Leistungsmodule oder im englischen als Integrated Power Module (IPM) bezeichnet werden. In einem IPM sind zumeist mehrere aktive (Leistungsschalter) und passive Halbleiter (Dioden) zusammengefasst und nutzen einen gemeinsamen Kühlkörper. Durch die variable Anordnung von Dioden und die gezielte Ansteuerung der einzelnen Leistungsschalter können IPM verschiedene Stellaufgaben in einem hybriden oder vollelektrischen Antriebsstrang übernehmen. Dies können beispielsweise die Angleichung der Ausgangsspannungsniveaus beteiligter Komponenten oder die Versorgung von Drehstrom–Fahrmotoren aus einem Gleichspannungszwischenkreis sein.

Die zu verzeichnenden stetigen Verbesserungen und Weiterentwicklungen der Halbleiterindustrie eröffnen ein wachsendes Einsatzgebiet für Leistungswandler. Neben Fortschritten in klassischen Aufgabenbereichen der Energiewandlung ermöglichen die heute verfügbaren Leistungsschalter auch erweiterte Anwendungsmöglichkeiten auf dem Gebiet elektrischer Antriebstechnik. Ihre Fähigkeit zur präzisen Schaltung von Strömen und Spannungen mit sehr großen Schaltfrequenzen führte zum vermehrten Einsatz von Drehstrommaschinen. Aufgrund ihrer deutlich höheren Leistungsdichte haben diese Antriebsmaschinen die früher üblichen Gleichstrommaschinen fast vollständig aus dem Markt elektrischer Traktionsantriebe verdrängt.

Die bekannten Hauptversagensmechanismen von Halbleiterelementen haben als gemeinsame Ursache thermischen Stress infolge von Erwärmung durch Verlustleistungseintrag und anschließender Abkühlung. Die Verlustleistung wird durch den ohmschen Widerstand des Strompfads im Halbleiter verursacht und führt zu dessen Erwärmung. Durch geeignete Kühleinrichtungen ist dafür Sorge zu tragen, dass sich das Bauelement nicht unzulässig erwärmt, wenn eine konvektive Kühlung hierfür nicht ausreichend ist. Das Maß für die thermische Belastbarkeit eines Leistungshalbleiters ist dessen vom Hersteller spezifizierte maximale Sperrschichttemperatur. Durch die Interaktion von Verlustleistungseintrag und Rückkühlung stellt sich bei einer Leistungsübertragung ein zugehöriger Sperrschichttemperaturverlauf ein. Dieser stellt die thermische Belastung des Halbleiterelementes dar, welche zu dessen Schädigung führen kann. Zu unterscheiden ist hierbei zwischen Langzeitschädigung infolge thermischer Wechselbeanspruchungen und einem katastrophalen plötzlichen Versagen, verursacht durch eine einmalige thermische Überlastung.

Die Umsetzung von hybriden Antriebskonzepten in Fahrzeugen des ÖPNV ist, verglichen mit dem PKW–Sektor, mit wesentlich höheren Anforderungen hinsichtlich der Lebensdauer der Teilkomponenten verbunden. Leistungselektronische Bauelemente sind in Fahrzeugen des ÖPNV besonders häufig thermischen Wechselbeanspruchungen ausgesetzt. Gegenwärtige Ausführungen von Fahrstromumrichtern für Stadtbahnwagen und O–Busse sind durch vergleichsweise kleine Leistungsdichten gekennzeichnet. Vor dem Hintergrund steigender Antriebsleistungen und der Forderung nach möglichst vollständiger Niederflurbauweise gestaltet sich die Anordnung dieser Leistungswandler im Fahrzeug zunehmend schwieriger. Bei einer Erweiterung der Antriebssysteme durch Energiespeicher wird diese Problematik weiter verschärft. Zukünftig werden für Fahrzeuge des ÖPNV Leistungswandler mit größerer Leistungsdichte und gleichbleibend hoher Betriebszuverlässigkeit und Lebensdauer benötigt.

Ein erstes Ziel der vorliegenden Arbeit ist die Entwicklung eines Simulationsmodells. Mit dem Werkzeug ist der Sperrschichttemperaturverlauf von Halbleiterbauelementen

(HLE) im Gleichstromsteller eines Fahrzeugenergiespeichers unter realitätsnahen Beanspruchungsbedingungen abzubilden. Das weiterführende Ziel der Modellierung besteht in der Untersuchung unterschiedlicher Maßnahmen zur Reduktion der thermischen Wechselbeanspruchung der HLE. Hierfür werden zunächst die Auswirkungen veränderter Hardwareanordnungen im Leistungsteil des Gleichstromstellers untersucht. Darüber hinaus soll eine Steuerstrategie für den Einsatz des Energiespeichers zur Speicherung anfallender Bremsenergie und deren Abgabe an die Fahrmotoren entwickelt und die Auswirkung auf die thermische Belastung des Gleichstromstellers ermittelt werden.

Durch die Integration mobiler Elektroenergiespeicher können, neben einer deutlichen Verbesserung der energetischen Effizienz, weitergehende Anforderungen an moderne Verkehrssysteme erfüllt werden. Hierfür ist ein stetig wachsendes Interesse von Verkehrsunternehmen sowie Entscheidungsträgern der öffentlichen Hand zu verzeichnen. Vor allem aus stadtplanerischen und infrastrukturellen Gesichtspunkten und als lokal emissionsfreie Alternative zu konventionellen Fahrzeugen mit Verbrennungsmotor werden zunehmend elektrisch betriebene Verkehrsmittel nachgefragt, die auf ein kontinuierliches Energieversorgungssystem verzichten. Ein erstes Praxisbeispiel ist das durch die Firma Alstom für die Stadtwerke in Bordeaux/Frankreich realisierte System Alimentation Par le Sol (APS). Dieses basiert auf einem über der Fahrstrecke kontinuierlich installierten Energieversorgungsystem. Es wird jedoch jeweils nur der unter dem Fahrzeug befindliche Fahrabschnitt mit Elektroenergie versorgt, welche über ein spezielles Kontaktsystem vom Fahrzeug aufgenommen werden kann. Eine rein punktuelle Energieversorgung mit möglichst großen Abständen zwischen den Versorgungspunkten sieht das durch das Fraunhofer–Institut für Verkehrs– und Infrastruktursysteme (IVI) in Dresden konzipierte Dockingsystem vor. Auf der Fahrstrecke wird der gesamte Fahrzeugenergiebedarf aus einem fahrzeugseitigen Energiespeicher bezogen. Punkte zur Energieaufnahme befinden sich ausschließlich in Haltestellen. Das Verhältnis von zu übertragender Energiemenge und der durch den Fahrgastwechsel vorgegebenen Zeit für die Nachladung des Energiespeichers machen sehr große elektrische Leistungen für diese Energietransfers notwendig. Eine Verlängerung des Fahrzeugaufenthalts an Haltestellen zugunsten der Nachladung des Fahrzeugenergiespeichers ist gegenüber dem Verkehrsbetreiber ökonomisch nicht darstellbar. Die Strombelastung des zugehörigen Gleichstromsteller kann bei einer entsprechend schnellen Nachladung des Energiespeichers deutlich über seiner für den Fahr– und Bremsbetrieb ausgelegten Dauerstrombelastbarkeit liegen.

Ein zweites Ziel der vorliegenden Arbeit besteht in der Entwicklung und Erprobung eines Verfahrens zur online–Überwachung der HLE–Sperrschichttemperaturen eines Gleichstromstellers. Mit einer an diese Information gekoppelten Sollstromvorgabe soll die gezielte kurzzeitige Belastung der HLE oberhalb von deren Dauerbelastbarkeit erfolgen. Es wird erwartet, dass durch das neuartige Verfahren Reserven bezüglich der Strombelastung von Leistungsmodulen erschlossen und für die Verkürzung von Schnellladevorgängen von Elektroenergiespeichern ausgenutzt werden können.

1.2 Gewählte Methodik und Gliederung

Zur Modellierung der thermischen Beanspruchung von HLE ist ein Gesamtmodell zu erarbeiten. Bei dessen Anwendung soll der Sperrschichttemperaturverlauf aller HLE im Leistungsteil eines Gleichstromstellers als Reaktion auf die jeweilige Beanspruchungssituation berechnet werden können.

Durch die Segmentierung in Teilmodelle ist eine Reduzierung des Gesamtrechenaufwandes anzustreben, indem zeitaufwendige Teilrechnungen getrennt von weniger zeitkritischen Berechnungen ausgeführt werden können. Hierdurch wird es möglich, Vergleichsrechnungen für verschiedene Konfigurationen des Leistungsteils des Gleichstromstellers mit geringem Zeitaufwand durchzuführen. Ebenso werden Auswirkungen veränderter Auslegungen und Steuereingriffe auf den Sperrschichttemperaturverlauf schnell verfügbar.

Das Modell soll so aufgebaut werden, dass es mit geringem Nutzeraufwand für variable Konfigurationen des Fahrzeugenergiespeichersystems von Fahrzeugen des ÖPNV (Stadtbusse und –bahnen) sowie für beliebige Beanspruchungszyklen als Kombination von Geschwindigkeit–Zeit– und Steigung–Weg–Verläufen eingesetzt werden kann.

Kapitel 2 fasst die ermittelten Erkenntnisse zum gegenwärtigen ***Stand der Technik*** zusammen. Es wurde zu folgenden Themenschwerpunkten recherchiert:

- Zur Ermittlung der Belastungssituation von Fahrzeugen des ÖPNV erfolgte eine Recherche *standardisierter Fahrzyklen* für schwere Fahrzeuge. Deren Einsatzzwecke und Unterscheidungsmerkmale wurden analysiert und Konsequenzen für deren Verwendung innerhalb von Simulationsrechnungen abgeleitet.
- Mit der Recherche zum *Energie– und Leistungsbedarf (ELB) von Fahrzeugen des ÖPNV* sollte eine Vergleichsbasis hinsichtlich der Gültigkeit und Genauigkeit ermittelter Simulationsergebnisse geschaffen werden.
- Auf der Basis von kommerziell verfügbaren *elektrischen Energiespeichern für mobile Anwendungen* erfolgte die Auswahl geeigneter Speichertechnologie zur Erprobung des Simulationswerkzeugs.
- Die Möglichkeiten zur *leistungselektronischen Kopplung* eines elektrischen Energiespeichersystems mit dem Zwischenkreis eines elektrischen Antriebssystems wurden untersucht. Die strukturell unterschiedlichen Varianten des Aufbaus von Leistungswandlern haben entscheidenden Einfluss auf die Beanspruchung der Leistungshalbleiter während Ein- und Ausspeichervorgängen.
- Der Zusammenhang zwischen *Sperrschichttemperaturverlauf und Lebensdauer* wurde ermittelt. Einflussfaktoren auf die Zuverlässigkeit von Leistungshalbleitern werden aufgezeigt und Entwicklungstrends bei der Verbesserung von deren Temperaturwechselfestigkeit abgeschätzt.
- Geeignete *Schutzmaßnahmen gegenüber thermischer Überlastung* müssen in einem Gleichstromsteller zur Vermeidung der Zerstörung einzelner HLE oder kompletter Leistungsmodule zwingend implementiert werden. Es erfolgte eine Überprüfung der Eignung bekannter Verfahren für die thermische Überwachung eines Gleichstromstellers bei der Schnellladung eines elektrischen Energiespeichers.
- Das Literaturstudium zur *Modellierung thermischer Netzwerke* bildete die Grundlage für die Abbildung des physikalischen Zusammenhangs von Verlustleistungseintrag, Kühlung und Sperrschichttemperaturerhöhung eines Leistungshalbleiters im zu entwickelnden Simulationswerkzeug.
- Die Leistungsfähigkeit verfügbarer *Softwarewerkzeuge* wurde ermittelt. Für die vorliegende Arbeit sollte auf eine kommerziell oder frei verfügbare Software

zurückgegriffen werden, die alle benötigten Funktionalitäten sowie eine akzeptable Rechengeschwindigkeit gewährleisten kann.

Die ***Entwicklung des Werkzeugs „thermische Wechselbeanspruchung“*** wird in Kapitel 3 dargestellt. Es umfasst die Beschreibung der Teilmodelle sowie des Programmablaufs mit folgender Unterteilung:

- Einleitend erfolgt eine Beschreibung der *Struktur des Werkzeugs* mit allen Teilmodellen, deren notwendigen Ein– und Ausgangsgrößen sowie die Einordnung der Teilmodelle in das Gesamtmodell.
- Innerhalb einer *Beschreibung der Teilmodelle* werden Strukturen, mathematisch-physikalische Zusammenhänge sowie mögliche, beziehungsweise notwendige, Vereinfachungen der einzelnen Teilmodelle dargestellt.
- Als Abschluss des Kapitels erfolgt eine Beschreibung, welche Daten für den Nutzer verfügbar sein müssen. Ebenso wird dargestellt, in welcher Weise einzelne Teilschritte abgearbeitet werden und Nutzereingriffe erforderlich sind.

Kapitel 4 beschreibt die Arbeiten zur ***Parametrierung und Modellerprobung*** des Simulationswerkzeugs. Zur Überprüfung der entwickelten Funktionalitäten wurden für ein praxisrelevantes Beispiel folgende Bearbeitungsschritte ausgeführt:

- Die Ergebnisse der Literaturrecherche bildeten die Basis bei der *Auswahl eines geeigneten Fahrzyklus* zur Erprobung des entwickelten Simulationswerkzeugs für den Beanspruchungsfall eines energieeffizienten Straßenbahnbetriebs.
- Zunächst erfolgte die *Parametrierung und Überprüfung des Fahrzeugmodells* anhand von Messdaten aus dem Linienbetrieb eines Straßenbahnfahrzeugs.
- Mit den Vorgaben der Parameter von Fahrzeug und Belastungssituation wurde eine *Auslegung des Energiespeichers* durchgeführt. Die Festlegung der Betriebsparameter des Energiespeichers hat einen entscheidenden Einfluss auf die Strombelastung des zugehörigen Gleichstromstellers.
- Als nächster Schritt erfolgte die *Auslegung des bidirektionalen Hoch–/Tiefsetzstellers*. Der Gleichstromsteller war bidirektional auszuführen, da für das Ein– bzw. Ausspeichern von Energie separate Leistungshalbleiter angesteuert werden müssen.
- Im Anschluss wurde die Arbeit mit *Beispielsimulationen* fortgesetzt. Ein erster Schritt war dabei eine konventionelle Ausführung des Gleichstromstellers ohne mehrfache parallele Anordnung des Leistungsteils. Auf diese Weise wurde ein *Vergleichsmaßstab* für die nachfolgenden Rechnungen gewonnen. Zur Untersuchung der Wirksamkeit von Maßnahmen zur Absenkung der Sperrschichttemperatur erfolgte eine Wiederholung der Rechnungen mit *Hardwareänderungen* im Leistungsteil des Gleichstromstellers. Ein weiterer Arbeitsschritt bestand in der Entwicklung einer *Steuerstrategie* für die Einspeicherung von Bremsenergie und deren Bereitstellung in Beschleunigungsphasen. Dabei sollte der Energiespeicher verfügbare Bremsenergie jeweils vollständig einspeichern können und bei Leistungsabgabe lediglich einen Teil der angeforderten Traktions– und Nebenverbraucherleistung bereitstellen.

Die Beschreibung der Vorgehensweise und erreichten Ergebnisse zur zweiten Zielstellung der Arbeit, der Entwicklung eines Verfahrens zur ***Sollstromvorgabe mittels Sperrschichttemperaturschätzung*** für einen Gleichstromsteller, enthält Kapitel 5 mit folgender Gliederung:

- Einleitend wird auf das erwartete *Potential des Verfahrens* für die Beschleunigung von Schnellladevorgängen eines Energiespeichersystems eingegangen.
- Im Anschluss erfolgt die Darstellung der theoretischen *Ansätze für die Temperaturschätzung und Sollstromvorgabe*. Dabei wird auf besondere Anforderungen an das eingesetzte IPM eingegangen und das Verlustleistungsmodell sowie die Struktur des aufgestellten thermischen Netzwerks mit Beobachter erläutert. Hinsichtlich der Sollstromvorgabe erfolgt die vergleichende Darstellung von zwei theoretischen Ansätzen.
- Innerhalb einer Auslegungs- und Dimensionierungsprozedur war eine geeignete *Versuchsanordnung* zu entwerfen. Die ausgewählten Komponenten zur Energieeinspeisung, Leistungsübertragung und zum Energieverbrauch wurden elektrotechnisch verschaltet und die Gesamtanordnung in Betrieb genommen. Durch Ergänzung um Steuer–, Regelungs- und messtechnische Soft– und Hardwarekomponenten wurde die erforderliche Funktionalität erreicht. Dargelegt werden spezielle Anforderungen, die bezüglich der Spannungsversorgung, Messwerterfassung, Snubberschaltung und Stromregelung auftraten sowie Maßnahmen zur Minimierung des Einflusses parasitärer Induktivitäten und Kapazitäten.
- In einem abschließenden Bearbeitungsschritt erfolgte die Datenermittlung zur Parametrierung des entwickelten Überwachungsalgorithmus anhand messtechnischer Untersuchungen. Nach dessen Implementierung in den regelungstechnischen Teil der Laboranordnung konnte die *experimentelle Verifizierung* erfolgen.

Kapitel 6 enthält eine ***Zusammenfassung*** der gewonnenen Erkenntnisse und ermittelten Ergebnisse sowie einen Ausblick auf zukünftige Entwicklungen.

Für das Verständnis wichtige Rechercheergebnisse, Parameterbeschreibungen und Messergebnisse sind der Arbeit als ***Anhang*** beigefügt.

2 Stand der Technik

2.1 Einteilung standardisierter Fahrzyklen

Standardisierte Fahrzyklen werden eingesetzt, um Fahrzeuge hinsichtlich ihrer Emissionen und ihres Kraftstoffverbrauchs untereinander vergleichen zu können. Im Bereich von Personenkraftwagen (PKW) haben sich im Zuge stetig verschärfter Abgasnormen einige Tests etabliert (z. B. ECE15, EUDC, FTP75). Für schwere Fahrzeuge, wie Busse, Bahnen oder Lastkraftwagen (LKW), existieren verschiedene Fahrzyklen, die meist örtliche und betriebsbedingte Besonderheiten berücksichtigen. Dadurch soll eine bessere Annäherung an das reale Fahrverhalten dieser Fahrzeuge erreicht werden.

Innerhalb der vorliegenden Arbeit stehen vorrangig Testzyklen zur Simulation erforderlicher Energie– und Leistungsparameter von Fahrzeugen des ÖPNV mit voll– oder teilelektrischem Antriebsstrang im Fokus des Interesses. Die dafür auszuwählenden Fahrzyklen sollen vergleichende Aussagen über verschiedene Antriebskonfigurationen eines Fahrzeugs ermöglichen. Da es unter der Vielzahl von Fahrzyklen keinen gibt, der allen Anforderungen entsprechen kann, muss im Vorfeld simulativer Untersuchungen immer eine aufgabenorientierte Auswahl erfolgen.

Ein Fahrzyklus ist in der Regel ein 5 bis 60 Minuten langer Test, bei dem ein Geschwindigkeit–Zeit–Profil abgefahren oder verschiedene statische Belastungen getestet werden. Da die meisten Fahrzyklen für den Emissionstest entwickelt wurden, sind sie so ausgelegt, dass sie auf einem Rollen– oder Motorprüfstand ohne Streckeneinfluss (Höhenprofil) abgefahren werden können.

Unabhängig davon, ob ein Fahrzyklus für Abgasuntersuchungen oder für die Fahrzeugsimulation verwendet wird, muss er zu berücksichtigende örtliche Besonderheiten möglichst repräsentativ widerspiegeln. So unterscheiden sich die Fahrgewohnheiten der Fahrzeugführer, das Höhenprofil der zu befahrenden Strecken, die Infrastruktur und das Verkehrsaufkommen nicht nur zwischen unterschiedlichen Ländern sondern auch zwischen einzelnen Städten und Ballungsgebieten. Dies erklärt die Existenz vieler unterschiedlicher Standardzyklen für Busse, wie zum Beispiel für Manhattan, Braunschweig oder Orange County [AVL 07].

Fahrzyklen lassen sich nach unterschiedlichen Gesichtspunkten einteilen. Für die vorliegende Arbeit wurde eine Einteilung nach dem untersuchten Fahrzeugtyp in Fahrzyklen für nicht straßengebundene, schwere Fahrzeuge und PKW sowie nach dem Untersuchungsziel in Motortests und Fahrzeugtests gewählt. Darüber hinaus wird eine weitere Unterteilung bezüglich der Dynamik in statische und dynamische Fahrzyklen vorgenommen (Bild 2.1).

In der Kategorie „nicht straßengebunden“ werden Motoren in Geräten, die nicht für den Straßenverkehr bestimmt sind, beispielsweise motorbetriebene Boote und Rasenmäher, zusammengefasst.

Für die Fahrzeugkategorie „PKW“ existieren im europäischen, amerikanischen und asiatischen Wirtschaftsraum sehr viele Testzyklen. Diese wurden innerhalb der Recherche erfasst, besitzen jedoch für die weitere Bearbeitung der Aufgabenstellung, die sich auf Fahrzeuge des ÖPNV begrenzt, keine Relevanz.

Eine detaillierte Auflistung von Fahrzyklen für „Busse/LKW“ ist dem Dokument als Anhang A beigefügt. Für Straßen– oder Stadtbahnen konnten keine eigenständigen Fahrzyklen recherchiert werden.

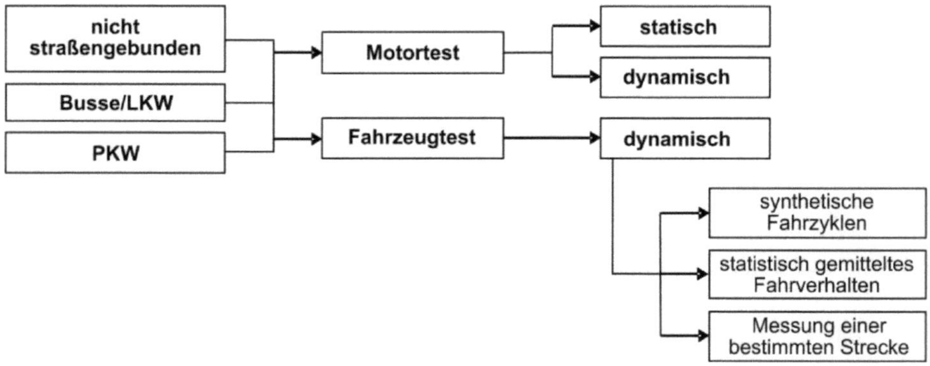

Bild 2.1: Einteilung standardisierter Fahrzyklen

Fahrzyklen unterscheiden sich in ihrer bestimmungsgemäßen Anwendung neben der Einteilung nach dem Fahrzeugtyp auch in der Art ihrer Durchführung. Eine mögliche Form ist der Motortest. Hierbei wird der einzelne Motor auf einem Motorprüfstand verschiedenen Belastungen ausgesetzt. Die Messergebnisse lassen den Vergleich zwischen unterschiedlichen Motoren zu, weshalb sich Motortests für eine Zertifizierung von Motoren im Hinblick auf die Einhaltung von Abgasnormen sehr gut eignen. Will man jedoch das Zusammenspiel zwischen Motor und Fahrzeug betrachten, reicht ein Motortest nicht aus. Bei einem dafür erforderlichen Fahrzeugtest wird das gesamte Fahrzeug meist auf einem Rollenprüfstand getestet. Die erforderlichen Testergebnisse ergeben sich beim Abfahren eines vorgegebenen Geschwindigkeit–Zeit–Profils.

Eine weitere Unterteilung lässt sich in statische und dynamische Fahrzyklen vornehmen. Statische Tests geben unterschiedliche konstante Beanspruchungen vor und gewichten dann die Messergebnisse je nach Fahrzeugart und Einsatzort. Beispielsweise geben der amerikanische US13–Mode und der europäische ECE–R49 gleiche Beanspruchungen für den Motor vor. Unterschiede im Fahrverhalten und infrastrukturelle Besonderheiten auf beiden Kontinenten werden jedoch durch eine unterschiedliche Gewichtung der Einzelmessungen für Leerlauf, Mittellasten und Volllast berücksichtigt.

Bei dynamischen Fahrtests erfolgt die Belastung nach einer Geschwindigkeit–Zeit–Funktion. Zur Erstellung dieser Funktionen gibt es drei verschiedene Möglichkeiten:

- synthetisch erstellte Fahrzyklen,
- Zyklen, die aus statistischer Auswertung von Fahrmessdaten gewonnen wurden und
- Testzyklen, die auf Messungen einer konkreten Strecke beruhen.

Für die weitere Betrachtung wird ausschließlich auf dynamische Fahrzyklen für schwere Fahrzeuge eingegangen.

Synthetische Fahrzyklen

Synthetische, dynamische Fahrzyklen sind an der Charakteristik von deren Geschwindigkeit–Zeit–Profilen zu erkennen. Neben einer starken Linearisierung weisen sie oftmals ein periodisches Verhalten auf. Aus messtechnischen Untersuchungen ist bekannt, dass vor allem bei Bussen im Stadtverkehr deren

Durchschnittsgeschwindigkeit eine entscheidende Größe bezüglich ihres Kraftstoffverbrauches darstellt [UIT 09]. Resultierend aus dieser Erkenntnis werden zum Beispiel beim Standardised On–Road Test Cycle (SORT) oder dem Central Business District Zyklus (CBD) trapezförmige Geschwindigkeitsverläufe aneinander gereiht. Dabei entsprechen die Anstiege der Trapeze Beschleunigungen bis zum Erreichen einer Endgeschwindigkeit. Im Anschluss an Fahrabschnitte auf konstanten Geschwindigkeitsniveaus wird jeweils bis zum Stillstand mit maximaler Bremsverzögerung abgebremst. Andere Zyklen wiederum orientieren sich an typischen Geschwindigkeitsbegrenzungen und passen den Verlauf so an, dass das gewünschte Fahrverhalten, beispielsweise hinsichtlich Beschleunigung und Durchschnittsgeschwindigkeit, erreicht wird.

Zur Erstellung eines synthetischen Testzyklus' werden zuerst repräsentative Faktoren analysiert und daraus ein vereinfachter Verlauf abgeleitet [UIT 09].

Statistisch gemitteltes Fahrverhalten

Bei synthetischen Fahrzyklen dominieren häufig bestimmte Geschwindigkeiten. Dies kann dazu führen, dass Motoren, welche für diese Geschwindigkeit ausgelegt wurden, bessere Verbrauchskennwerte erzielen als andere. Um Motoren unabhängig von deren Auslegungsdrehzahlen miteinander vergleichen zu können, versucht man, das Fahrverhalten mit realen Messdaten besser anzunähern.

Hierfür wird eine Fahrdatenbank angelegt, die Fahrsequenzen von mehreren 1.000 Stunden aufweisen kann. Ausgehend davon, dass die Daten repräsentativ aufgenommen wurden, könnte man durch Abfahren aller Sequenzen reale Bedingungen nachempfinden. Messzyklen sollten jedoch im Hinblick auf ihre Durchführbarkeit zeitlich begrenzt sein, was eine Beschränkung auf typische Sequenzen erfordert. Daher werden die Messdaten in kurze Fahrabschnitte eingeteilt, auf charakteristische Eigenheiten untersucht und deren Häufigkeit bestimmt. Durch statistische Verfahren lässt sich aus den vielen kurzen Fahrabschnitten unter der Vorgabe der Maximaldauer des Testzyklus ein repräsentativer Fahrzyklus ermitteln. Detaillierte Beschreibungen statistischer Auswertungen zur Gewinnung von repräsentativen Fahrzyklen werden in [RIE 97] ausgeführt.

Das Ziel einer Zyklussynthese besteht in der Erzeugung eines Geschwindigkeit–Zeit–Profils, welches die Bedingungen beim realen Fahrzeugeinsatz (Häufigkeit der Bremsvorgänge, Geschwindigkeitsverteilung, Durchschnittsgeschwindigkeit usw.) möglichst genau abbildet. Hierfür sind geeignete Gütebewertungskriterien für den Vergleich der Grunddatenmenge mit dem synthetisierten Fahrzyklus zu definieren.

In [IMM 98] werden folgende Verfahrensschritte vorgeschlagen:

- Definition einer charakteristischen Referenzstrecke und Messwerterfassung,
- statistische Datenanalyse der gemessenen Fahrabschnitte,
- Synthese von Basiszyklen mittels modifizierter Monte–Carlo–Methode,
- Anpassungstest,
- Optimierung der Basiszyklen mit Hilfe der Evolutionsstrategie und
- Glättung des synthetischen Geschwindigkeitsverlaufs durch Tiefpassfilterung.

Häufig ist abschließend noch eine Nachoptimierung des gefilterten Geschwindigkeitsverlaufes nötig.

Messungen auf einer Strecke

Eine dritte Möglichkeit zur Gewinnung eines Fahrzyklus' ist die messtechnische Erfassung des Geschwindigkeitsverlaufes eines Fahrzeugs beim Befahren einer bestimmten Strecke. Wegen der geringeren Anzahl zu ermittelnder Messdaten ist die Erstellung einfacher als die statistische Auswertung einer umfänglichen Datenbank.

Messdaten eines Fahrzeuges beim Befahren einer konkreten Strecke eignen sich prinzipiell auch zum Vergleich von Fahrzeugen untereinander, doch sind sie ausschließlich für diese Strecke repräsentativ. Kennt man zusätzlich zum Geschwindigkeit–Zeit–Verlauf das abgefahrene Höhenprofil, lässt sich beispielsweise der erforderliche Energie– und Leistungsbedarf eines Fahrzeugs mittels Simulation für diesen Streckenabschnitt ermitteln. Wählt man einen für den Fahrzeugeinsatz charakteristischen Streckenabschnitt, kann auf dieser Basis die Auslegung von Komponenten des elektrischen Antriebsstrangs erfolgen. Im Bereich des ÖPNV liegt diese Auswahl in der Verantwortung des Fahrzeugbestellers.

Hinweise für die Auswahl von Zyklen

Dynamische Fahrzyklen sind meist als Geschwindigkeit–Zeit–Funktion gegeben. Die Umsetzung eines Geschwindigkeit–Zeit–Profils lässt sich auf einem Rollenprüffeld leicht realisieren, da zu vorgegebenen Zeiten eine Sollgeschwindigkeit erreicht sein soll und der Motor dementsprechend geregelt wird. Diese zeitabhängige Darstellung kann jedoch in der praktischen Durchführung zu Fehlern führen. Bei hohen Beschleunigungsvorgaben kann es vorkommen, dass das Testfahrzeug auch unter voller Leistungsausschöpfung nicht in der Lage ist, das Geschwindigkeit–Zeit–Profil einzuhalten [PEL 01]. Das bewirkt, dass das Fahrzeug nach Ablauf der Zykluszeit weniger Strecke zurückgelegt hat als vorgegeben und damit unter Umständen geringere Kraftstoffverbrauchs– und Emissionswerte aufweist als ein Fahrzeug mit einem höheren Motorisierungsgrad [BRA 00].

Weg–Zeit–Funktionen stellen erweiterte Anforderungen an einen Prüfstand. Die Bestimmung der zurückgelegten Strecke und die daraus berechnete Sollgeschwindigkeit erschweren die Umsetzung im Vergleich mit einer Geschwindigkeit–Zeit–Funktion. Jedoch können Fehler, wie oben dargestellt, nicht auftreten und gegebenenfalls genauere Messergebnisse ermittelt werden.

Dieser aus der Praxis bekannte Zusammenhang der Zeit–Weg–Kopplung muss auch bei Simulationsaufgaben beachtet werden. Es ist bei allen Simulationen folglich durch einen Vergleich von Ist– und Sollgeschwindigkeit sicherzustellen, dass die geforderte Fahrstrecke auch zurückgelegt wird, bzw. die durch den Fahrzyklus vorgegebenen Beschleunigungen eingehalten werden.

2.2 Energie– und Leistungsbedarf von Fahrzeugen des ÖPNV

Ein großer Teil der notwendigen Traktionsenergie von Fahrzeugen des ÖPNV wird für Anfahrvorgänge benötigt und kann bei konventionellen Bremsvorgängen nicht wieder zurück gewonnen werden. Bei Fahrzeugen mit elektrischen Fahrmotoren besteht die Möglichkeit, die Fahrmotoren beim Bremsen als Generatoren zu betreiben und einen Teil der kinetischen und gegebenenfalls potentiellen Energie des Fahrzeugs in Elektroenergie zurück zu wandeln (Rekuperation).

Dieses Prinzip basiert auf rückspeisefähigen Traktionsstromrichtern und wird bei Straßen– und Stadtbahnen sowie bei O–Bussen bereits häufig angewandt. Voraussetzung ist jedoch, dass zeitgleich andere Verbraucher auf dem rückspeisenden Fahrzeug (Nebenverbraucher) oder im Netz (Fahrzeuge im

Speiseabschnitt und deren Nebenverbraucher) vorhanden sein müssen, welche die rekuperierte Energie aufnehmen können. Andernfalls muss die anfallende Bremsenergie über einen Bremswiderstand oder ein mechanisches Bremssystem irreversibel in Wärme umgewandelt werden.

Alternativ kann ein geeigneter Energiespeicher zur Aufnahme der verfügbaren Bremsenergie in Verzögerungsphasen des Fahrzeugs vorgesehen werden. Dieser stellt den Fahrzeugen die in Bremsphasen aufgenommene Energie zeitversetzt in Beschleunigungsphasen wieder zur Verfügung. Auf diesem Weg ist es möglich, den Nutzanteil der zurück gewonnenen Elektroenergie deutlich zu erhöhen. Gleichzeitig können Energiespeicher zur Stabilisierung der Netzspannung sowie zur Verringerung von Lastspitzen im Fahrleitungsnetz beitragen. In Bild 2.2 sind alle technisch möglichen Leistungs- und Energieflüsse eines vollelektrischen Fahrzeuges mit Netzversorgung und integriertem Energiespeicher skizziert. Hierbei wurde der Energiespeicher anstelle eines in herkömmlichen Fahrzeugen installierten Bremswiderstandes vorgesehen. Es ist Stand der Technik, dass aus Sicherheitsgründen bei der Integration eines Elektroenergiespeichers parallel weiterhin eine elektrische Betriebsbremse, in der Regel ein Bremswiderstand, auf dem Fahrzeug vorgesehen werden muss.

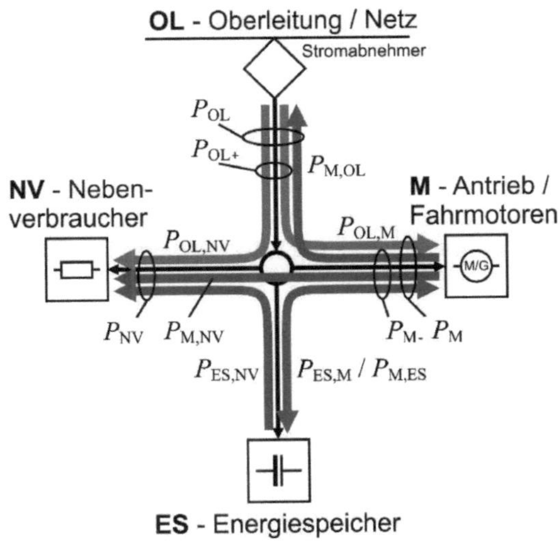

Bild 2.2: Technisch mögliche Leistungs- und Energieflüsse am Fahrzeugzwischenkreis

Bezüglich des ELB von Fahrzeugen des ÖPNV konnten in frei verfügbaren Literaturquellen nur sehr wenige Informationen recherchiert werden. Es finden sich lediglich Typenblattangaben zum Nennwert der installierten Antriebsleistung für einzelne Fahrzeugtypen, die hier nicht im Einzelnen dargestellt werden sollen. Die installierte Antriebsleistung kann überschlägig mit 10 kW/t, bezogen auf das maximal zulässige Fahrzeuggesamtgewicht, hinreichend genau sowohl für Stadtbahnen als auch für Stadtbusse abgeschätzt werden.

Die recherchierten Veröffentlichungen beschäftigen sich mit dem Energiebedarf der untersuchten Fahrzeugkategorie aus statistischen Gründen [VDV 07, DVB 07] oder es werden Ergebnisse zu einzelnen Maßnahmen der Energiebedarfssenkung in einem Stadtbahnnetz vorgestellt. Technische Maßnahmen fokussieren dabei auf die Erhöhung des Rückspeisegrades, also einer verbesserten Ausnutzung anfallender

Bremsenergie. Einzelmaßnahmen der Betreiber von Straßenbahnnetzen zur Senkung des ELB sind beispielsweise:

- die Umstellung von ein– auf zweiseitige Netzeinspeisung [KÄH 02],
- die Erhöhung der Nenn– und Rückspeisespannung [KÄH 02] und
- der Einsatz stationärer Energiespeichersysteme [GOD 04, KÄH 06, STE 08].

Die angegebenen Energiebedarfszahlen beziehen sich jeweils auf die gesamte Fahrzeugflotte, den an einem Unterwerk gemessenen Energiebedarf über einem bestimmten Zeitraum oder das gesamte Netz eines Betreibers. Angaben zum ELB eines Fahrzeuges in Abhängigkeit relevanter Einflussparameter wie:

- Netztopologie,
- Nebenverbraucherbedarf und
- Umgebungstemperatur

konnten der Literatur nicht entnommen werden.

Aufgrund dieses Rechercheergebnisses erfolgte eine insgesamt neunmonatige Messkampagne an einem modernen 45–m–Straßenbahnzug vom Typ NGT D12 DD mit einem Leergewicht von 56,7 t und ohne Fahrgastraumklimatisierung im Netz der Dresdner Verkehrsbetriebe AG (DVB). Dabei konnten aus den parallel aufgenommenen Strecken–, Leistungs- und fahrdynamischen Daten sowie der Außentemperatur wichtige Kennzahlen zum ELB des untersuchten Straßenbahntyps identifiziert werden.

Für das Gesamtnetz wurden spezifische Energieverbrauchszahlen je Streckenkilometer im regulären Linienbetrieb (ca. 31.000 km) gebildet. Die gewählte Vorgehensweise mittelt Einflüsse auf den Energiebedarf des Fahrzeugs wie Streckentopologie, Außentemperatur und Auslastungsgrad. Aus der in [KLA 0802] veröffentlichten detaillierten Darstellung wird im folgenden Abschnitt punktuell zitiert.

Bezugssystem

Für eine möglichst umfassende Darstellung des Energiebedarfs einer Stadt– oder Straßenbahn ist ein geeignetes Bezugssystem aufzustellen. Dazu wird ein System mit folgenden Leistungsanteilen gewählt:

- Leistungsaufnahme/ -abgabe aus dem/in das Oberleitungsnetz P_{tot},
- Leistungsaufnahme/ -abgabe der Fahrmotoren (Traktion) P_{M},
- Leistungsaufnahme der Nebenverbraucher (Hilfsbetriebe) P_{NV} und
- Leistungsaufnahme der Bremswiderstände P_{BW}.

Am gewählten Bezugspunkt (Zwischenkreis) nach Bild 2.3 a gilt dann:

$$P_{\mathrm{tot}} = P_{\mathrm{OL}} = P_{\mathrm{M}} + P_{\mathrm{NV}} + P_{\mathrm{BW}} \tag{2.1}$$

Alle vier Leistungsanteile können als Leistungssenken fungieren, als Leistungsquellen jedoch nur die Fahrmotoren und das Oberleitungsnetz (Bild 2.3 b). Folgende Leistungsflüsse sind technisch möglich:

- aus den Fahrmotoren in die Nebenverbraucher,
- aus den Fahrmotoren in die Bremswiderstände,
- aus den Fahrmotoren in die Oberleitung ("Netzrückspeisung"),
- aus der Oberleitung in die Fahrmotoren,
- aus der Oberleitung in die Nebenverbraucher und

- aus der Oberleitung in die Bremswiderstände (andere Fahrzeuge im Netz nutzen die Bremswiderstände des Messfahrzeugs als Leistungssenke).

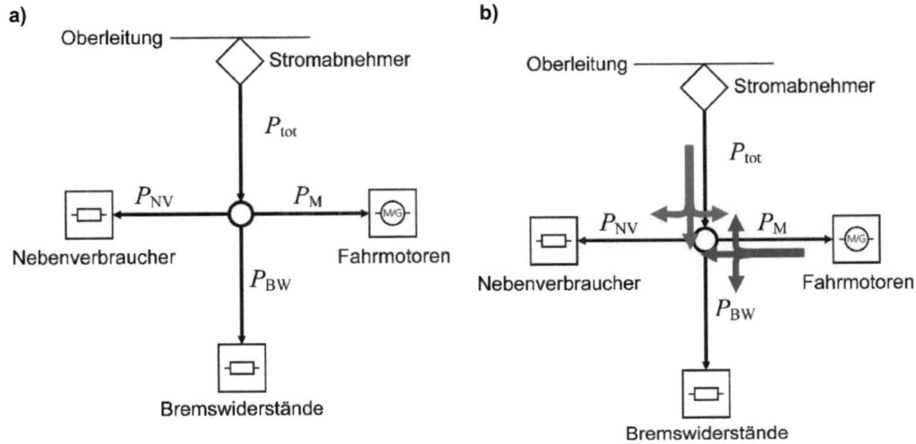

Bild 2.3: a) Bezugspunkt für die Untersuchungen zum Energiesparpotential
b) technisch mögliche Leistungsflüsse am Bezugspunkt

Ein gleichzeitiger Leistungsfluss von der Oberleitung in die Fahrmotoren und aus den Fahrmotoren in die Oberleitung ist ausgeschlossen. Mit dem mathematischen Zusammenhang zwischen Energie und Leistung

$$E = \int_{t_1}^{t_2} P(t)\,dt \qquad (2.2)$$

kann der zu einem Zeitintervall $[t_1, t_2]$ zugeordnete Energiewert aus gemessenen Leistungsverläufen ermittelt werden.

Energiebedarf für verschiedene Fahrzeugkonfigurationen

Mit den getroffenen Vereinbarungen zum Bezugssystem kann der Energiebedarf für verschiedene Fahrzeug– und Netzkonfigurationen dargestellt werden. Für eine Vergleichsermittlung streckenbezogener Energieverbrauchszahlen (E' in kWh/km) wurden die folgenden vier Fälle untersucht:

A Straßenbahn ohne Nutzung der Bremsenergie

Als Ausgangsbasis wird festgelegt, dass der Traktions– und Hilfsenergiebedarf eines Straßenbahnfahrzeugs vollständig aus dem Oberleitungsnetz gedeckt wird. Außerdem kann während Bremsphasen keine Bremsenergie rekuperiert werden (keine rückspeisefähigen Traktionsstromrichter). Der Fahrzeugenergiebedarf ergibt sich aus dem Anteil für den Antrieb des Fahrzeugs ($P_M^*(t) = P_M(t)\ \forall\ (P_M(t) \geq 0)$) und dem Anteil für den Betrieb der Nebenverbraucher. Es gilt:

$$E'_{Bedarf,A} = \frac{\int \left(P_{NV}(t) + P_M^*(t)\right) dt}{\int \left(s(t)\right) dt}. \qquad (2.3)$$

B Straßenbahn mit Nutzung der Bremsenergie für die Versorgung von Nebenverbrauchern, jedoch ohne Netzrückspeisung

Das Fahrzeug kann Bremsenergie rekuperieren, diese jedoch nur auf dem Fahrzeug verbrauchen und nicht ins Oberleitungsnetz zurückspeisen. Ein regelungstechnischer Eingriff in der Fahrzeugsteuerung sorgt für den bevorzugten Betrieb von Großverbrauchern, wie Heizung oder Klimaanlage, in Bremsphasen. Dies kann bei Fahrzeugen älterer Bauart als Stand der Technik angesehen werden. Der Energiebedarf ergibt sich in diesem Fall aus dem nach Fall A bestimmten Bedarf, vermindert um den Anteil der von den Fahrmotoren abgegebenen Energie, welcher in den Nebenverbrauchern verbraucht wird. Es gilt:

$$E'_{\mathrm{Bedarf,B}} = \frac{\int \left(P_{\mathrm{NV}}(\mathrm{t}) + P_{\mathrm{M}}^{*}(\mathrm{t}) - P_{\mathrm{NV,Rekup}}(\mathrm{t}) \right) \mathrm{dt}}{\int \left(\mathrm{s}(\mathrm{t}) \right) \mathrm{dt}} \tag{2.4}$$

$$\text{mit: } P_{\mathrm{NV,Rekup}}(\mathrm{t}) = \begin{Bmatrix} \min\left(\left| P_{\mathrm{M}}(\mathrm{t}) \right|, P_{\mathrm{NV}}(\mathrm{t}) \right) & : & P_{\mathrm{M}}(\mathrm{t}) < 0 \\ 0 & : & \text{sonst} \end{Bmatrix}. \tag{2.5}$$

C Straßenbahn mit Nutzung der Bremsenergie für die Versorgung von Nebenverbrauchern und mit Netzrückspeisung

Für diesen Fall sind rückspeisefähige Traktionsstromrichter Voraussetzung. Für den überwiegenden Teil moderner Straßenbahnfahrzeuge ist dies heute Stand der Technik. Ebenso wurden auch viele Altfahrzeuge, beispielsweise vom Typ Tatra T4D, zwischenzeitlich auf Thyristor–Technologie umgerüstet.

Als Energiebedarf kann der Anteil ab Oberleitung (unter Berücksichtigung der Rekuperation in die Oberleitung) angesetzt werden. Zusätzlich sind Leistungsübertragungen aus der Oberleitung in die Bremswiderstände des Fahrzeuges einzubeziehen. Derartige unerwünschte Leistungsflüsse sind durch bremsende Fahrzeuge im Oberleitungsabschnitt erklärbar. Sie haben einen Anteil von etwa 1,2 %, bezogen auf den nach Fall C berechneten Fahrzeugenergiebedarf. Es gilt:

$$E'_{\mathrm{Bedarf,C}} = \frac{\int \left(P_{\mathrm{tot}}(\mathrm{t}) - P_{\mathrm{BW,OL}}(\mathrm{t}) \right) \mathrm{dt}}{\int \left(\mathrm{s}(\mathrm{t}) \right) \mathrm{dt}} \tag{2.6}$$

$$\text{mit: } P_{\mathrm{BW,OL}}(\mathrm{t}) = \begin{Bmatrix} P_{\mathrm{BW}}(\mathrm{t}): & (P_{\mathrm{tot}}(\mathrm{t}) > 0 \wedge P_{\mathrm{M}}(\mathrm{t}) \geq 0) \vee \\ & (P_{\mathrm{tot}}(\mathrm{t}) > 0 \wedge P_{\mathrm{M}}(\mathrm{t}) < 0 \wedge \left| P_{\mathrm{M}}(\mathrm{t}) \right| < P_{\mathrm{NV}}(\mathrm{t})) \\ P_{\mathrm{tot}}(\mathrm{t}): & P_{\mathrm{tot}}(\mathrm{t}) > 0 \wedge P_{\mathrm{M}}(\mathrm{t}) < 0 \wedge \left| P_{\mathrm{M}}(\mathrm{t}) \right| \geq P_{\mathrm{NV}}(\mathrm{t}) \\ 0: & \text{sonstige Fälle} \end{Bmatrix}. \tag{2.7}$$

D Straßenbahn mit vollständiger Nutzung der Bremsenergie

In diesem Fall wird der Energiebedarf betrachtet, wenn die von den Fahrmotoren zurück gespeiste Energie immer vollständig auf dem Fahrzeug verwertet werden kann. Dies ist, bei Vernachlässigung von Übertragungsverlusten, technisch beispielsweise möglich, wenn ein fahrzeugseitiger Energiespeicher die anfallende Bremsenergie komplett aufnehmen und im Bedarfsfall wieder abgeben kann.

Der Energiebedarf für diese Konfiguration kann aus den Messungen an einem konventionellen Straßenbahnfahrzeug ohne Energiespeicher nach Fall C abgeleitet werden. Er ist ermittelbar aus der Energiebilanz an der Oberleitung, vermindert um die in den Bremswiderständen abgeführte Energie. Es gilt:

$$E'_{\text{Bedarf,D}} = \frac{\int \left(P_{\text{tot}}(\text{t}) - P_{\text{BW}}(\text{t}) \right) \text{dt}}{\int \left(\text{s(t)} \right) \text{dt}} \,. \tag{2.8}$$

Einsparpotentiale

Tabelle 2.1 enthält die für die vier untersuchten Fälle von Fahrzeug– und Netzkonfigurationen ermittelten Energieverbrauchszahlen und prozentualen Energiesparpotentiale, bezogen auf den ungünstigsten Fall ohne Bremsenergienutzung und im Vergleich untereinander.

Tabelle 2.1: Ermittelte Energieverbrauchszahlen und Einsparpotentiale bei Bremsenergienutzung

Gesamtnetz	**Fall A**	**Fall B**	**Fall C**	**Fall D**
spezifischer Energieverbrauch je Streckenkilometer [kWh/km]	5.83	4.94	3.98	2.85
Einsparpotential gegenüber Fall A [%]	—	15.3	31.7	51.1
Einsparpotential gegenüber dem zuvor betrachteten Fall [%]	—	15.3	19.4	28.4

Für moderne Straßenbahnen mit Nutzung der Bremsenergie für die Versorgung von Nebenverbrauchern und mit Netzrückspeisung verdeutlichen die Messergebnisse das Energiesparpotential, welches durch technische Maßnahmen bereits erschlossen wird. Der Einsatz rückspeisefähiger Traktionsstromrichter und die intelligente Steuerung von Großverbrauchern ermöglicht die Minderung des Gesamtenergiebedarfs um fast 32 %. Durch den Einsatz elektrischer Bremsenergiespeicher kann gegenüber diesen Fahrzeugen nochmals ein signifikantes Energiesparpotential erschlossen werden. Unterstellt man einen heute bereits realisierbaren Gesamtspeicherwirkungsgrad (Ein– und Ausspeichervorgang mit Berücksichtigung von Verlusten leistungselektronischer Stellglieder) von 92 %, ergibt sich ein zusätzliches Energiesparpotential von etwa 26 %.

Rekuperationsgrad

In einem nächsten Auswerteschritt wurden die netztopologischen Einflüsse auf die Anteile (Nebenverbraucher, Rückspeisung in die Oberleitung, Bremswiderstände) der von den Fahrmotoren zurück gespeisten Energie betrachtet, um die hierbei vorhandene, netztopologisch bedingte, Streubreite abzuschätzen. Als Rekuperationsgrad wird das Verhältnis dieser Nutzanteile zur gesamten rekuperierten Energie betrachtet.

Bild 2.4 enthält die Ergebnisse für zwei ausgewählte Streckenabschnitte im Vergleich zu den für das Gesamtnetz ermittelten Werten. Es zeigt sich, dass auf einem Streckenabschnitt in Stadtrandlage (Streckenlänge: 1610 m) ein erheblich geringeres Potential für die Netzrückspeisung gegeben ist, als auf einem Streckenabschnitt in der Innenstadt (Streckenlänge: 2170 m). Die Ursache hierfür wird in fehlenden Abnehmern für die Bremsenergie des untersuchten Fahrzeugs auf dem durch wenig andere Fahrzeuge befahrenen Streckenabschnitt vermutet. In der Folge wird ein vergleichsweise großer Anteil der von den Fahrmotoren rekuperierten Energie in den Bremswiderständen in Wärmeenergie umgesetzt. Dieser Anteil könnte bei entsprechender Fahrzeugausrüstung alternativ in einem Energiespeicher für den weiteren Fahrprozess erhalten bleiben.

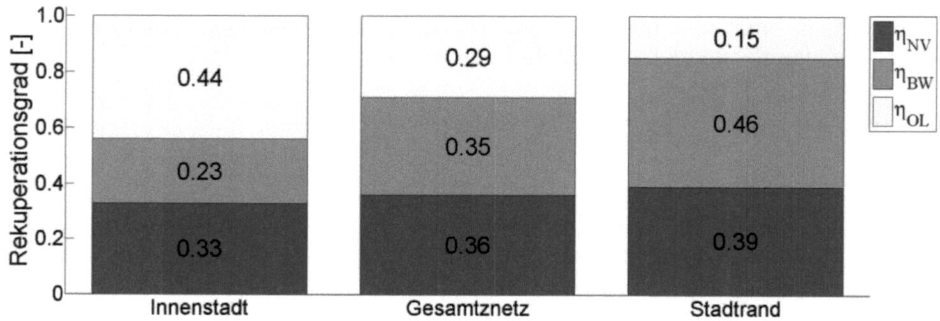

Bild 2.4: Nutzung der zurück gespeisten Energie (netztopologische Abhängigkeit)

Als eine weitere Einflussgröße auf den Rekuperationsgrad wurde die jeweils vorherrschende Umgebungstemperatur identifiziert. Die für alle Messfahrten erfassten Nutzanteile wurden zu Umgebungstemperaturbereichen zusammen gefasst (Bild 2.5).

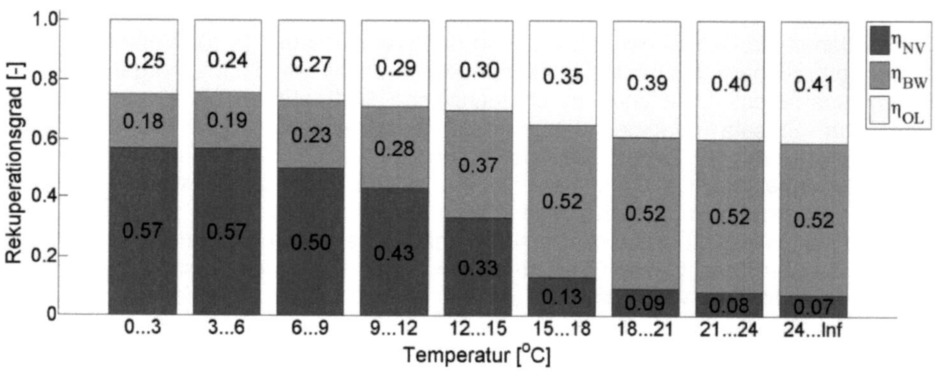

Bild 2.5: Nutzung der zurück gespeisten Energie (Abhängigkeit von der Umgebungstemperatur)

Ersichtlich ist die mit sinkender Umgebungstemperatur ansteigende Möglichkeit, Bremsenergie direkt auf dem Fahrzeug zur Versorgung des erhöhten Heizenergiebedarfs zu nutzen. Bei Temperaturen > 15°C wird mehr als die Hälfte der rekuperierten Energie in den Bremswiderständen in Wärmeenergie umgewandelt.

Einfluss der Umgebungstemperatur

Schließlich kann der Einfluss der Umgebungstemperatur auf den Traktions– und Nebenverbraucherenergiebedarf der Straßenbahn anhand der gewonnenen Messdaten als spezifische Traktions– und Nebenverbraucherenergie dargestellt werden (Bild 2.6). Der mit absinkender Außentemperatur ansteigende Gesamtenergiebedarf des Fahrzeugs wird wesentlich durch den ansteigenden Energiebedarf der Nebenverbraucher (Heizung) verursacht.

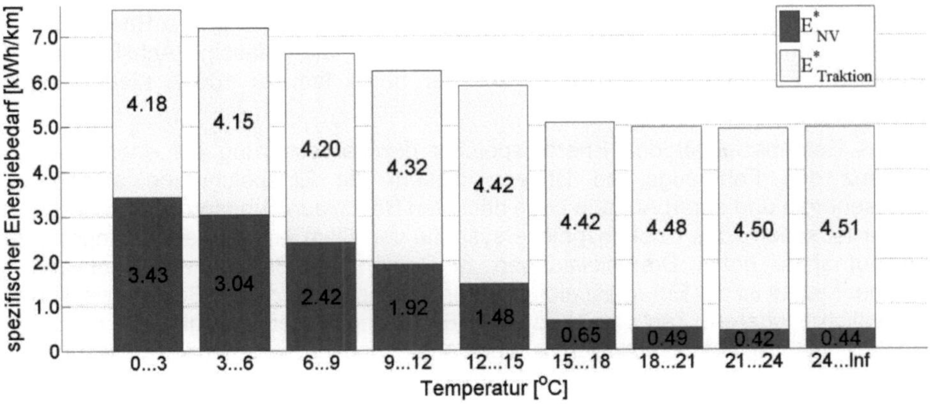

Bild 2.6: Nebenverbraucher– und Traktionsenergiebedarf als Funktion der Umgebungstemperatur

Bedingt durch verhältnismäßig milde Außentemperaturen während der Messkampagne stand keine ausreichende Datenbasis für Temperaturen unterhalb des Gefrierpunkts zur Verfügung. Es wird jedoch erwartet, dass der Energiebedarf für Nebenverbraucher im Temperaturbereich < 0°C weiter ansteigt und den Traktionsenergiebedarf übersteigt. Dies hätte einen weiteren Anstieg des Gesamtenergiebedarfs des Fahrzeugs zur Folge.

2.3 Elektrische Energiespeicher für mobile Anwendungen

Die Erfüllung der Antriebsaufgabe eines Fahrzeugs mit elektrischem Antriebsstrang ist mit einer entsprechenden Leistungsabgabe beziehungsweise -aufnahme der beteiligten Aggregate am Fahrzeugzwischenkreis verbunden (vgl. Bild 2.2).

In der Literatur werden verschiedene Möglichkeiten zur Erweiterung der erfüllbaren Antriebsaufgaben einer Straßenbahn durch den Einsatz mobiler elektrischer Energiespeichersysteme diskutiert. Hierdurch lassen sich neue Betriebsziele, wie der auf Teilstrecken von einem wegseitigen Versorgungssystem unabhängige Betrieb [TUT 07, MEI 10] realisieren und eine wesentliche Verbesserung der Energieeffizienz des Straßenbahnantriebs [KLO 07] durch die verbesserte Ausnutzung von Bremsenergie umsetzen.

Ein auf Teilstrecken oberleitungsfreier Betrieb (OFB) wird von Verkehrsunternehmen vor allem auf Grund von stadtplanerischen Restriktionen bei geplanten Netzerweiterungen oder in sensiblen Innenstadtbereichen zunehmend nachgefragt. Demgegenüber ist die Forderung einer Absenkung des ELB von Straßenbahnen ein allgemein gültiges Betriebsziel für den Einsatz eines Energiespeichersystems. Wird in das elektrische Antriebssystem ein Energiespeichersystem integriert, können dadurch weitere Betriebsziele, wie die Stabilisierung der Fahrleitungsspannung und die Absenkung von Lastspitzen am Unterwerk erreicht werden.

Die Realisierung unterschiedlicher Betriebsziele geht einher mit stark variierenden Anforderungen hinsichtlich dafür relevanter Betriebseigenschaften, die an elektrische Energiespeichersysteme zu stellen sind. Soll beispielsweise der erwähnte OFB realisiert werden, so ist auf dem entsprechenden Teilstück des Streckennetzes der gesamte ELB des Fahrzeuges durch das Energiespeichersystem zur Verfügung zu stellen. Der Energiespeicher wird demzufolge temporär als Primärenergiequelle genutzt. Ausgehend von einem oder mehreren Haltestellenabschnitten ohne Fahrdrahtenergieversorgung, muss das eingesetzte Energiespeichersystem für eine

Integration in das Fahrzeugkonzept vor allem eine genügend große Energiedichte aufweisen. Insbesondere konstruktive Restriktionen, wie zulässige Achslasten und verfügbare Einbauräume auf dem Dach der heute fast zu 100 % niederflurigen Fahrzeuge, sind dabei zu beachten.

Ist das Betriebsziel für den Energiespeicher die Verbesserung der energetischen Effizienz des Fahrzeugs, so ist von diesem die Einspeicherung anfallender Bremsenergie und deren Abgabe beim nächsten Beschleunigungsprozess zu fordern. Hierfür ist seitens des Energiespeichersystems vor allem eine hohe Leistungsdichte zur Aufnahme hoher Bremsleistungen zu Beginn der Bremsphasen notwendig. Darüber hinaus ist der Energiespeicher bei der Realisierung dieses Betriebsziels einer wesentlich höheren Zahl an Ladungs-/ Entladungszyklen, verglichen mit dem Betriebsziel OFB, ausgesetzt. Dem ist beim Auslegungsprozess mit der Auswahl einer geeigneten Energiespeichertechnologie sowie einer entsprechenden Dimensionierung hinsichtlich der zulässigen Entladungstiefe Beachtung zu schenken.

Nach dem Stand der Technik kommen drei verschiedene, für den mobilen Einsatz geeignete, elektrische Energiespeichertechnologien für Fahrzeuge des ÖPNV in Betracht. Auf eine Darstellung der Energiespeichertechnologien im hinlänglich bekannten Ragone–Diagramm, in welchem diese hinsichtlich ihrer Energie– und Leistungsdichte aufgetragen werden, wird hier verzichtet. Stattdessen erfolgt im Weiteren eine Betrachtung kommerziell ausgeführter Energiespeichersysteme der Technologien

- Schwungmassespeicher,
- Hochleistungsbatteriespeicher und
- Doppelschichtkondensatorspeicher,

basierend auf den Ergebnissen eines Literaturstudiums. Diese werden hinsichtlich ihrer Haupteinsatzeigenschaften vergleichend gegenübergestellt.

Schwungmassespeicher

Die Einführung von Kohlefaserwerkstoffen für die Schwungmasse war vor einigen Jahren bahnbrechend für die Weiterentwicklung der seit langem bekannten Schwungradtechnik. In Verbindung mit der Entwicklung neuer, magnetisch gestützter, Lager sowie präzise gefertigter Container, die ein Vakuum von wenigen Millibar über lange Zeit aufrecht erhalten, werden Drehzahlen bis zu 25.000 min^{-1} realisiert.

Da die Drehzahl den Energieinhalt quadratisch, die Schwungmasse die Größe der gespeicherten Energie hingegen nur linear beeinflusst, konnte bei diesen schnell laufenden Speichern das Gewicht des kompletten Systems bei steigendem Energieinhalt drastisch verkleinern werden.

Die Kompaktheit der Schwungmassespeicher hat sich auch dadurch verbessert, dass diese die zur Energieumwandlung erforderliche permanent erregte Synchronmaschine als Außenläufer integrieren. Da sich die Spannung der Maschine mit der Drehzahl ändert, ist für deren Betrieb ein Frequenzumrichter erforderlich. Dies ist insbesondere auch dann der Fall, wenn das elektrische Dreiphasensystem der Synchronmaschine an einen Gleichspannungszwischenkreis, wie er heute für Straßenbahnen als Stand der Technik vorausgesetzt werden kann, angeschlossen werden soll.

Besonders hervorzuheben sind die hohe Lebensdauer von 10^6 Vollentladungszyklen und der gute Wirkungsgrad moderner Schwungmassespeicher. Mit der aktuellen Schwungradgeneration der Firma CCM konnte im Fraunhofer–Versuchsfahrzeug AutoTram® ein Gesamtspeicherwirkungsgrad von 91 % ermittelt werden. Es ist zu beachten, dass aufgrund der reibungsbedingten Selbstentladung günstige Wirkungsgrade nur dann erreichbar sind, wenn der erforderliche Energieinhalt nur für wenige Minuten im Schwungrad zwischengespeichert wird.

Für den untersuchten Schwungmassespeicher gibt der Hersteller eine Dauerleistung von 321 kW an und weist einen Nutzenergieinhalt von 4 kWh bei einem Gesamtgewicht von 980 kg aus [CCM 11]. Der angegebene Speicherinhalt wird bei einer Nutzung des Drehzahlbereiches zwischen 11.000 und 22.000 min^{-1} erreicht. Für die Berechnung des Nutzenergieinhalts eines Schwungmassespeichers gilt:

$$E_{DMS} = \frac{\Theta_{DMS}}{2}\left(n^2_{DMS,max} - n^2_{DMS,min}\right) \tag{2.9}$$

mit: Θ_{DMS} - Massenträgheitsmoment [kgm^2],

$n_{DMS,max}$ - obere Betriebsdrehzahl [1/s],

$n_{DMS,min}$ - untere Betriebsdrehzahl [1/s].

Eine tiefere Entladung wird aufgrund des dadurch nur geringfügig erhöhten Nutzenergieinhaltes bei gleichzeitig verminderter Nennleistung nicht empfohlen.

Als nachteilig gegenüber anderen in Betracht zu ziehenden Speichertechnologien ist die geringe Skalierbarkeit und Modularität der Schwungmassespeicher zu nennen.

Bei allen positiven Systemeigenschaften, vor allem hinsichtlich der außerordentlich hohen Zyklenfestigkeit und der für den hier betrachteten Anwendungsfall besonders ausgewogenen Energie– und Leistungsdichte hat ein Unfall bei der Firma CCM gezeigt, dass Schwungmassespeicher derzeit nicht die Sicherheitsstandards für Anwendungen im ÖPNV erfüllen. Von einer schnellen Überwindung der derzeitigen Sicherheitsmängel wird abhängen, ob sich die Technologie in einzelnen Anwendungen gegenüber Superkondensator– oder Hochleistungsbatteriespeichern durchsetzen kann. Für die folgende Bearbeitung der Aufgabenstellung wird die Technologie nicht weiter betrachtet.

Hochleistungsbatteriespeicher

Die verschiedenen Batterietechnologien weisen bezüglich ihrer Energie– und Leistungsdichte, aber auch hinsichtlich der Lebensdauer und Kosten erhebliche Unterschiede auf.

Bleibatterien sind wegen ihrer geringen Energiedichte und Lebensdauer für die hier diskutierte Anwendung ungeeignet. Nickel–Cadmium– (NiCd) Batterien konnten sich wegen des aus Umweltgesichtspunkten kritischen Cadmiumanteils nicht durchsetzen. Nickel–Metallhydrid– (NiMH) Batterien kommen mittlerweile in Traktionsanwendungen zum Einsatz [TUT 07], werden aber wegen ihres thermisch sehr sensiblen Lade– und Entladeverhaltens gerade im Hochleistungsbereich zunehmend durch Lithium basierte Technologien substituiert werden.

Der wesentliche Vorteil der Lithiumbasierten Zellchemie ist deren im Vergleich zu anderen Batterien mit 3,6 V – 3,8 V deutlich höhere Zellnennspannung, was zu einer wesentlich verbesserten Energie– und Leistungsdichte führt.

Begrenzende Faktoren sind allerdings auch bei den Li– (Li) Batterietechnologien deren kalendarische Lebensdauer, geringe Ladeleistungen sowie Zyklenfestigkeit.

Die kalendarische Lebensdauer beträgt bei heutigen Systemen etwa fünf Jahre und wird durch irreversible Kapazitätsverluste begrenzt, die unabhängig von der Nutzung der Zelle auftreten. Verantwortlich dafür sind Zersetzungsprozesse und die Bildung von Deckschichten an den Elektroden. Diese Prozesse werden durch Lagerung bei hohen Temperaturen oder hohem Ladezustand verstärkt.

Die Zyklenfestigkeit wird in der Regel für volle Ladungs-/Entladungszyklen angegeben. Bekannt ist, dass geringere Entladungstiefen bei mittlerem Ladezustand einen geringeren Beitrag zur Verringerung der Lebensdauer liefern als Vollentladung über den gesamten Bereich beziehungsweise Ladungs-/Entladungszyklen bei hohem Ladezustand. Ein tieferes Verständnis zu den Alterungsvorgängen ist derzeit in vielen Fällen nur qualitativ vorhanden. Die Degradationsmechanismen der Li–Ionen–Batterien sind in folgender Art messbar:

- Änderungen der Oberflächenmorphologie und der Kathodenzusammensetzung sind anhand charakteristischer Veränderungen der Polarisationskurve und mit Hilfe der Impedanz Spektroskopie messbar.
- Entstehende Gase wie CO und CO_2 resultieren aus der Dekomposition des Passivierungsfilms auf der negativen Elektrode.
- Ein ansteigender Innenwiderstand ist vor allem auf das Anwachsen der Ladestromübertragungsimpedanz an der positiven Elektrode zurückzuführen.

Der Begriff Lithium–Zelle bzw. Lithium–Batterie schließt darüber hinaus eine Vielzahl von Technologien ein, so dass bei der Diskussion der Lebensdauer auch unterschiedliche Degradationsmechanismen zu berücksichtigen sind.

Doppelschichtkondensatorspeicher

Während Lithium–Batterien eine hohe Energiedichte aufweisen, zeichnen sich Doppelschichtkondensatoren (DLC – Double Layer Capacitor) durch eine hohe Leistungsdichte und eine sehr gute Zyklenfestigkeit aus. Tabelle 2.2 stellt exemplarisch Datenblattangaben typischer Vertreter von Lithium–Ionen–Zellen und Doppelschichtkondensatoren gegenüber. Hierbei wurden zur Berechnung von Energie– und Leistungsdichten Strom– und Spannungswerte berücksichtigt, die bei einem Einsatz von üblichen Kühlsystemen für die untersuchte Anwendung keine thermische Überlastung oder lebensdauerschädliche Beanspruchung der Energiespeicherelemente zur Folge haben. Für die Batteriezelle wurde eine Entladung zwischen 80 % und 60 %, bezogen auf den Gesamtenergieinhalt angesetzt, für die DLC–Zelle zwischen 98 % und 30 %. Die Wahl der Entladebereiche erfolgte so, dass die zeitlichen Gebrauchsfähigkeiten der Speicherelemente durch die Zyklisierung nicht unterhalb der durch die Hersteller angegebenen kalendarischen Lebensdauern sinken.

Tabelle 2.2: Technische Daten typischer Vertreter von Lithium–Ionen–Zellen und DLC–Zelle

	LiTec Li–Ionen–Zelle [LIT 08]	**GAIA Li–Ionen–Zelle [GAI 09]**	**Maxwell Boostcap [MAX 09]**
nominale Spannung	3,6 V	3,6 V	2,7 V
nominale Kapazität	40 Ah	60 Ah	3000 F (As/V)
spezifische Energie	30 Wh/kg	32 Wh/kg	4,8 Wh/kg
Energiedichte	56 Wh/l	84 Wh/l	5,6 Wh/l
spezifische Leistung	290 W/kg	309 W/kg	1570 W/kg
Leistungsdichte	535 W/l	799 W/l	1820 W/l
Gewicht	1,05 kg	1,50 kg	0,55 kg
Volumen	0,567 l	0,580 l	0,475 l

Im Gegensatz zu Li–Batteriespeichern ist die Entwicklung der elektrostatischen Doppelschichtkondensatoren sehr viel weiter fortgeschritten.

Die hohe Kapazität der DLC basiert auf der Dissoziation von Ionen in einem flüssigen Elektrolyt, die ein Dielektrikum von wenigen Atomlagen bilden, sowie einer sehr großen Elektrodenoberfläche.

Die Zellen bestehen aus zwei Elektroden, die von dem Elektrolyten benetzt werden. Beim Anlegen einer Spannung, die kleiner ist als die Zersetzungsspannung des Elektrolyten, sammeln sich an beiden Elektroden Ionen umgekehrter Polarisation. Sie bilden eine Zone von unbeweglichen Ladungsträgern, deren Schichtdicke nur wenige Moleküllagen beträgt, die so genannte elektrochemische Doppelschicht. Die Elektroden mit der Ladungsträgerschicht als Dielektrikum verhalten sich wie zwei Kondensatoren, die über den elektrisch leitenden Elektrolyten in Reihe geschaltet sind. Sie speichern die Energie im Gegensatz zu elektrochemischen Energiespeichern (Batterien und Akkus) elektrostatisch. Dies begründet die hohe Zyklenfestigkeit, da die Ladungs- und Entladungsvorgänge keine zersetzenden elektrochemischen Prozesse verursachen.

Die spezifischen Eigenschaften moderner Batterietechnologien und Hochleistungskapazitäten legen den Gedanken nahe, die Vorzüge beider Speicherformen in Speichersystemen zu kombinierten [NAP 01, PAL 03, BAL 03].

Basierend auf den Ergebnissen der Literaturrecherche können die technischen Parameter von Lithium–Ionen–Batterie und DLC–Speicher als zufriedenstellend für einen Einsatz als mobile Energiespeichertechnologie zur Erfüllung erweiterter Betriebsziele in Fahrzeugen des ÖPNV eingeschätzt werden. Für die weitere Bearbeitung der Aufgabenstellung erfolgte eine Modellierung dieser Technologien. Hierfür wurde die Betriebscharakteristik der ausgewählten Speichertechnologien nachgebildet. Für die Darstellung der Betriebscharakteristik wird üblicherweise die sogenannte Polarisationskurve gewählt. Hierfür ist die Lade–/Entladespannung auf Einzelzellniveau über dem Ladezustand aufzutragen. Eine Lithium–Ionen–Batterie ist durch die Abhängigkeit ihrer Polarisationskurve vom Lade– beziehungsweise Entladestrom gekennzeichnet. Als Bezugsgröße wird die sogenannte C–Rate gewählt, welche das Verhältnis des jeweiligen Stromwertes in Ampere zur nominalen Kapazität der Batteriezelle in Amperestunden angibt. Bild 2.7 zeigt die Polarisationskurve bei variierender Strombelastung für die Einzelzelltypen GAIA Li–Ionen–Zelle (BAT) und Maxwell Boostcap (DLC) nach Tabelle 2.2.

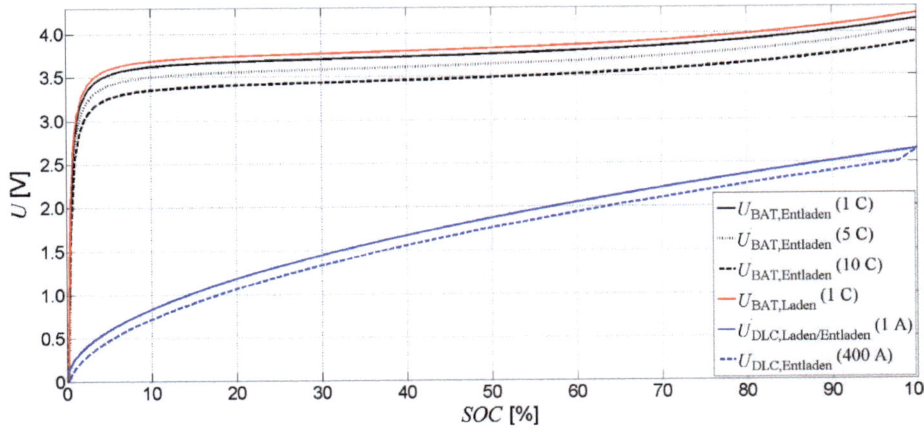

Bild 2.7: Lade–/Entladungskurven (Polarisationskurve) für Lithium–Ionen–Batterie und DLC

Aufgrund einer elektrochemischen Reaktion, der sogenannten Interkalation, weist der ausgewählte Batteriezelltyp einen leicht abfallenden Spannungsverlauf mit einer charakteristischen S–Form auf [JOS 06]. Demgegenüber steigt die Zellspannung des DLC mit zunehmendem Ladezustand nach der Grundformel der in einem Kondensator gespeicherten Energie:

$$E_{\mathrm{DLC}} = \frac{C_{\mathrm{DLC}}}{2}\left(U_{\mathrm{DLC}}^{2}\right) \qquad (2.10)$$

mit: C_{DLC} - Nennkapazität [F],
U_{DLC} - Zellspannung [V].

Sowohl in Lithium–Ionen–Batterie– als auch in DLC–Zellen bewirkt deren ohmscher Innenwiderstand eine abfallende Entladespannung mit zunehmender Strombelastung. Dieses Verhalten ist in Bild 2.7 für verschiedene Entladungsströme dargestellt. Die in der Praxis ebenfalls auftretende Abhängigkeit der Entladespannung von der Zelltemperatur wurde in der Darstellung nicht berücksichtigt.

Durch das für den DLC charakteristische Absinken der Zellspannung mit fortschreitender Entladung müssen im Bereich tiefer Entladungen bei gleicher Leistung wesentlich höhere Ströme geführt werden. Dieses Problem besteht in wesentlich geringerem Maße für die Lithium–Ionen–Batterie, da diese für die hier untersuchte Traktionsanwendung aus Lebensdauergründen ohnehin nicht bis in den Bereich der Tiefentladung genutzt werden kann. In Bild 2.8 wurde die Anzahl realisierbarer Entladezyklen in Abhängigkeit der gewählten Entladungstiefe DOD (Depth of Discharge) für die Energiespeichertechnologien gegenübergestellt. Im Falle der Lithium–Ionen–Batterie wurde zusätzlich die Abhängigkeit von der als Kriterium für das erreichte Lebensdauerende angenommenen Restkapazität berücksichtigt.

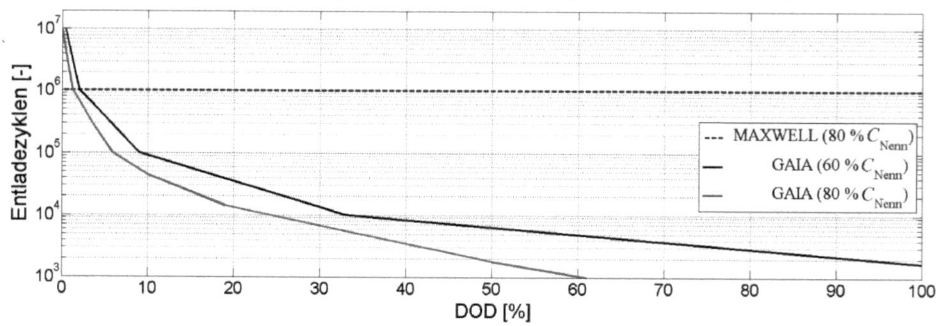

Bild 2.8: Zusammenhang zwischen Entladetiefe und Lebensdauer für Lithium–Ionen–Batterie und Doppelschichtkondensator (Grafik nach Daten von GAIA und MAXWELL)

Im Vergleich zu Batterien können DLC aufgrund ihres veränderten konstruktiven Aufbaus mit wesentlich größeren Strömen beaufschlagt werden. Jedoch besteht auch hinsichtlich der Strombelastbarkeit von DLC eine Beschränkung durch die mit steigendem Strom quadratisch ansteigenden inneren Speicherverluste, die in Form von Stromwärmeverlusten auftreten. Vor allem im Bereich des unteren Speicherladungszustandes steigen die durch den Innenwiderstand des DLC verursachten inneren Stromwärmeverluste bei konstanter Übertragungsleistung exponentiell an. In Bild 2.9 ist diese technische Gegebenheit anhand von Simulationsergebnissen auf der Basis von Datenblattangaben für voneinander verschiedene, konstante Entladeleistungen dargestellt. Den dargestellten physikalischen Verhältnissen ist bei einem Einsatz eines DLC–Speichers in einem ÖPNV–Fahrzeug durch die Begrenzung des Arbeitsbereiches Rechnung zu tragen.

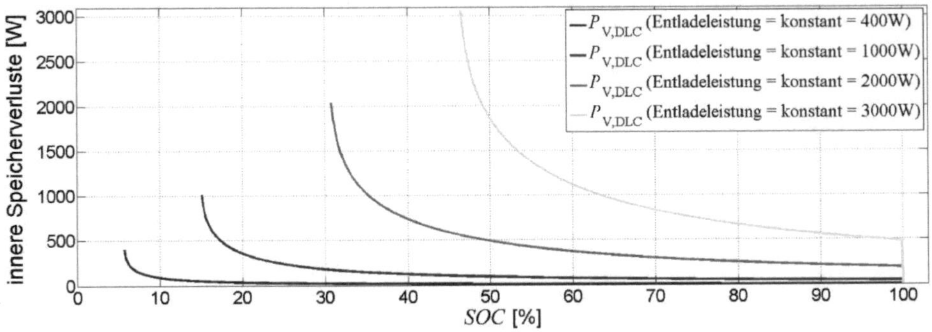

Bild 2.9: Verlustleistung einer DLC-Einzelzelle in Abhängigkeit von Entladeleistung und Ladezustand

2.4 Leistungselektronische Kopplung

Die weitere Betrachtung geht von einem modernen elektrischen Antriebskonzept für eine Straßenbahn nach Bild 2.10 aus, bei der die klassische Struktur mit Fahrantrieben und Nebenverbrauchern um einen elektrischen Energiespeicher erweitert wird. Dabei können ein oder mehrere Energiespeichersysteme vorgesehen werden, welche aus Lithium–Ionen–Batterie, DLC–Zellen oder Kombination beider Speichertechnologien aufgebaut sind.

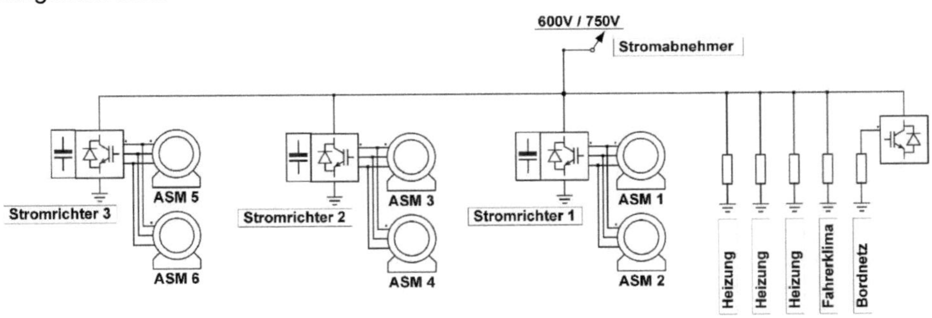

Bild 2.10: Antriebssystem einer Straßenbahn mit integriertem Energiespeicher

Das elektrische Antriebssystem besitzt mehrere Hauptantriebe, bestehend aus jeweils einem Antriebsstromrichter, welcher die Leistungsflüsse zwischen dem Fahrzeugzwischenkreis, den Fahrmotoren und elektrischen Bremswiderständen steuert. Je nachdem, ob das Antriebskonzept als Einzel– oder Gruppenantrieb ausgeführt ist, sind einem Antriebsstromrichter ein oder zwei Fahrmotoren sowie ein Bremswiderstand zugeordnet. Während die Fahrmotoren direkt in den Drehgestellen integriert werden, sind Antriebsstromrichter und Bremswiderstände bei Straßenbahnen mit einem großen oder vollständigen Niederfluranteil auf dem Fahrzeugdach angeordnet. Jeder Hauptantrieb ist für den Antrieb eines Drehgestells vorgesehen. Ein Drehgestell mit Antrieb wird als Fahrdrehgestell bezeichnet, ein Drehgestell ohne Antrieb ist ein Laufdrehgestell. Für die weitere Bearbeitung der Aufgabenstellung wird als Vereinfachung von einer symmetrischen Aufteilung der Leistungsflüsse auf alle Antriebsdrehgestelle ausgegangen.

Die Steuerung der Leistungsflüsse zwischen Energiespeichersystemen und Fahrzeugzwischenkreis erfolgt durch sogenannte Gleichstromsteller, die dem

Energiespeicher zur Angleichung von dessen Betriebsspannung an die Zwischenkreisspannung des Fahrzeugs vorgeschaltet werden. Die nachfolgenden Betrachtungen beziehen sich auf die in solchen Gleichstromstellern eingesetzten leistungselektronischen Schaltelemente.

Gleichstromsteller sind für den Betrieb der mit Gleichstrom betriebenen Energiespeicherkomponenten Lithium–Ionen–Batterien oder DLC notwendig, um deren Betriebsspannung, die sich mit dem Ladungszustand des Speichers ändert, an das im Fahrbetrieb an einem Fahrleitungsnetz ebenfalls innerhalb vorgegebener Toleranzgrenzen schwankende Spannungsniveau im Fahrzeugzwischenkreis anzugleichen. Für mit Gleichstrom betriebene Stadtbahnsysteme haben sich europaweit Netze mit 600 V oder 750 V etabliert. Durch die Unterwerksversorgung muss nach der entsprechenden Norm [EN 50163] die Spannung am Stromabnehmer mit einer Toleranz von –30 %/+20 %, bezogen auf die jeweilige Netznennspannung, zur Verfügung gestellt werden.

Zur Erzeugung einer variablen Gleichspannung sind selbstgeführte Gleichstromsteller mit abschaltbaren Halbleiterbauelementen, den elektronischen Schaltern, notwendig [GUE 06]. Im untersuchten Anwendungsgebiet kommen in der betreffenden Leistungsklasse vorwiegend Bipolar Transistoren mit isolierter Gate–Elektrode (IGBT – Insulated Gate Bipolar Transistor) zum Einsatz.

Nachfolgend werden die Topologien Tiefsetzsteller, Hochsetzsteller und bidirektionaler Hoch–/Tiefsetzsteller betrachtet.

Tiefsetzsteller

Die Schaltungstopologien Tiefsetzsteller und Hochsetzsteller bilden die einfachsten Ausführungen von Gleichstromstellern und sind mindestens aus zwei passiven (Kondensator und Spule) sowie zwei leistungselektronischen (Leistungsschalter und Diode) Bauelementen aufgebaut.

Die Ausgangsspannung $\mathrm{u_A}$ an einem Tiefsetzsteller nach Bild 2.11 kann in Abhängigkeit der Eingangsspannung $\mathrm{u_E}$ im Bereich $0 \leq \mathrm{u_A} < \mathrm{u_E}$ verstellt werden, indem der IGBT entsprechend angesteuert wird. Zur Steuerung der Schaltvorgänge wird beispielsweise ein durch Pulsweitenmodulation (PWM) erzeugtes Steuersignal eingesetzt. Für die Berechnung der Ausgangsspannung gilt nach [JAG 00] der formelmäßige Zusammenhang:

$$\frac{\mathrm{u_A}}{\mathrm{u_E}} = \frac{\mathrm{t_e}}{T} = D = \mathrm{t_e} \cdot f_\mathrm{S} \tag{2.11}$$

mit: D - Tastverhältnis [-],

$\mathrm{t_e}$ - Einschaltdauer des Schalters [s],

T - Gesamtimpulsdauer [s],

f_S - Schaltfrequenz [Hz].

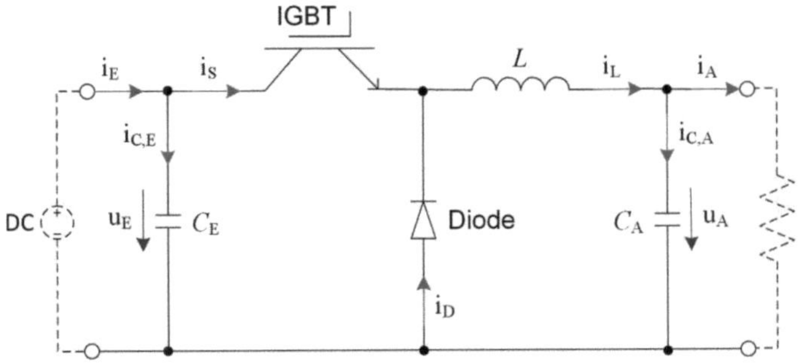

Bild 2.11: Tiefsetzsteller

Es wird für die Funktionsbeschreibung vereinfachend von Bauelementen mit idealem Verhalten ausgegangen. Der IGBT hat unter dieser Annahme im eingeschalteten Zustand keinen und ausgeschaltet einen unendlich großen Widerstand.

Zunächst wird der Schalter als geschlossen angenommen. Der Eingangsstrom fließt durch diesen und die Spule zum Ausgang. Die Ausgangsspannung ist in diesem Fall gleich der Eingangsspannung $u_A = u_E$. Wird der Schalter geöffnet, fließt kein Strom und die Ausgangsspannung ergibt sich zu $u_A = 0$.

Mit einem Steuersignal $0 < D < 1$ wird der Schalter periodisch geöffnet und geschlossen. Im eingeschalteten Zustand lädt der Eingangsstrom die Spule (Spulenstrom steigt an) und versorgt die Last am Ausgang. In den Zeiten, in denen sich der Schalter im geöffneten Zustand befindet, wird die Last durch die Energie der aufgeladenen Induktivität versorgt. Die Spule bildet nun mit der Last und der Diode einen geschlossenen Stromkreis. Der in diesem Kreis fließende Strom nimmt mit der Entladung der Spule ab, bis der Schalter wieder geschlossen wird. Der zur Glättung der Ausgangsspannung vorgesehene Kondensator ist in vielen Anwendungen nicht vorhanden, jedoch Bestandteil eines vollständigen Schaltbilds.

Hochsetzsteller

Besitzt die Schaltung bei geöffnetem IGBT einen zusätzlichen Energiespeicher zur Spule, kann die Ausgangsspannung u_A größere Werte als die Eingangsspannung u_E annehmen. Bei einem Hochsetzsteller wird dies durch den parallel zur Last geschalteten Kondensator erreicht (Bild 2.12). Die Ausgangsspannung wird wiederum über das Tastverhältnis D eingestellt. Es gilt nach [JAG 00]:

$$\frac{u_A}{u_E} = \frac{T}{T - t_e} = \frac{1}{1 - D}. \tag{2.12}$$

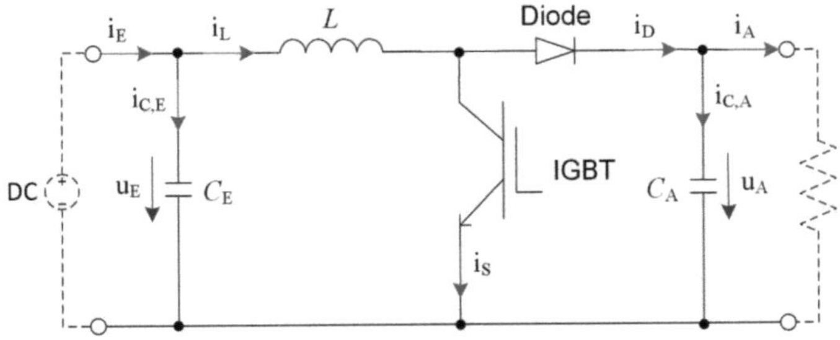

Bild 2.12: Hochsetzsteller

Zunächst wird der Schalter wiederum als geöffnet angenommen. Der Eingangsstrom fließt ungehindert über die Induktivität zum Ausgang. Dadurch wird der Ausgangskondensator geladen und die Spannung am Ausgang erhöht sich auf den Wert $u_A = u_E$. Während der Einschaltzeit t_e des Schalters steigt der Eingangsstrom über der Spule an und in der Induktivität wird Energie gespeichert. Beim Öffnen des Schalters kommutiert der Strom auf die Diode und fließt während der Ausschaltzeit t_a über den Lastkreis, dieser ist in Bild 2.12 gestrichelt angedeutet. Dabei wird die Ausgangsspannung durch Nachladung des Kondensators aus der Induktivität auf $u_A > u_E$ erhöht.

Bidirektionaler Hoch–/ Tiefsetzsteller

Durch die Kombination der Schaltungsfunktionalitäten eines Tiefsetzstellers und Hochsetzstellers entsteht ein Hoch–/Tiefsetzsteller. Mit einer derartigen Schaltungstopologie ist es möglich, Leistung von einem höheren Spannungsniveau auf ein tieferes zu transferieren und umgekehrt. Ein Gerät, bei dem durch entsprechende Anordnung leistungselektronischer Bauelemente sowohl die Tief– als auch die Hochstellfunktion in beiden Richtungen des Leistungsflusses möglich sind, wird als Vierquadrantensteller oder auch bidirektionaler Hoch-/Tiefsetzsteller bezeichnet.

Ein bidirektionaler Gleichstromsteller ist für den Einsatz eines Energiespeichers in einem elektrischen Antriebsstrang einer Straßenbahn zwingend erforderlich, da die beim Bremsen eingespeicherte Energie dem Fahrprozess wieder zur Verfügung gestellt werden soll. Je nach Auslegung des Energiespeichers hinsichtlich seines Arbeitsspannungsbereiches muss der bidirektionale Gleichstromsteller als Tiefsetzsteller oder Hochsetzsteller oder als Hoch–/Tiefsetzsteller nach Bild 2.13 ausgeführt werden.

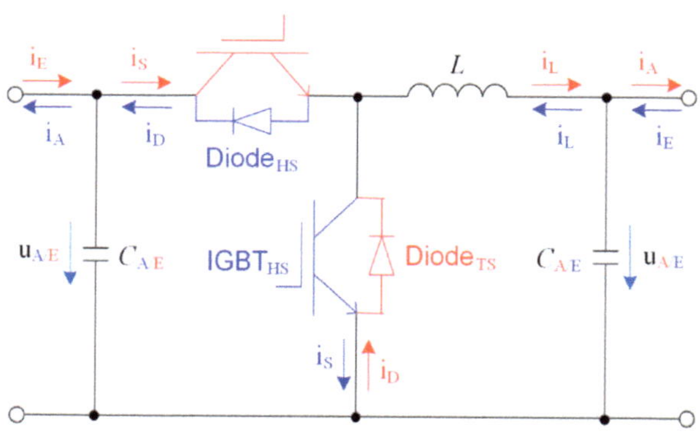

Bild 2.13: bidirektionaler Hoch–/Tiefsetzsteller

2.5 Sperrschichttemperatur und Lebensdauer

Im Bereich elektrischer Fahrzeugantriebe ergeben sich für die zu deren Betrieb erforderliche Leistungselektronik ständig steigende Anforderungen nach kompakter Bauweise und hoher Leistungsdichte. Eine Miniaturisierung von Gleichstromstellern kann durch deren mehrphasige Ausführung und die damit verbundene Verkleinerung des für passive Bauelemente (Induktivitäten und Kapazitäten) benötigten Bauvolumens erreicht werden [MAE 04]. Dem thermischen Management elektronischer Bauteile in Antriebsbaugruppen kommt auf Grund der fortschreitenden Miniaturisierung und des damit verbundenen Anstieges der Verlustleistungsdichte eine steigende Bedeutung zu. Heute sind Gleichstromsteller für PKW–Anwendungen mit spezifischen Leistungen von 20 kW/kg und mehr als 20 kW/l verfügbar [BEC 05]. Derart leistungsdichte Geräte bedingen enorme Aufwendungen für deren Kühlung. Neben dem durch Eintrag von elektrischer Verlustleistung verursachten thermischen Stress kommen bei einer PKW–Anwendung oftmals noch besondere Bedingungen des Einbauortes hinzu. Insbesondere bei einer systembedingt notwendigen Anordnung im Motorraum ist oftmals keine ausreichende konvektive Entwärmung gewährleistet. In diesem Fall muss durch technische Zusatzeinrichtungen für eine entsprechende Zwangskühlung gesorgt werden.

Zuverlässigkeit

Als Maß zur Bewertung der Zuverlässigkeit eines Bauteiles unter gegebenen Einsatzbedingungen gilt allgemein dessen Ausfallrate λ. Die Ausfallrate gibt an, mit welcher Wahrscheinlichkeit ein Bauteil in einem bestimmten Zeitabschnitt ausfällt. Sie hat daher immer einen bestimmten Zeitbezug (Ausfall pro Zeiteinheit). Typischerweise folgt die Ausfallwahrscheinlichkeit eines Bauteils während dessen Lebensdauer der in Bild 2.14 skizzierten „Badewannenkurve". Für die Ausfallwahrscheinlichkeiten leistungselektronischer Bauteile ist der Bereich mit einer nahezu konstanten Ausfallrate maßgebend. Es obliegt dem jeweiligen Hersteller, dass Bauteile, deren Ausfallverhalten dem Bereich der frühen Ausfallphase zuzuordnen sind, nicht auf den Markt gelangen. Der Bereich steigender Ausfallwahrscheinlichkeit aufgrund von Alterung und Ermüdung kurz vor Erreichen des Lebensendes ist für einen technischen Einsatz ebenfalls nicht relevant.

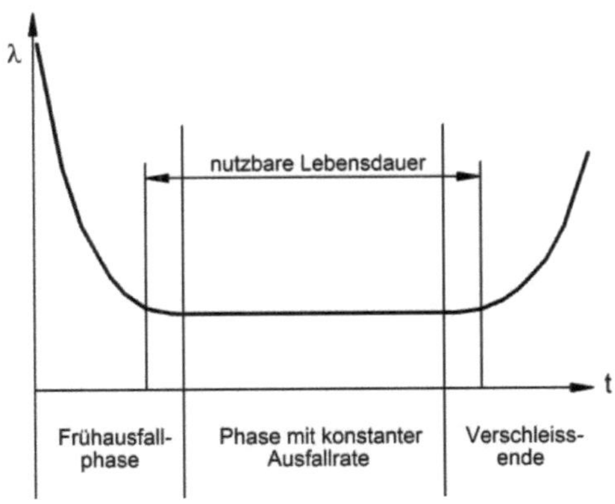

Bild 2.14: Ausfallwahrscheinlichkeit elektronischer Bauelemente

Die mittlere Lebensdauer MTTF (Mean Time To Fail) ist der Kehrwert der Ausfallrate λ. Gibt beispielsweise der Hersteller eine ‚nutzbare Lebensdauer' von 250.000 h an, so beträgt die Ausfallrate des Bauteils λ = 4 pro 10^6 Stunden.

Aufgrund der extrem hohen Zuverlässigkeit elektronischer Bauteile hat sich in diesem Bereich die Angabe der Ausfallrate in FIT (Failure in Time) = 10^{-9} pro Stunde durchgesetzt. Das zuvor beispielhaft betrachtete Bauteil würde eine Ausfallrate von λ = 4000 FIT aufweisen.

In [WOL 01] werden fünf Arten der Beanspruchung benannt, welche für sich allein oder in deren Kombination zum Ausfall von Komponenten der integrierten Leistungselektronik (ILE), wie Halbleiterschalter, Wickelgüter, Kondensatoren und Strombahnen führen können:

- thermischer Stress,
- elektrischer Stress (Überströme, Überspannungen, Schwingungen, EMV),
- mechanischer Stress (innere Spannungen, hervorgerufen durch Lötvorgänge und deren Relaxation sowie Vibrationen als Ausfallursache für Bauelemente größerer Masse, wie Kondensatoren und Induktivitäten),
- Bestrahlung (radioaktiv und/oder kosmisch) und
- chemischer Stress (Ionenmigration in elektrischen Feldern bei Anwesenheit von Feuchte).

Thermische Wechselbeanspruchung

Für die weitere Bearbeitung wird thermischer Stress als Hauptursache für Ausfälle leistungselektronischer Bauelemente in Gleichstromstellern unterstellt. Bei der Leistungsübertragung zur Erfüllung der Antriebsaufgabe verursachen alle Komponenten der ILE Verluste, die unter der in der Praxis gültigen Annahme einer ungenügenden Entwärmung immer zur Erwärmung führen. Die Komponenten bestehen aus Materialien (Silizium, Keramiken, Kunststoffe) mit unterschiedlichen Wärmeausdehnungskoeffizienten. Die jeweiligen Verbindungsstellen (Lote, Kleber) müssen die entstehenden thermomechanischen Spannungen aufnehmen. Dies kann zu deren Ermüdung und schließlich zum Versagen führen.

Als eine charakteristische Schwachstelle können in einem Gleichstromsteller die HLE angesehen werden. Besonders gefährdet sind dabei die Verbindungsstellen zwischen deren Kontaktierung (Bonddrähte) und dem Siliziumchip einerseits sowie zwischen diesem und dessen Keramik–Trägersubstrat (z.B. Cu–Al_2O_3–Cu). Bild 2.15 zeigt schematisch den Aufbau eines Leistungshalbleiter–Bauelementes mit angedeutetem Gehäuse (gestrichelt dargestellt).

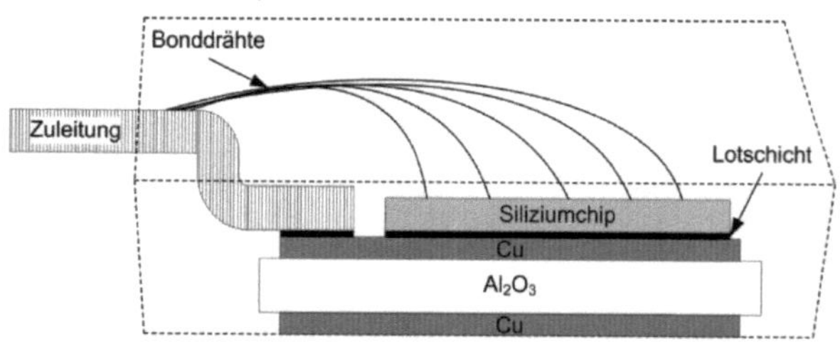

Bild 2.15: Schnittdarstellung eines HLE nach [AMR 04]

Die Ausfallrate nimmt mit der Temperaturdifferenz zwischen heißester Stelle im Bauelement und Umgebungstemperatur zu. Darüber hinaus hat auch der Temperaturunterschied zwischen niedrigster und höchster Betriebstemperatur einen signifikanten Einfluss auf die Lebensdauer der Komponente [WOL 02].

Bekannte Versagensmechanismen von HLE in Leistungsmodulen, wie die Schädigung und der Abriss von Verbindungsdrähten infolge extrem unterschiedlicher Wärmeausdehnungskoeffizienten zwischen Silizium und Bonddrahtmaterial sowie eine Rissausbreitung in der Lotschicht zwischen Trägersubstrat und Grundplatte haben als gemeinsame Ursache thermomechanischen Stress als Reaktion auf transienten Verlustleistungseintrag [LUT 05, YAM 02].

Die Verlustleistung im HLE lässt sich in Schalt– und Durchlassverlustanteile unterscheiden. Die Höhe der Verlustleistung ist abhängig von vielen Faktoren, beispielsweise der Höhe des zu übertragenden Stroms, der Schaltfrequenz sowie von Parametern des angeschlossenen Kühlsystems. Die Wechselwirkung zwischen thermischer Belastung durch Verlustleistungseintrag und Wärmeabfuhr über das angeschlossene Kühlsystem führt zu einem transienten Temperaturverlauf im Bauteil. Dabei entstehen die Temperaturmaxima an der Sperrschicht des Halbleiters. Unter Verwendung des englischsprachigen Begriffes junction für Sperrschicht wird die Sperrschichttemperatur nachfolgend mit T_j bezeichnet.

Bild 2.16 zeigt den charakteristischen Verlauf der Kollektor–Emitter–Spannung U_{CE} über der Lebensdauer eines Leistungshalbleiters in qualitativer Darstellung. Bedingt durch fortschreitende Schädigungen wie dem Ablösen von Bonddrähten und des Chips vom Trägersubstrat vergrößert sich der Innenwiderstand des Bauteils. Dies führt kurz vor Ende der Lebensdauer EOL (End Of Life) zu einem signifikanten Anstieg von U_{CE}. Innerhalb von Zyklentests PCT (Power Cycling Tests) wurde als Ausfallkriterium ein Anstieg von 20 % ermittelt.

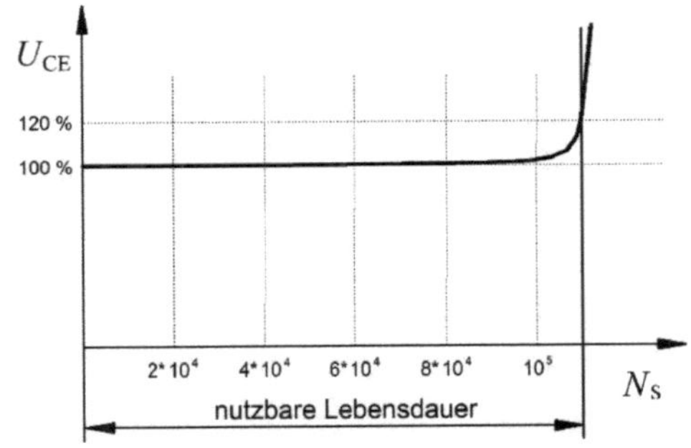

Bild 2.16: Kollektor–Emitter–Spannung über der Lebensdauer eines HLE

Bei der Durchführung von PCT nutzt man den beschriebenen Zusammenhang zur Bestimmung der oberen Sperrschichttemperatur T_j, indem man nach erfolgter Zuschaltung die Kollektor–Emitter–Spannung U_{CE} messtechnisch erfasst und über eine vor dem Versuchsbeginn kalibrierte Abhängigkeit auf T_j schließt. Zur messtechnischen Erfassung von U_{CE} wird in Schaltpausen des Leistungshalbleiters (Kollektorstrom $I_C = 0$) ein definierter Messstrom (z.B. 200 mA) zwischen Kollektor und Emitter angelegt.

Der bevorstehende Eintritt eines Bauteilausfalls kann anhand der steigenden Kollektor–Emitter–Spannung, verursacht durch steigende Übergangswiderstände, überwacht werden [SCH 02, COQ 03]. Hierzu ist eine Messeinrichtung zur Ermittlung von U_{CE} vorzusehen. Diese Messungen können in größeren Abständen, z. B. täglich, erfolgen. Über den Vergleich mit dem Anfangszustand von U_{CE} kann bei Überschreiten eines oberen Wertes ein Hinweis auf das bevorstehende Lebensdauerende ausgegeben und in einem Steuergerät verarbeitet werden.

Innerhalb des mit europäischen Mitteln geförderten LESIT– Projektes (5. EU–Forschungs-Rahmenprogramm) wurde der Zusammenhang zwischen thermischer Beanspruchung und Zyklenfestigkeit von Leistungshalbleitern durch umfangreiche, vergleichende Lebensdauertests an leistungselektronischen Komponenten führender Hersteller quantifiziert. Dabei konnte der unmittelbare Zusammenhang zwischen der Höhe des Sperrschichttemperaturanstiegs und der durch das Bauteil ertragbaren Zyklenzahl mit der zugehörigen definierten Belastung erarbeitet werden. Der Einfluss der resultierenden mittleren Sperrschichttemperatur auf die Lebensdauer wurde ebenfalls quantifiziert [AMR 04].

Der Zusammenhang zwischen der mittleren Sperrschichttemperatur, dem aus einer Leistungsübertragung resultierenden Sperrschichttemperaturerhöhung und der ertragbaren Zyklenzahl wurde als ein Projektergebnis mathematisch formuliert zu:

$$N_S = A \cdot \Delta T_j^{\alpha} \cdot \exp\left(\frac{E_\alpha}{k_{Bo} \cdot T_m}\right) \tag{2.13}$$

mit: N_S - ertragbare Zyklen bis zum Ausfall [-],
k_{Bo} - Boltzmannkonstante = $1{,}380 \cdot 10^{-23}$ [J/K],
E_α - Aktivierungsenergie = $9{,}89 \cdot 10^{-20}$ [J],
A - Konstante = 302500 [1/K],
α - Konstante = - 5,039 [-],
T_m - mittlere Sperrschichttemperatur [K].

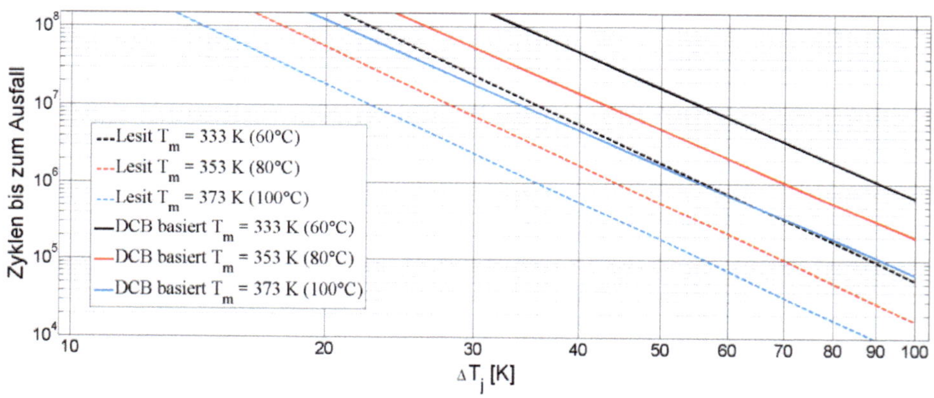

Bild 2.17: Zyklenfestigkeit von Leistungshalbleiterelementen

Weiterführende Untersuchungen an Leistungshalbleitern mit verbesserten Aufbautechnologien zeigen, dass vor allem durch die Entwicklung der DCB (Direct Copper Bonding) Technologie eine sprunghafte Verbesserung der Zyklenfestigkeit erreicht wurde [LUT 05]. Die Verbesserungen ergeben sich dabei aus der besseren Anpassung der Wärmeausdehnungskoeffizienten der miteinander im Wärmeaustausch befindlichen Materialien. Der formelmäßige Zusammenhang nach (2.13) bleibt erhalten, es wurden jedoch günstigere Werte für die Konstanten A und α ermittelt. Ergebnisse der Untersuchungen innerhalb des Projektes LESIT und an Leistungshalbleitern mit verbesserter Verbindungstechnologie sind vergleichend in Bild 2.17 dargestellt.

Die Ergebnisse zeigen, dass heute HLE für den Einsatz im Automobilbereich zur Verfügung stehen, welche die nach dem amerikanischen Automobilstandart AEC–Q101 geforderte Zyklenfestigkeit von 5000 Zyklen mit Sperrschichttemperaturhüben größer 100 K erfüllen [AMR 04]. Eine nochmalige Verbesserung kann erzielt werden, indem die bisher übliche Trägerplatte durch Aufbringung einer Flächenpressung zwischen Leistungsmodul und Kühlkörper ersetzt wird [BEC 05].

Die Umsetzung von hybriden Antriebskonzepten in Fahrzeugen des ÖPNV ist, verglichen mit dem PKW–Sektor, mit wesentlich höheren Anforderungen hinsichtlich der Lebensdauer der Teilkomponenten verbunden. Die Betriebsweise der Fahrzeuge ist durch häufige Beschleunigungs- und Bremsvorgänge gekennzeichnet. Hierdurch ergibt sich beispielsweise ein stark schwankendes Leistungsprofil für einen Energiespeicher und einen zugehörigen Gleichstromsteller. Vor allem HLE sind daher bei Anwendungen in Gleichstromstellern schwerer Fahrzeuge des öffentlichen Nahverkehrs besonders häufig thermischen Wechselbeanspruchungen ausgesetzt. Die überschlägige Berechnung für Antriebskomponenten einer Stadtbahn ergibt bei einer Auslegungsdauer von 15 Jahren, einer mittleren jährlichen Fahrleistung von 110.000 km und einem mittleren Haltestellenabstand von 464 m im Dresdner Stadtverkehr etwa 3,5 Mio. Fahrspiele ohne Berücksichtigung verkehrsbedingter Zwischenhalte [VDV 07; DVB 07].

Bei Lebensdaueruntersuchungen unter Laborbedingungen mit thermischer Wechselbeanspruchung, das heißt einer gezielten Sperrschichttemperaturerhöhung mit wechselnden Maxima, konnte kein mathematischer Zusammenhang der ermittelten Ergebnisse mit den Testergebnissen bei Beanspruchung mit konstanten Sperrschichttemperaturhüben nachgewiesen werden [SCH 02]. Eine Prädiktion der Zyklenfestigkeit von Leistungsmodulen für Anwendungen mit stark wechselnder Beanspruchung ist somit gegenwärtig nicht zuverlässig möglich.

In der Praxis geben Hersteller leistungselektronischer Schalter Werte für ertragbare Zyklen bis zum Ausfall der HLE an. Die Lebensdauergarantien gelten dabei für definierte Beanspruchungen und beziehen sich auf die ertragbaren Temperaturhübe mit fixer Amplitude an der Sperrschicht diskreter Leistungshalbleiter beziehungsweise für den heißesten Punkt (hot spot) eines Leistungsmoduls.

Die unscharfe Kenntnis der Lebensdauererwartung von HLE bei stark wechselnder thermischer Beanspruchung erschwert deren Auswahl als Leistungsschalter in schweren Nutzfahrzeugen erheblich.

Mehrphasiger Gleichstromsteller

IGBT's sind Bauelemente mit entscheidendem Einfluss auf die Zuverlässigkeit eines Gleichstromstellers. Maßgeblich für die Lebensdauer eines IGBT ist die Häufigkeit und Amplitude von Temperaturerhöhungen, die an dessen Sperrschicht gegenüber der Umgebung auftreten. Zur Reduktion der Temperaturwechselbeanspruchung kann bei gleichbleibenden Leistungsanforderungen und Kühlbedingungen nur eine Reduktion der Strombelastung des einzelnen Leistungsschalters beitragen. Hierfür könnten zur Übertragung der geforderten Ausgangsleistung mehrere IGBT als Parallelschaltung innerhalb eines Gerätes eingesetzt werden. Eine solche Schaltungstopologie wird als mehrphasiger Gleichstromsteller bezeichnet. Die vergleichenden Darstellungen in Bild 2.18 und Bild 2.19 zeigen die einfache und mehrphasige Ausführung eines unipolaren Hochsetzstellers.

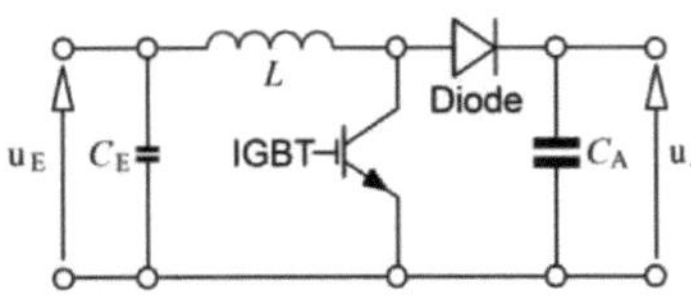

Bild 2.18: Einphasiger Hochsetzsteller

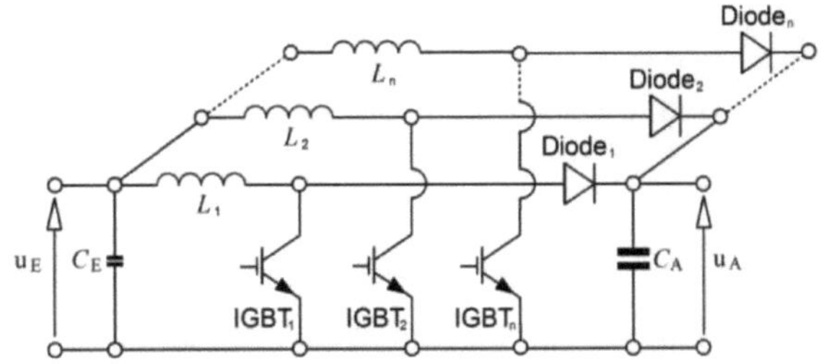

Bild 2.19: Mehrphasiger Hochsetzsteller

Eine umfassende Analyse der mehrphasigen Ausführung eines Hochsetzstellers wird in [SHI 05] dargelegt. Neben einer Vielzahl weiterer positiver Effekte wird der

Nachweis einer deutlichen Reduzierung der Ausgangsspannungswelligkeit des Gleichstromstellers erbracht. Dies bedeutet ebenfalls eine Verminderung der Wechselstrombelastung des Ausgangskondensators. Der erzielte positive Effekt kann bei der Dimensionierung zur Reduzierung von Bauvolumen und Gewicht des Ausgangskondensators ausgenutzt werden

Es wird vermutet, dass mit einer mehrphasigen Ausführung des Hochsetzstellers die Verlustleistung an jedem einzelnen IGBT und in der Folge die sich jeweils einstellende Sperrschichttemperatur deutlich reduziert werden kann.

2.6 Schutzmaßnahmen gegenüber thermischer Überlastung

Die nachfolgend dargestellten Erkenntnisse stützen sich auf Angaben von Wechselrichterherstellern, deren Produkte im Versuchsfahrzeug AutoTram® des Fraunhofer IVI eingesetzt werden [ABB 01, REF 01].

Der Wechselrichter ACN 634 0255 5 der Firma ABB hat einen Temperaturmessfühler in der Umgebung der Leistungshalbleiter. Der genaue Einbauort des Fühlers konnte nicht ermittelt werden. Übersteigt die gemessene Temperatur den Wert von 115°C, wird eine Warnmeldung ausgegeben. Bei 125°C erfolgt die Abschaltung des Wechselrichters, verbunden mit einem Austrudeln der angeschlossenen Motoren (Drehmoment Null). Zum Schutz gegen thermische Überlastung werden zwei Lastzyklen A und B unterschieden, denen jeweils ein maximaler Stromwert zugeordnet ist. Wird die Wechselrichtereinheit mit einem Strom oberhalb des Nennwertes betrieben, fungiert die beschriebene Temperaturüberwachung als Schutzmaßnahme (Lastzyklus A). Steigt der Stromwert noch höher, wird zusätzlich ein Software–Algorithmus aktiviert (Lastzyklus B). Die zusätzliche Schutzeinrichtung begrenzt den Kurzzeit–Überstrom in Abhängigkeit von dessen Wirkdauer so, dass die maximale Temperatur von 125°C am Messfühler nicht überschritten wird.

Als Grundlage der Temperaturüberwachung der Leistungselektronik im Wechselrichter REFUdrive 500 RD 52 der Firma Indramat Refu GmbH wird die gemessene Kühlkörpertemperatur des Leistungsteils ausgewertet. Die Ausgabe einer Warnmeldung erfolgt, wenn diese Temperatur 65°C übersteigt. Die Leistungsübertragung wird unterbrochen (Drehmoment Null), wenn der Fühler einen Messwert größer 70°C detektiert. Der genaue funktionelle Zusammenhang zwischen einer Überbeanspruchung des Wechselrichters und dem daraus resultierenden Temperaturanstieg am Messfühler ist den Herstellerunterlagen nicht zu entnehmen. Eine automatische Strombegrenzung kann durch das Gerät nicht realisiert werden.

Die beiden beschriebenen Verfahren stützen sich offenbar auf Erkenntnisse zum Temperaturverhalten der eingesetzten HLE in Abhängigkeit von deren Strombelastung über der Zeit. Unter Beachtung der in den Geräten installierten Kühleinrichtungen wird eine kurzzeitige Belastung der Leistungselektronik oberhalb des Nennstroms zugelassen. Dabei wird die Abschaltgrenze an eine gemessene Temperatur in unmittelbarer Nähe der Leistungshalbleiter gekoppelt. Bei dieser technologischen Lösung werden alle Einflüsse auf die sich einstellende Sperrschichttemperatur des HLE summarisch berücksichtigt. Dies gilt vor allem für die Höhe und Dauer der Strombelastung und für die abgeführte Wärmeleistung.

Das Hauptproblem bei der Temperaturüberwachung von HLE stellt der Rückschluss von einer in der Umgebung der elektronischen Schalter gemessenen auf die tatsächlich in der Sperrschicht herrschende Temperatur dar. Eine direkte Messung dieser Temperatur ist gegenwärtig auf Grund der Bauelementstruktur mit ökonomisch vertretbarem Aufwand technisch nicht realisierbar [RED 97]. Zur Lösung dieses technologischen Problems kann die Nachbildung des Übertragungsverhaltens als ein Wärme–Temperatur–Modell (WTM) erfolgen, um die Sperrschichttemperatur mittels einer bekannten Temperatur abzuschätzen. Auf diese Weise soll eine Zerstörung der Leistungshalbleiter infolge thermischer Überlastung sicher verhindert werden. Dies erfolgt durch eine Reduktion der zulässigen Strombelastung als Reaktion auf eine kritische Annäherung der errechneten Sperrschichttemperatur an deren Auslegungsgrenze. Die Implementierung einer Schutzeinrichtung gegen thermische Überlastung der Leistungselektronik in den regelungstechnischen Teil eines Stromrichters ist zwingend dann erforderlich, wenn dessen Betrieb oberhalb des Nennbereiches zugelassen wird.

Ein zu realisierender neuartiger Schutzmechanismus soll für eine möglichst vollständige Ausnutzung thermischer Reserven eines HLE bei gezielter kurzzeitiger Strombelastung oberhalb des zulässigen Dauerstroms dienen. Hierdurch wird eine Verkürzung von Schnellladevorgängen elektrischer Energiespeichersysteme um einige Sekunden angestrebt. Die recherchierten Schutzmaßnahmen gegenüber thermischer Überlastung werden hierfür als nicht geeignet angesehen.

2.7 Modellierung thermischer Netzwerke

Mit einem WTM kann die mathematische Beschreibung der Strombelastung eines Leistungsmoduls und der dadurch verursachten Verlustleistung erfolgen. Darüber hinaus wird auch das Übergangsverhalten dieser in Form von Wärme anfallenden Leistung zwischen deren Entstehungsort innerhalb der Halbleiterstruktur und dem Kühlmedium modelliert. Die Sperrschichttemperatur ist abhängig von eingetragener Verlustleistung und wirksamer Kühlleistung. Für die Modellierung dieses thermodynamischen Prozesses muss neben der Wärmeleitfähigkeit auch die Wärmekapazität des Halbleiters einbezogen werden. Für eine rechnergestützte Simulation des zeitlichen Verlaufs der Sperrschichttemperatur können thermische Impedanzen in eine Kettenschaltung von RC–Gliedern zerlegt werden [NIC 98].

Hersteller von Leistungsmodulen geben die Daten der entsprechenden RC–Glieder zur Beschreibung des Wärmeübergangs zwischen Sperrschicht und Modulgehäuse im Datenblatt an. Die Erweiterung des WTM zwischen Modulgrenze und Temperaturmessstelle erfolgt durch eine abschnittsweise Beschreibung in Form von RC–Gliedern. Der Ort der Temperaturmessung ist dabei maßgebend für die Anzahl der weiteren Systemabschnitte. Zur quantitativen Beschreibung dieses thermischen Prozesses ist neben den genannten Datenblattangaben die genaue Kenntnis des gewählten Kühlkonzeptes erforderlich.

Ohm'sches Gesetz für Elektrotechnik und Thermodynamik

Zur Berechnung der entstehenden Sperrschichttemperatur $\mathrm{T_j}$ wendet man vorteilhaft die Analogie zwischen den Gesetzen der zeitlich konstanten Wärmeströmung und des zeitlich konstanten elektrischen Stroms an. Für das thermische Ohm'sche Gesetz kann geschrieben werden:

$$\text{Wärmestrom} = \frac{\text{Temperaturdifferenz}}{\text{Wärmeleitwiderstand}} \quad \text{bzw.} \quad \dot{P}_{\mathrm{tot}} = \frac{\Delta \mathrm{T_j}}{R_{\mathrm{th}}} \tag{2.14}$$

mit: $\dot{P}_{\mathrm{tot}}$ - Wärmestrom durch Verlustleistungseintrag [W],

R_{th} - Wärmeleitwiderstand [K/W].

Aus der Vorschrift zur Berechnung der Aufladung einer Kapazität mit Parallelwiderstand durch einen konstanten Strom kann für das Anwachsen der

Temperaturdifferenz eines Körpers mit der Wärmekapazität C_{th} und dem Wärmeleitwiderstand R_{th} durch einen konstanten Wärmestrom P_{tot} formuliert werden:

$$\Delta T_j = \dot{P}_{tot} \cdot R_{th} \left[1 - \exp\left(-\frac{t}{\tau_{th}} \right) \right] \tag{2.15}$$

mit: $\tau_{th} = R_{th} \cdot C_{th}$ - Thermische Zeitkonstante [s].

In der Praxis ist der zeitliche Anstieg von Temperaturen an verschiedenen Punkten des Leistungsmoduls inhomogen. Dies resultiert aus dem physikalischen Aufbau des Leistungshalbleiters und dem angeschlossenen Kühlsystem mit unterschiedlichen Wärmekapazitäten und Wärmewiderständen (vgl. Bild 2.15). Die Modellierung des resultierenden thermischen Netzwerks erfolgt dann in Form einer Reihenschaltung von RC–Gliedern. Für die thermische Wärmeimpedanz gilt:

$$Z = \sum_i R_{th,i} \left[1 - \exp\left(-\frac{t}{\tau_{th,i}} \right) \right] \quad \text{und somit} \quad \Delta T_j(t) = \dot{P}_{tot} \cdot Z(t) \tag{2.16}$$

In einer technischen Lösung wird ein IGBT–Modul in der Regel mit einem Kühlkörper verbunden, um die Bauteiltemperatur in einem sicheren Betriebsbereich halten zu können. Das thermische Übertragungsverhalten des Gesamtsystems bestimmt sich somit durch die thermische Impedanz Z_{jc} des IGBT zwischen seiner Sperrschicht (junction) und dem Modulgehäuse (case), der thermischen Impedanz der Kopplungsstelle zwischen IGBT–Modul und Kühlkörper und dem thermischen Verhalten des angeschlossenen Kühlsystems. Das Übertragungsverhalten wird mit der resultieren thermischen Impedanz zwischen Sperrschicht und Umgebung (ambient) Z_{ja} beschrieben.

Die Hersteller von IGBT–Modulen geben für den Anwender den zeitlichen Verlauf der thermischen Impedanz zwischen Sperrschicht und Gehäuse Z_{jc} im Datenblatt an.

Legt man für das System ein lineares Verhalten zugrunde, welches sich eindimensional beschreiben lässt, kann man das thermische RC–Netzwerk zwischen Sperrschicht und Modulgehäuse zu einem Netzwerk zwischen Sperrschicht und Umgebung erweitern. Da es dem Anwender jedoch in der Regel nicht möglich ist, die Sperrschichttemperatur selbst zu messen, ist er ebenfalls nicht in der Lage, den resultierenden Verlauf der thermischen Impedanz zwischen Sperrschicht und Umgebung Z_{ja} direkt experimentell zu bestimmen. Um den Anwender dennoch in die Lage zu versetzen, die thermische Belastung eines Halbleitermoduls zu kontrollieren, wird in [LUO 04] ein Ansatz vorgestellt, welcher auf der technisch realisierbaren Messung der Gehäusetemperatur basiert. Die Auswertung der gewonnenen Messergebnisse erlaubt in Kombination mit der bekannten thermischen Impedanz Z_{jc} die Bestimmung der RC–Netzwerkparameter für das Gesamtsystem. Mit dem ermittelten RC–Netzwerk ist es dann möglich, die Sperrschichttemperatur des IGBT in einer Echtzeitanwendung vorauszuberechnen.

Wärmeersatzschaltbilder

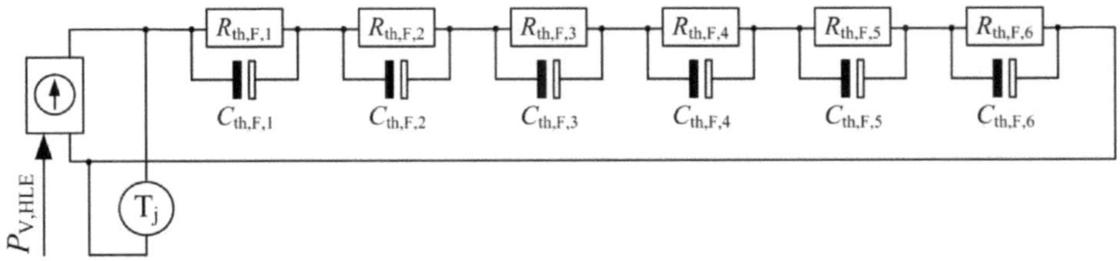

Bild 2.20: Wärmeersatzschaltbild eines Leistungshalbleiters – praktisches Model (π–Typ)

Ein Wärmeersatzschaltbild in Foster–Form nach Bild 2.20, oft wird auch der Begriff π–Typ verwendet, ist die gebräuchliche Modelform zur Beschreibung des thermischen Verhaltens elektronischer Bauelemente. Es hat den Vorteil, dass die Parameter der Elemente des Ersatzschaltbilds, Wärmekapazitäten und Wärmewiderstände, direkt aus gemessenen Temperaturverläufen gewonnen werden können [TUE 01]. In [LUO 04] wird das Verfahren zur Bestimmung dieser Parameter wie folgt beschrieben:

- Die Betrachtung erfolgt separat nur für einen IGBT, das heißt, die thermische Kopplung zur immer vorhandenen Freilaufdiode wird nicht mit betrachtet.
- Unter Verwendung eines thermischen Kontrollsystems, welches so ausgebildet ist, dass es einer idealen Wärmesenke entspricht, wird die Temperatur des Modulgehäuses T_c während des Versuches auf einem konstanten Niveau, z. B. der Umgebungstemperatur, gehalten.
- Eine konstante elektrische Verlustleistung mit der Amplitude P_0 wird in den IGBT eingebracht, bis die Sperrschichttemperatur $T_j(t)$ einen statischen Endwert erreicht. Die Messung von $T_j(t)$ erfolgt dabei mittels Wärmebildverfahren oder mit Temperaturmessfühlern.
- Die transiente thermische Impedanz ist definiert mit:

$$Z_{jc} = \left(T_j(t) - T_c(t)\right) / P_0 = \Delta T_{jc} / P_0 \,[\mathrm{K/W}]. \tag{2.17}$$

- Der Verlauf der transienten thermischen Impedanz entspricht einer Sprungantwort mit „Anfangsbedingung Null“. Die experimentell ermittelte, transiente thermische Impedanz wird durch eine Summenformel mit einer endlichen Zahl von Exponentialgliedern angenähert:

$$Z_{jc,pr}(t) = \sum_{i=1}^{n} R_{th,i} \left[1 - \exp\left(-\frac{t}{R_{th,i} \cdot C_{th,i}}\right)\right] \tag{2.18}$$

mit: $R_{th,i}$ - Wärmewiderstand [K/W] (Herstellerangabe),
$C_{th,i}$ - Wärmekapazität [Ws/K] (Herstellerangabe).

- Vier bis fünf Exponentialglieder ergeben für den vorliegenden Anwendungsfall eine ausreichend genaue Approximation von $Z_{jc,pr}(t)$. Ihre Anzahl bestimmt die Anzahl der Glieder im thermischen RC–Netzwerk.
- Die Übertragungsfunktion des thermischen RC–Netzwerkes ergibt sich durch Anwendung einer Laplace–Transformation auf (2.18):

$$Z_{jc,pr}(s) = \sum_{i=1}^{n} \frac{\frac{R_{th,i}}{R_{th,i} \cdot C_{th,i}}}{s + \frac{1}{R_{th,i} \cdot C_{th,i}}} = \sum_{i=1}^{n} \frac{1}{sC_{th,i} + \frac{1}{R_{th,i}}} . \tag{2.19}$$

Als Ergebnis des beschriebenen Verfahrens erhält man ein Modell, welches das thermische Verhalten eines Leistungsmoduls beschreibt, das mit einer idealen Wärmesenke gekoppelt ist. Ein adäquates Kühlsystem wird in der Praxisanwendung jedoch in aller Regel nicht zur Verfügung stehen. Aus diesem Grund ist die Foster–Modelform nicht erweiterbar, um zusätzliche Bauteile, wie beispielsweise ein angeschlossenes reales Kühlsystem, in die Betrachtung einzubeziehen.

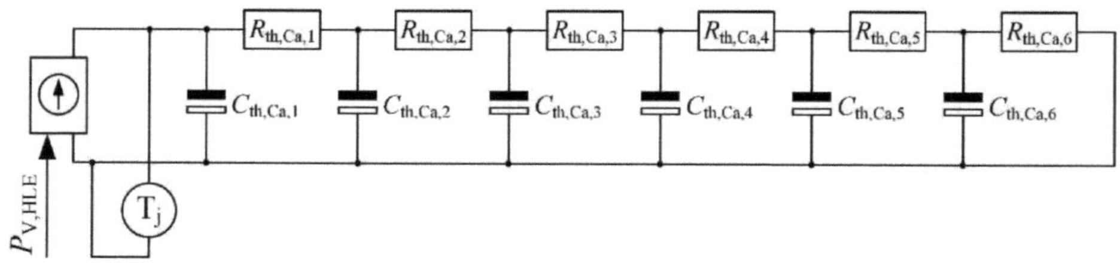

Bild 2.21: Wärmeersatzschaltbild eines Leistungshalbleiters – physikalisch richtiges Model (T–Typ)

Die Erweiterung eines thermischen Netzwerkes in Cauer–Form nach Bild 2.21, gebräuchlich ist ebenfalls der Begriff T–Typ, um ein Modell des Kühlsystems ist auf einfache Weise möglich. Der Nachteil dieser Form der Modellbeschreibung besteht darin, dass die Parameterbestimmung nicht direkt aus einer Kühlkurve erfolgen kann. Es ist jedoch möglich, die Parameter eines thermischen RC–Netzwerkes vom π–Typ in die zugehörigen Parameter eines im T–Typ ausgebildeten Netzwerkes zu überführen [TUE 01].

Um die Parameter für das physikalisch richtige, erweiterbare RC–Netzwerk in der Cauer–Form zu erhalten, wird (2.19) mit Hilfe einer kontinuierlichen Brucherweiterung (fortlaufende Division des Nenners durch den Zähler) in die Form:

$$Z_{jc,ph}(s) = \cfrac{1}{sCa_{th,1} + \cfrac{1}{Ra_{th,1} + \cfrac{1}{sCa_{th,2} + \dots \cfrac{1}{Ra_{th,n}}}}} \tag{2.20}$$

überführt [LUO 04]. In [TUE 01] werden drei Annahmen für diese Transformation angegeben:

- die Anzahl der RC–Glieder ist in beiden Anordnungen identisch,
- der Kehrwert der ersten Kapazität des physikalisch richtigen Models entspricht der Summe der Kehrwerte aller Kapazitäten des 'praktischen' Models

  $\frac{1}{Ca_{th,1}} = \sum_{i=1}^{n} \frac{1}{C_{th,i}}$ und

- die Summenwiderstände sind in beiden Modelformen identisch

  $\sum_{i=1}^{n} R_{th,i} = \sum_{i=1}^{n} Ra_{th,i}$.

Eine detaillierte Beschreibung des Verfahrens zur Parametertransformation enthält [MUE 71].

Erweiterung des RC–Netzwerkes um ein Kühlsystem

Bei einer Kopplung des IGBT–Moduls an eine nichtideale Wärmesenke ist es mit Kenntnis der transienten thermischen Impedanz Z_{ja} zwischen Sperrschicht und Umgebung möglich, die Parameter zur Beschreibung des thermischen Verhaltens des Moduls zu bestimmen.

Wie dargelegt, ist es dem Anwender in der Regel nicht möglich, diesen Verlauf direkt experimentell zu bestimmen, da er keine Möglichkeit zur Messung der Sperrschichttemperatur besitzt. Es ist jedoch leicht möglich, die Gehäusetemperatur des Moduls messtechnisch zu erfassen. In [LUO 04] wird ein Verfahren beschrieben, durch dessen Anwendung die Parameter zur Erweiterung des thermischen Netzwerkes um ein angeschlossenes Kühlsystem ermitteln werden können:

- Ein IGBT wird mit einem konstanten Strom beaufschlagt, bis die Gehäusetemperatur einen statischen Endwert erreicht. Im beschriebenen Anwendungsfall dauerte dieser Vorgang etwa 10 Minuten.
- In Analogie zur Vorgehensweise bei der Bestimmung von $Z_{jc,pr}(t)$ erhält man auf diese Weise einen Verlauf der transienten thermischen Impedanz zwischen Modulgehäuse und Umgebung $Z_{ca,pr}(t)$ in Abhängigkeit der realen Parameter des Kühlsystems.
- Der messtechnisch ermittelte Verlauf $Z_{ca,pr}(t)$ wird mit zwei Exponentialgliedern in der Form von (2.18) angenähert, so dass sich für die Beschreibung des thermischen Übergangsverhaltens zwischen Sperrschicht und Umgebung ein RC–Netzwerk mit sechs bis sieben Gliedern ergibt. Die zugehörigen Parameter für Wärmewiderstände und Wärmekapazitäten liegen zunächst als Modellbeschreibung in der Foster–Form nach Bild 2.20 vor, bestehend aus den Herstellerangaben für das Leistungsmodul und den experimentell ermittelten Daten für das Kühlsystem.
- Durch Anwendung der Transformation nach [MUE 71] ermittelt man dann die Parameter des zugehörigen physikalisch richtigen Wärmeersatzschaltbildes in der Cauer–Form nach Bild 2.21. Es ist darauf zu achten, dass sich durch diese Transformation der Punkt der Gehäusetemperatur im Netzwerk verschieben kann. Dieser Punkt ergibt sich an der Stelle im Netzwerk, an der die Summen der Einzelwiderstände zwischen den Modellbeschreibungen in Foster– und Cauer–Form übereinstimmen [LUO 04].

Thermische Kopplung von Bauteilen in einem Leistungsmodul

Im einfachsten Fall sind in einem Leistungsmodul zwei HLE zur Ausbildung eines Gleichstromstellers integriert, zum Beispiel ein IGBT und eine Freilaufdiode (vgl. Bild 2.11). Wie dargelegt, produzieren alle HLE im Betrieb Verlustleistungen, verursacht durch Schalt– und Durchlassverluste, die in Form von Wärmeströmen vorliegen. Die einzelnen leistungselektronischen Bauelemente stehen über die gemeinsame Trägerplatine und den Kühlkörper des Leistungsmoduls mit diesem und untereinander im Wärmeaustausch.

Durch die thermische Kopplung ist es theoretisch gegeben, dass die Temperatur eines HLE in einem Leistungsmodul nicht nur durch den von diesem selbst verursachten Verlustwärmeeintrag erhöht wird. Zumindest ein Teil der resultierenden Temperaturerhöhung kann auch als Folge der thermischen Interaktion mit den anderen HLE entstehen. In der Praxis ist die thermische Kopplung zwischen HLE in einem Leistungsmodul schwierig zu erfassen und besitzt zumeist eine zu vernachlässigende Größenordnung.

In aller Regel kann daher die thermische Beeinflussung von HLE, beispielsweise von IGBT's und Freilaufdioden in einem Leistungsmodul, für thermische Simulationen vernachlässigt werden [BLA 99, KOJ 04, RAJ 05].

Abhängigkeit vom Tastverhältnis D

Wie Bild 2.11 verdeutlicht, sind für die Ausbildung eines Gleichstromstellers jeweils zumindest zwei HLE notwendig. Dabei ist einem elektronischen Schalter immer eine Freilaufdiode zugeordnet. Wie ausgeführt, steht das Spannungsverhältnis zwischen Ein- und Ausgang des Gleichstromstellers in direkter Abhängigkeit zum Tastverhältnis D des elektronischen Schalters. Das Tastverhältnis gibt den zeitlichen Anteil, in welchem sich zum Beispiel ein IGBT im eingeschalteten Zustand befindet, an der Grundtaktzeit wieder. In der Zeitspanne, in welcher sich der elektronische Schalter im eingeschalteten, also stromführenden, Zustand befindet, führt die Freilaufdiode keinen Strom. Während der restlichen Zeit des Grundtaktes ist der IGBT ausgeschaltet und die Freilaufdiode führt einen Strom.

Werte des Tastverhältnisses größer 0,5 bedeuten somit unter der Annahme einer unveränderlichen Stromamplitude über dem Betrachtungszeitraum, dass der IGBT eine größere Strombelastung zu ertragen hat als die Freilaufdiode. Für Werte kleiner 0,5 ist die Strombelastung der Freilaufdiode höher als jene des IGBT.

Auch wenn eine höhere Strombelastung aufgrund unterschiedlich hoher Verlustleistungsentstehung bei HLE unterschiedlicher Bauart nicht automatisch mit einer größeren thermischen Belastung gleichzusetzen ist, muss immer in Betracht gezogen werden, das für bestimmte Belastungssituationen eines Leistungsmoduls nicht der/die elektronische/n Schalter sondern die Freilaufdiode/n einer größeren Gefährdung hinsichtlich thermischer Überbelastung unterliegen können [BLA 97].

2.8 Softwarewerkzeuge

Entwicklungsumgebungen für die Simulation elektrischer Fahrzeuge

Für die Abbildung kompletter Fahrzeugantriebssysteme bietet die Firma AVL mit den Programmen ***ADVISOR***® und ***CRUISE***® zwei Softwarepakete an. Spezialisiert auf konventionelle PKW–Antriebstechnik stehen entsprechend umfangreiche Modellbibliotheken, beispielsweise für Verbrennungsmotoren, Getriebe oder Rad- und Bremssysteme zur Verfügung. Ebenfalls kann der Anwender auf die Daten einer Vielzahl bekannter Fahrzyklen und auf spezielle Fahrermodelle zurückgreifen.

Vor dem Hintergrund eines wachsenden Interesses nach Hybridisierung konventioneller PKW–Antriebe wurden die Modellbibliotheken zwischenzeitlich um Modelle für leistungsverzweigte Getriebe, elektrische Maschinen und Energiespeicher erweitert.

Entwicklungsumgebungen für die Simulation elektrischer Systeme

Viele elektrische Systeme bestehen aus einem elektrischen Schaltkreis und einem oder mehreren Steuer- und/oder Regeleinrichtungen. Für die Analyse des Verhaltens solcher Systeme werden aufgrund von deren Komplexität in aller Regel rechnergestützte Simulationen benötigt. Im Entwicklungsprozess ist dies gewöhnlich der einzige Weg für eine Bestimmung des Systemverhaltens unter normalen und fehlerhaften Betriebsbedingungen.

Für die Simulation rein elektrischer Schaltungen sind verschiedene leistungsfähige Softwareprogramme verfügbar. Sie erlauben dem Benutzer die Erstellung von Schaltkreisen in Form von Netzwerklisten oder Schaltschemata. Die Einbeziehung komplexer Regelstrukturen setzt jedoch beim Anwender ein tiefes Verständnis des spezifischen Programms voraus. Dies erschwert bei Anwendung dieser Softwarewerkzeuge in aller Regel die Integration von Steuerungen und Regelungen in elektrische Schaltungen.

Die Entwicklungsumgebung ***Matlab/Simulink®*** ist für die Simulation von Steuerungen und Regelungen ideal angepasst und aus diesem Grund ebenfalls ein sehr vorteilhaftes Werkzeug für die Entwicklung geregelter elektrischer Systeme mit geschlossenem Regelkreis. Als unvorteilhaft erweist sich, dass elektrische Schaltungen in Matlab/Simulink® nicht direkt in Form von Netzwerklisten oder Schaltschemas erstellt werden können, sondern durch mathematische Darstellungen wiedergegeben werden müssen. Für jede Änderung der elektrischen Schaltung ist der Entwicklungsprozess zu wiederholen, was zu einem hohen zeitlichen Aufwand und einer erhöhten Fehleranfälligkeit führt.

SimPowerSystems® ist ein Matlab/Simulink®– Werkzeugkasten zur Modellierung und Simulation von Erzeugung, Übertragung, Verteilung und Verbrauch elektrischer Leistung. Es stellt eine umfangreiche Modellbibliothek für elektrische Systeme zur Verfügung. Für die Beschleunigung von Simulationen können SimPowerSystems®–Modelle diskretisiert werden.

Das Werkzeug unterstützt die Entwicklung von komplexen, geschlossenen Leistungssystemen, beispielsweise in Automobilen, Flugzeugen, Produktionsanlagen und Anwendungen zur Energiebereitstellung. SimPowerSystems® kann in Verbindung mit anderen Produkten der Firma MathWorks für die Modellierung komplexer Wechselwirkungen in physikalischen Mehrkörpersystemen eingesetzt werden.

Für die Simulation leistungselektronischer Systeme stehen Modelle leistungselektronischer und passiver Bauelemente aber auch komplexere Anordnungen, wie Gleichstromsteller und Wechselrichter, als parametrierbare Modelle zur Verfügung.

Die Software gestattet einen schnellen und einfachen Aufbau von Modellen für die Simulation elektrischer Systeme in der Entwicklungsumgebung Matlab/Simulink®. Hierdurch ist es möglich, für die Modellierung auch alle Werkzeugkästen und Modellblöcke der Entwicklungsumgebung einzusetzen.

Das Programm ***PLECS®*** der Firma PLEXIM GmbH ist ein Werkzeugkasten zur schnellen Simulation elektrischer Schaltungen in der Umgebung von Matlab/Simulink®. Inzwischen wird ebenfalls eine eigenständige Programmversion angeboten. Das Programm ist speziell auf die Anforderungen leistungselektronischer Systeme und elektrischer Antriebe zugeschnitten. PLECS® ermöglicht die kombinierte Simulation von elektrischen Schaltungen, thermischen Verlusten und Regeleinrichtungen.

Der Werkzeugkasten erweitert Matlab/Simulink® um die Funktion der direkten Simulation elektrischer Schaltkreise, die durch den Anwender als Schaltschema aus einzelnen elektrischen Bauteilen eingegeben werden können. Der so erstellte Schaltkreis wird als ein Subsystem in das Gesamtsimulationsmodell eingebunden. Das Konzept der Integration in die Matlab/Simulink®–Umgebung hat den Vorteil, dass nur der Teil des Systems, in dem elektrische oder thermoelektrische Einheiten von Interesse sind, als ein elektrischer Schaltkreis modelliert werden muss. Für die Simulation aller nichtelektrischen Bestandteile der zu untersuchenden technischen

Einrichtung steht die volle Funktionalität der Matlab/Simulink®–Umgebung zur Verfügung.

Für die Entwicklung elektrischer Schaltkreise können in PLECS® wahlweise Bauteile aus Bibliotheksbestandteilen oder selbst erstellte Elemente verwendet werden. Die Bauteilbibliotheken enthalten diverse Strom– und Spannungsquellen, Messinstrumente, passive Bauelemente, leistungselektronische und elektrische Schalter und komplexere Bestandteile wie elektrische Maschinen, Gleichstromsteller und Wechselrichter. Alle Bauteilelemente sind parametrierbar. Bei der Erstellung eines geregelten elektrischen Schaltkreises bilden Quellen, Messinstrumente und Schalter die Schnittstellen zum übergeordneten Regelsystem, welches in Matlab/Simulink® zu modellieren ist. Die Eingänge des Subsystems, in welchem ausschließlich der elektrische Schaltkreis modelliert wird, sind durch Sollvorgaben für gesteuerte Quellen und Schaltimpulse für leistungselektronische oder elektrische Schalter belegt. Als Ausgänge des Subsystems stehen Messgrößen zur Verfügung, die durch Volt–, Ampere– oder Thermometer während des Simulationslaufes aufgenommen werden.

Die Entwicklungsumgebung ***OrCAD Capture®*** wird von der Firma CADENCE als ein universelles Werkzeug zur Erstellung von Stromlaufplänen angeboten. Mit OrCAD Capture® kann das Erstellen und Ändern von analogen und digitalen Schaltungen unter Verwendung von hierarchischen oder flachen Strukturen vorgenommen werden. Mit der erweiterten Version OrCAD Capture® CIS (Component Information System) lassen sich schnell und bequem Bauteile in der Bibliothek suchen und direkt in der Schaltung platzieren.

PSpice® ist ein Werkzeug zur Untersuchung des elektrischen Verhaltens von sowohl analogen und digitalen Schaltungen als auch von Anordnungen, die beide Signaltypen enthalten und wird eigenständig oder auch in Verbindung mit OrCAD Capture® vertrieben. Die PSpice®–Simulation kann direkt aus dem zuvor mit OrCAD Capture® erstellten Stromlaufplan gestartet werden.

Das Anwendungsspektrum reicht von Hochfrequenz–Systemen bis zu verlustarmen IC–Schaltungen. Ein großer Vorteil des Simulators besteht in seiner großen Akzeptanz bei Anwendern und Komponentenherstellern. Dies zeigt sich an der umfangreichen Bauteil–Modell–Bibliothek mit derzeit 46.000 PSpice®–Modellen, die von nahezu allen namhaften Bauteilherstellern zur Verfügung gestellt werden.

Über eine optionale Schnittstelle wird eine Co–Simulation elektronischer Schaltungen zusammen mit den Funktionsblöcken von Matlab/Simulink® ermöglicht. Hierdurch können bereits in einem frühen Entwicklungsstadium in Matlab/Simulink® modellierte Softwarealgorithmen mit der in PSpice abgebildeten Hardware als Gesamtsystem simuliert und verifiziert werden. Zur Erreichung eines bestmöglichen Kompromisses zwischen Simulationsgenauigkeit und Simulationsgeschwindigkeit kann für jeden Simulator eine unabhängige Simulationsschrittweite gewählt werden.

Die Systemsimulationssoftware ***Simplorer®*** der Firma ANSYS ist für den Entwurf hochleistungsfähiger, elektromechanischer Systeme, die in der Automobilindustrie, Luft– und Raumfahrt–, Verteidigungs- sowie der Automatisierungsindustrie verbreitet sind, geeignet. Mit den verfügbaren Bauteil– und Blockbibliotheken ist die Software für den betrachteten Einsatzzweck mit Matlab/Simulink® vergleichbar. Für die Simulation leistungselektronischer Schaltungen kann der Anwender auf detaillierte Leistungshalbleitermodelle zurückgreifen. Darüber hinaus besteht die Möglichkeit einer Integration von PSpice®–Modellen.

Elektrothermische Auslegungswerkzeuge für IGBT–Leistungsmodule

Marktführende Hersteller leistungselektronischer Bauelemente und Komponenten stellen für die Anwender ihrer Produkte einfache Werkzeuge zur Verfügung, mit deren Hilfe das für den jeweiligen Anwendungsfall geeignete Produkt hinsichtlich elektrothermischer Eigenschaften ausgewählt werden kann. Hierfür muss der Nutzer die Belastungssituation in Form elektrischer und regelungstechnischer Kenngrößen, wie Ein– und Ausgangsspannungsniveau, Strombelastung, Schaltfrequenz und Tastverhältnis eingeben. Nach Auswahl beispielsweise eines IGBT–Leistungsmoduls prognostizieren diese Werkzeuge entstehende Verlustleistungen und zu erwartende Sperrschichttemperaturverläufe. Die einzelnen Vertreter dieser Softwarefamilie wurden detailliert untersucht und erprobt.

Das Dimensionierungswerkzeug ***IPOSIM®*** der Firma Infineon wurde für die Ermittlung von Schalt– und Durchlassverlusten sowie die thermische Auslegung von Infineon IGBT–Leistungsmodulen als Anwendung unter Microsoft Excel® entwickelt.

IPOSIM® ermöglicht dem Ingenieur eine Abschätzung der Schalt– und Durchlassverluste für IGBT's und Freilaufdioden in einer dreiphasigen Wechselrichterkonfiguration unter der Annahme von sinusförmigen Ausgangsströmen an induktiven Lasten. Mit diesem Werkzeug ist die schnelle Auswahl eines passenden Infineon IGBT–Moduls für die geplante Anwendung unter Berücksichtigung durchschnittlicher Verlustleistungen und thermischer Einsatzgrenzen möglich.

Die Zwischenkreisspannung, Ausgangs– und Schaltfrequenz, maximale Sperrschichttemperatur, zulässige Gehäusetemperatur sowie der Leistungsfaktor können an spezifische Arbeitspunkte angepasst werden.

Die Berechnungen können sowohl für statische Beanspruchungsfälle als auch für variable Lastzyklen durchgeführt werden. Für die Definition eines spezifischen Lastzyklus‘ kann der Nutzer bis zu 50 Stützstellen vorgeben.

Die Ausgabe der Berechnungsergebnisse erfolgt in Form von Diagrammen, die eine Bewertung der durchschnittlichen Verlustleistungen bei sinusförmigen Strömen gegenüber dem Effektivwert der Wechselrichterausgangsleistung abbilden und die thermischen Einsatzgrenzen der IGBT's und Dioden des Leistungsmoduls berücksichtigen.

Bei der Anwendung des untersuchten Werkzeuges zur elektrothermischen Simulation von IGBT–Leistungsmodulen müssen folgende Punkte berücksichtigt werden:

- Die Datenbasis in IPOSIM® beruht auf Datenblattangaben der jeweiligen IGBT–Leistungsmodule. Die Produktdaten sowie die in IPOSIM® verwendeten Daten können Änderungen, Verbesserungen oder Korrekturen ohne vorherige Benachrichtigung unterworfen sein.
- Die Ermittlung der Berechnungsergebnisse basiert auf linearen Näherungen, beispielsweise für die Eigenschaften der äußeren Beschaltung des Geräts und die Entstehung von Schaltverlusten sowie auf Annahmen, beispielsweise für die notwendige Energie für den Rückstellvorgang der Dioden.
- Die Betriebsbedingungen können sich von den bei der Simulation getroffenen Annahmen in mehreren Aspekten wie der Zwischenkreisspannung, der eingesetzten Treiberspannung und dem Widerstand am Basisanschluss des IGBT, der Gehäuse und Sperrschichttemperaturen sowie der Streuinduktivität des Leistungskreises unterscheiden.

Für die applikationsbezogene Auswahl geeigneter Leistungsmodule aus der jeweiligen Produktpalette stehen dem Anwender mit den Programmen ***MELCOSIM***® der Firma Mitsubishi und ***SemiSel***® von Semikron weitere Softwarewerkzeuge zur Verfügung, die einen, zum exemplarisch beschriebenen ***IPOSIM***®, vergleichbaren Funktionalitätsumfang aufweisen.

Auswahl der Entwicklungsumgebung

Durch Produktrecherche und Erprobung wurde eine Vielzahl in Betracht zu ziehender Softwarewerkzeuge hinsichtlich ihrer Eignung zur Lösung der Aufgabenstellung untersucht. Die Recherche hat ergeben, dass gegenwärtig kein Werkzeug zur geschlossenen Abbildung der Gesamtproblematik am Markt verfügbar ist. Dies hatte zur Folge, dass für die Modellierung komplexer thermischer Beanspruchungen leistungselektronischer Wandler in Energiespeichersystemen vollelektrischer Fahrzeuge innerhalb der Arbeit ein Simulationswerkzeug erarbeitet werden musste.

Als bester Kompromiss hinsichtlich finanzieller Aufwendungen für die Anschaffung von Software, der Einsatzflexibilität sowie des Eingabe– und Bedienungsaufwands sollte die Umsetzung unter Nutzung der Entwicklungsumgebung Matlab/Simulink® erfolgen.

Ein weiteres Ziel der Arbeit bestand in der Ableitung einer Programmversion, die ohne die Installation spezieller Bibliotheken von Matlab/Simulink® auf einem Personal Computer lauffähig ist.

3 Simulationsmodell „Thermische Wechselbeanspruchung“

3.1 Struktur des Werkzeugs

Für die Lösung der Aufgabenstellung werden mehrere Teilmodelle (TM) nach Bild 3.1 benötigt, die in Form einer Vorwärtssimulation für jeden Simulationszeitschritt abgearbeitet werden.

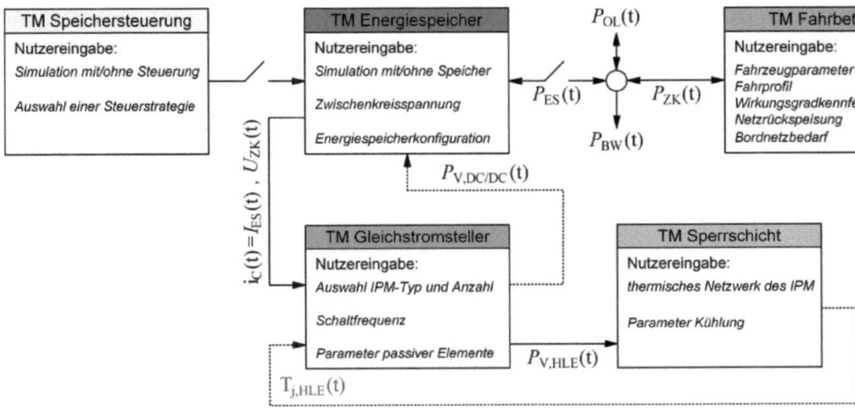

Bild 3.1: Schema zur Entwicklung des Simulationswerkzeugs „thermische Wechselbeanspruchung“

Mit dem Teilmodell Fahrbetrieb wird der Verlauf der Leistung $P_{ZK}(t)$ am Zwischenkreiseingang der Fahrstromumrichter und deren Verteilung auf Netzbezug oder Netzrückspeisung $P_{OL}(t)$ sowie den Bremswiderstand $P_{BW}(t)$ berechnet.

Der Nutzer kann wählen, ob das Antriebskonzept einen Energiespeicher vorsieht. Es ist ebenfalls möglich, eine Steuerstrategie zu implementieren. Das Teilmodell Speichersteuerung wird in Kapitel 4 anhand einer Beispielsimulation näher erläutert.

Mit dem TM Energiespeicher wird die Beteiligung des Energiespeichers $P_{ES}(t)$ an der Leistungsbilanz des Fahrzeugs bearbeitet. Die Berechnung innerer Zustände des Energiespeichers basiert auf elektrischen Größen (Strom, Spannung). Da das Simulationswerkzeug die Interaktion des Fahrzeugs in einem Oberleitungsnetz nicht abbildet, ist eine weitere Nutzereingabe zur Definition des Spannungsniveaus am Zwischenkreiseingang des Energiespeichers $U_{ZK}(t)$ nötig. Für ein netzgebundenes Verkehrssystem ist dem Nutzer diese Vorgabe in aller Regel nur schwer möglich. Im Modell sind zwei Eingabemöglichkeiten vorgesehen. Die Zwischenkreisspannung kann vom Nutzer als Kennlinie in Abhängigkeit von der Zwischenkreisleistung $P_{ZK}(t)$ oder mit zwei festen Werten, getrennt für die beiden möglichen Richtungen des Leistungsflusses, Fahrbetrieb und Bremsen, vorgegeben werden.

Zum Ausgleich der Leistungsbilanz am Zwischenkreisknoten müssen innere Verluste des Energiespeichers $P_{V,ES}(t)$ sowie Verluste des leistungselektronischen Teils des Energiespeichersystems bestimmt werden. Hierfür werden die Verläufe des Energiespeicherklemmenstroms $I_{ES}(t)$ und der Zwischenkreisspannung $U_{ZK}(t)$ an das TM Gleichstromsteller übergeben. Als Rückführung ist die Gesamtverlustleistung $P_{V,DCDC}(t)$ als Eingangsgröße im TM Energiespeicher verfügbar.

Durch Subtraktion der Verlustleistungen der passiven Elemente des Gleichstromstellers, Drosselinduktivität sowie Ein– und Ausgangskondensator, von der Gesamtverlustleistung $P_{V,DCDC}(t)$, ergeben sich die Verlustleistungsverläufe der Leistungshalbleiterelemente $P_{V,HLE}(t)$ als Eingangsgrößen des TM Sperrschicht.

Eine zweite notwendige Rückkopplung der ansonsten stringent vorwärts orientierten Modellstruktur beinhaltet das TM Sperrschicht. Die Berücksichtigung der Temperaturabhängigkeit der im Leistungsteil des Gleichstromstellers entstehenden Verlustleistung erfolgt durch Rückführung des zeitlichen Verlaufs der Sperrschichttemperatur $T_{j,HLE}(t)$ auf den Eingang des TM Gleichstromsteller. Die Sperrschichttemperaturverläufe der einzelnen HLE des Gleichstromstellers werden als Reaktion der Verlustleistung $P_{V,HLE}(t)$ auf das thermische Modell des jeweiligen HLE ermittelt und stellen das angestrebte Berechnungsergebnis dar.

Tabelle 3.1: Zusammenfassung der TM des Werkzeugs „Thermische Wechselbeanspruchung“

Teilmodel	Eingangsgrößen		Ausgangsgrößen	
Fahrbetrieb	Fahrzeugbeschreibung		Leistung der Fahrmotoren am Zwischenkreis	$P_{ZK}(t)$
	Streckenbeschreibung			
	Netzrückspeisung		Netzbezug/Rückspeisung	$P_{OL}(t)$
	Hilfsbetriebebedarf		Leistung der Widerstandsbremsung	$P_{BW}(t)$
Gleichstromsteller	Verlustbeschreibung für die HLE		Gesamtverlustleistung des Gleichstromstellers	$P_{V,DC/DC}(t)$
	Verlustbeschreibung für die Drosselinduktivität		Verlustleistungen der HLE	$P_{V,HLE}(t)$
	Verlustbeschreibung für die Stellkondensatoren			
	Schaltfrequenz	f_S		
	Klemmenstrom des Energiespeichersystems	$I_{ES}(t)$		
	Sperrschichttemperatur	$T_j(t)$		
	Anzahl paralleler IPM			
Energiespeicher	Leistung der Fahrmotoren am Zwischenkreis	$P_{ZK}(t)$	Leistung der ES am Zwischenkreis	$P_{ES}(t)$
	Gesamtverlustleistung des Gleichstromstellers	$P_{V,DC/DC}(t)$	Klemmenstrom des Energiespeichersystems	$I_{ES}(t)$
	Simulation TM an/aus			
	Zwischenkreisspannung	U_{ZK}		
	Speichersteuerstrategie			
	ES–Konfiguration			
Speichersteuerung	Simulation TM an/aus		Speichersteuerstrategie	
	Auswahl Strategie			
Sperrschicht	Verlustleistungen der HLE	$P_{V,HLE}(t)$	Sperrschichttemperatur	$T_j(t)$
	thermische Netzwerke der HLE			
	thermisches Netzwerk des Kühlsystems			
	Kühlrücklauftemperatur			

Die nachfolgenden Unterkapitel enthalten eine detaillierte Beschreibung der Teilmodelle Fahrbetrieb, Gleichstromsteller, Energiespeicher und Sperrschicht. Neben der Erläuterung der den TM zugedachten Aufgaben, der benötigten Ein– und Ausgangsgrößen sowie der physikalisch–mathematischen Zusammenhänge werden getroffene Vereinfachungen begründet. Eine Erläuterung des TM Speichersteuerung wird für die Darstellung der Grundfunktionalitäten des Werkzeugs „thermische Wechselbeanspruchung" zunächst nicht benötigt und erfolgt innerhalb des Kapitels 4.

3.2 Teilmodell Fahrbetrieb

3.2.1 Elektrische Antriebsleistung

Die Aufgabe des TM Fahrbetrieb besteht in der Ermittlung der elektrischen Leistung am Spannungszwischenkreis eines Fahrzeugs des ÖPNV bei Befahren eines Linienabschnitts mit vorgegebenem Geschwindigkeit–Zeit–Profil $v_{FZ}(t)$.

Tabelle 3.2 enthält technische Parameter, deren Eingabe durch den Nutzer des Softwarewerkzeugs vor dem Start des Programmablaufs in der Eingabemaske des TM Fahrbetrieb vorausgesetzt wird.

Tabelle 3.2: Nutzereingaben für die Bearbeitung des TM Fahrbetrieb

Eingabeparameter	**Einheit**	**Formelzeichen**
Fahrzeuggesamtgewicht	[kg]	m_{FZ}
dynamischer Massefaktor	[–]	ζ_{FZ}
max. Antriebleistung	[W]	$P_{el,max}$
max. Motormoment	[Nm]	$M_{el,max}$
max. Bremsverzögerung	[m/s²]	$a_{FZ,min}$
max. Beschleunigung	[m/s²]	$a_{FZ,max}$
Übersetzung Rad–Motor	[–]	$\ddot{u}_{tot}$
Treibradradius	[m]	r_R
Luftwiderstandsbeiwert	[–]	c_W
Luftaufstandsfläche	[m²]	A_O
Rollwiderstandsbeiwert	[–]	f_{Roll}
Wirkungsgrad Rad–Zwischenkreis	[-]	η_{RZK}
Anteil Netzrückspeisung	[%]	ε_{OL}
Fahrzyklus	[m/s]	$v_{FZ}(t)$
Streckenprofil	[°]	$\sin\alpha(t)$
Hilfsbetriebebedarf	[W]	$P_{BN}(t)$

Das zu erstellende Modell soll für Beanspruchungsermittlungen auf Strecken mit bekanntem Höhenprofil eingesetzt werden können. Daten zur Beschreibung des Geschwindigkeit–Zeit–Profils standardisierter Fahrzyklen liegen zumeist in einer zeitlichen Abfolge von einer Sekunde vor. Zur genaueren Ermittlung der resultierenden Leistungsgradienten können diese Daten innerhalb der Simulation in kleineren Zeitschritten abgetastet und linearisiert werden. Dabei erscheinen Zeitschritte kleiner 10 ms aufgrund des Arbeitstakts der in entsprechenden Fahrzeugen zur Steuerung der beteiligten Antriebskomponenten eingesetzten zentralen Steuergeräte nicht sinnvoll.

Das Kernstück des TM Fahrbetrieb ist ein Regler, welcher für jeden Simulationsschritt das durch die elektrische Antriebsmaschine zur Erfüllung der Antriebsaufgabe bereitzustellende Drehmoment ermittelt. Dabei werden Beschränkungen hinsichtlich des maximalen Drehmomentes und der maximalen elektrischen Leistung der Arbeitsmaschine berücksichtigt:

$$M_{\text{mech}} = M_{\text{el}} \cdot \eta_{\text{RZK}} \tag{3.1}$$

mit: M_{mech} - mechanisches Antriebsmoment am Antriebsrad $[\text{N} \cdot \text{m}]$,
M_{el} - elektrisches Antriebsmoment am Spannungszwischenkreis $[\text{N} \cdot \text{m}]$,
η_{RZK} - Wirkungsgradkennfeld Antriebsrad - Spannungszwischenkreis.

Die Gewinnung einer vollständigen Datenbasis zur Ermittlung des von der Fahrmotorendrehzahl und Traktionsleistung abhängigen Wirkungsgradkennfelds $\eta_{\text{RZK}} = \text{f}\,(\text{n}_{\text{Mot}}, P_{\text{el,trac}})$ gestaltet sich in aller Regel schwierig. Hierfür müssen die Übertragungskennfelder aller Komponenten des elektromechanischen Antriebssystems (Antriebsstromrichter, Fahrmotor/–en, Getriebe) bekannt sein. Als Alternative zur Vorgabe eines festen Wirkungsgrads über dem gesamten Betriebsbereich wurde bei der Entwicklung des Simulationswerkzeugs das auf Messdaten eines Herstellers basierende Wirkungsgradkennfeld für einen Straßenbahnantrieb nach Bild 3.2 eingesetzt.

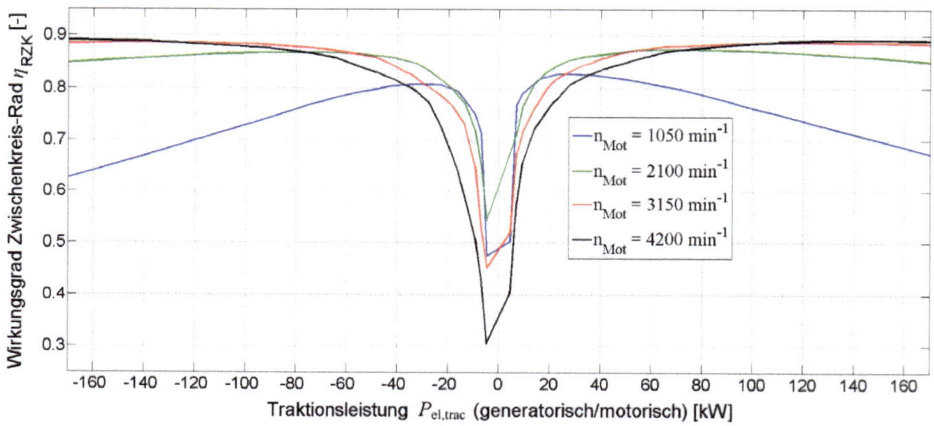

Bild 3.2: Wirkungsgradkennfeld Rad–Zwischenkreis einer modernen Straßenbahn

Mit den Fahrzeugparametern Übersetzungsverhältnis und Treibradradius wird das resultierende mechanische Antriebsmoment in eine Zugkraft umgerechnet:

$$F_{\text{mech}} = \frac{M_{\text{mech}} \cdot \ddot{u}_{\text{tot}}}{\text{r}_{\text{R}}} \tag{3.2}$$

mit: F_{mech} - mechanische Zugkraft [N],
$\ddot{u}_{\text{tot}}$ - Übersetzungsverhältnis Motorwelle - Antriebsrad [-],
r_{R} - Treibradradius [m].

Die Gesamtwiderstandskraft F_{W} ist die Summe aller Widerstände, die ein Fahrzeug mit Hilfe einer Antriebskraft überwinden muss, um sich mit einer konstanten Geschwindigkeit zu bewegen. Vom Fahrzeug zusätzlich aufgebrachte Zugkräfte bewirken eine Fahrzeugbeschleunigung, zu einem Abbremsen führen Zugkräfte kleiner der Gesamtwiderstandskraft. Während Bremsprozessen unterstützen Fahr– und gegebenenfalls Streckenwiderstände die Bremskraft. Für ein Straßenfahrzeug kann die Gesamtwiderstandskraft im Wesentlichen aus den Anteilen der Rollreibung und des Luftwiderstands nach (3.3) gebildet werden. Erfolgt der Simulationslauf mit bekanntem Höhenprofil, ist zusätzlich die zur Überwindung von Höhenunterschieden benötigte Hangabtriebskraft zu berücksichtigen. In die Berechnung dieser Größe fließt die Gesamtmasse des Fahrzeugs sowie die Streckenneigung ein:

$$\begin{aligned} F_a &= F_{mech} - F_W + F_h \\ \zeta_{FZ} \cdot m_{FZ} \cdot a_{FZ} &= F_{mech} - (F_{W,Roll} + F_{W,L}) + m_{FZ} \cdot g \cdot \sin\alpha \end{aligned} \qquad (3.3)$$

mit:
F_a - Beschleunigungskraft [N],
F_W - Gesamtfahrwiderstandskraft [N],
F_h - Hangabtriebskraft [N],
m_{FZ} - Fahrzeuggesamtmasse [kg],
ζ_{FZ} - dynamischer Massenfaktor (>1) [-],
a_{FZ} - Fahrzeugbeschleunigung [m/s²],
$F_{W,Roll}$ - Rollwiderstandskraft [N],
$F_{W,L}$ - Luftwiderstandskraft [N],
g - Erdbeschleunigung [m/s²],
α - Streckenneigungswinkel [rad].

Mit dem dynamischen Massenfaktor ζ_{FZ} wird die Auswirkung der Trägheit rotierender Massen im Antriebsstrang, wie Motoren, Räder, Achsen und Getriebe, berücksichtigt. [WEN 03] gibt für den Vollbahnbereich Richtwerte nach Tabelle 3.3 an. Für ÖPNV–Fahrzeuge konnten in der Literatur keine Werte ermittelt werden.

Tabelle 3.3: Dynamischer Massenfaktor verschiedener (Schienen)–Fahrzeuge

Fahrzeugtyp	ζ_{FZ}
Dieselhydraulische Lokomotive	1,10 bis 1,15
Dieselelektrische Lokomotive	1,15 bis 1,25
Elektrische Lokomotive	1,15 bis 1,25
Güterwagenzug leer	1,08 bis 1,10
Güterwagenzug beladen	1,03 bis 1,04
Personenwagenzug	1,06 bis 1,09
Zug, überschlägige Berechnung	1,08

Der dynamische Massenfaktor eines Zugverbandes bestimmt sich durch Gewichtung der einzelnen Massenfaktoren im Verhältnis zur Gesamtmasse des Zugs.

Der Rollwiderstand entsteht durch elastische Verformung der Reifen oder Räder an den Kontaktstellen mit der Fahrbahn. Die Verformung wird durch das Gewicht des Fahrzeugs und die elastischen Eigenschaften von Fahrbahn und Rädern beeinflusst. Für die Berechnung der Rollwiderstandskraft gilt:

$$F_{W,Roll} = m_{FZ} \cdot f_{Roll} \cdot g \cdot \cos\alpha \qquad (3.4)$$

mit: f_{Roll} - Rollwiderstandsbeiwert [-].

Tabelle 3.4 enthält Rollwiderstandsbeiwerte für verschiedene Kontaktpaarungen Rad–Schiene und Reifen–Fahrbahn. In [MIT 04] wird der Anstieg des Rollwiderstandsbeiwerts für sehr hohe Geschwindigkeiten im PKW–Bereich beschrieben. Dies wurde für das Simulationswerkzeugs, welches fahrdynamische Zusammenhänge für Fahrzeuge des ÖPNV erfassen soll, nicht berücksichtigt.

Tabelle 3.4: Rollwiderstandsbeiwerte verschiedener Kontaktpaarungen

Kontaktpaarung	f_{Roll}	Datenquelle
Eisenbahnrad auf Schiene	0,001 bis 0,002	[NIE 83]
Lkw–Reifen auf Asphalt	0,007	Herstellerangabe
Pkw–Reifen auf Asphalt	0,009 bis 0,011	[HAK 07]
Pkw–Reifen auf Beton	0,010 bis 0,020	[SCH 03]
Pkw–Reifen auf Kopfsteinpflaster	0,015 bis 0,030	[SCH 03]

Die Luftwiderstandskraft nimmt quadratisch mit der relativen Fahrzeuggeschwindigkeit zu und ist abhängig von der aerodynamischen Beschaffenheit des Fahrzeugs sowie den Eigenschaften der Umgebungsluft:

$$F_{W,L} = c_W \cdot \frac{\rho_L}{2} \cdot A_O \cdot \left(v_{FZ} - v_L\right)^2 \tag{3.5}$$

mit: c_W - Luftwiderstandsbeiwert [-],

ρ_L - Luftdichte [kg/m³],

A_O - projizierte Luftaufstandsfläche [m²],

v_{FZ} - Fahrzeuggeschwindigkeit [m/s],

v_L - Luftgeschwindigkeit in Richtung der Fahrzeuglängsachse [m/s].

Fahrzeuge können unterschiedlichste Luftwiderstandsbeiwerte aufweisen. Im PKW–Sektor hat es in den letzten 35 Jahren ständige Weiterentwicklungen gegeben, wodurch sich der c_W –Wert von 0,41 (Golf I – 1974) auf 0,24 (Mercedes E–Klasse – 2009) für modernste Fahrzeuge verringerte. Für Stadtbusse kann ein c_W –Wert von 0,6 angenommen werden, für sehr lange Fahrzeuge wie Sattelzüge und Straßenbahnen liegt der Wert im Bereich von 0,8 bis 1,0 [MIT 04, BUR 09].

Für Schienenfahrzeuge im Vollbahnbereich gibt [WEN 03] Richtwerte für c_W nach Tabelle 3.5 an, für ÖPNV–Fahrzeuge konnten keine Daten recherchiert werden.

Tabelle 3.5: Luftwiderstandsbeiwerte verschiedener (Schienen)–Fahrzeuge

Fahrzeugtyp	c_W
Elektrische Lokomotive, vierachsig, windschnittig	0,45
Elektrische Lokomotive, sechsachsig, windschnittig	0,55
Triebwagen BR 403, vierteilig	0,68
Triebwagen BR 430, dreiteilig	0,71
Triebwagen BR 611, siebenteilig	0,92

Im Bereich von Schienenfahrzeugen werden in der Literatur zusätzliche Fahrwiderstandskräfte wie Kurvenkräfte und Widerstände bei Tunneldurchfahrten diskutiert. Für Schienenfahrzeuge des ÖPNV sind durch Berücksichtigung dieser Anteile an der Gesamtwiderstandskraft aufgrund von deutlich geringeren Geschwindigkeiten gegenüber Fahrzeugen im Vollbahnbereich lediglich marginale Auswirkungen auf die hierdurch verursachten zusätzlichen Zugkräfte zu erwarten. Zusätzlich wird für die Simulation eine detaillierte und zumeist schwer verfügbare Datenbasis hinsichtlich der zu untersuchenden Strecke benötigt. Aus vorgenannten Gründen werden im Modell ausschließlich Roll– und Luftwiderstandskräfte berücksichtigt.

Schlupf

Im Gegensatz zu kraftschlüssigen Verbindungen (z. B. bei Zahnrädern) gibt es bei formschlüssigen Kontaktpaarungen wie den Kontaktsystemen Rad–Schiene oder Reifen–Straße eine Grenze für die maximal übertragbare Umfangskraft. Die Einleitung größerer Kräfte beziehungsweise Momente auf die angetriebenen Räder verursacht deren „durchrutschen". Zwischen Rad und Fahruntergrund kommt es zu einer Gleitbewegung, in deren Folge angetriebene und passive Räder bei gleicher Fahrzeuggeschwindigkeit unterschiedliche Winkelgeschwindigkeiten aufweisen.

Die Nichtberücksichtigung des Radschlupfes im Simulationsmodel „thermische Wechselbeanspruchung" führt zu einer Ungenauigkeit in der Abbildung der realen physikalischen Vorgänge. Für die Entscheidung, ob ein Schlupfmodel in die Fahrzeugmodellierung einbezogen werden muss, ist es vorteilhaft, das Ziel der Simulation und die Größenordnung der durch den beschriebenen Effekt verursachten Fahrverluste miteinander ins Verhältnis zu bringen. Von gewichtigem Einfluss ist bei dieser Entscheidung ebenfalls die Tatsache, dass für eine Abbildung des Radschlupfes eine detaillierte Datenbasis bezüglich Fahrzeugbereifung, Fahrbahnbeschaffenheit und Witterungsbedingungen verfügbar sein muss.

In [MIT 04] wird darauf hingewiesen, dass der Effekt des Radschlupfes auf den Verlauf der Radleistung in den überwiegenden Teilen des Fahrprozesses vernachlässigbar klein ist. Ausnahmen bilden dabei Sonderfälle wie das Anfahren auf vereistem oder stark bewässertem Fahrbahnuntergrund.

Die als Berechnungsgröße des TM Fahrdynamik ermittelte transiente elektrische Leistung $P_{\mathrm{el,trac}}\,(\mathrm{t})$ entspricht aus Sicht des Fahrzeugzwischenkreises dem Verlauf der Eingangsleistung des Antriebsstromrichters im motorischen Betrieb, beziehungsweise dessen Ausgangsleistung bei generatorischem Betrieb. Sie kann mit den im Berechnungslauf bestimmten Werten des elektrischen Antriebsmomentes und der Fahrzeuggeschwindigkeit sowie durch Einsetzen konstanter Fahrzeugparameter gebildet werden zu:

$$P_{\mathrm{el,trac}} = \frac{M_{\mathrm{el}} \cdot \ddot{u}_{\mathrm{tot}} \cdot \mathrm{v}_{\mathrm{FZ}}}{\mathrm{r_R}}. \tag{3.6}$$

3.2.2 *Netzrückspeisung*

Wie im vorangegangenen Kapitel dargestellt, wird ein Teil der in Bremsphasen anfallenden Bremsleistung ins Fahrleitungsnetzt zurückgespeist. Voraussetzung hierfür ist, dass in dem Teil des elektrischen Netzes, in welchem sich das bremsende Fahrzeug befindet, gleichzeitig andere Fahrzeuge elektrische Leistung benötigen. Hierdurch schwankt die in der Praxis tatsächlich zu erwartende Netzrückspeisung erheblich in Abhängigkeit von der örtlichen Lage im Netz, vom Fahrplan und von der Umgebungstemperatur [KLA 0801]. Bei der Parametrierung des TM Fahrdynamik ist es dem Anwender durch eine entsprechende Vorgabe möglich, den jeweiligen Rückspeisegrad, das heißt den Anteil an Bremsenergie, welcher vom Fahrzeugzwischenkreis aus direkt ins Fahrleitungsnetzt abgeführt wird, einzustellen. Diese grobe Annäherung ist durch die Charakteristik des Modellansatzes für ein einzelnes Fahrzeug ohne Berücksichtigung einer Netzrückwirkung notwendig.

3.2.3 *Hilfsbetriebebedarf*

Ebenfalls im vorherigen Kapitel wurde auf die starke Abhängigkeit des Hilfsbetriebebedarfs von der Umgebungstemperatur und dem technischen Ausstattungsgrad des Fahrzeugs mit Hilfseinrichtungen für die Fahrzeugheizung und

–Klimatisierung eingegangen. In der Praxis wird zumeist durch entsprechende regelungstechnische Maßnahmen sichergestellt, dass elektrischen Großverbrauchern im Fahrzeugbordnetz vorrangig in Bremsphasen Leistung zugeführt wird. Hierdurch kann ein beträchtlicher Anteil der von den Fahrmotoren in den Fahrzeugzwischenkreis zurückgespeisten Bremsenergie nutzbringend eingesetzt werden und geht nicht in den Bremswiderständen des Fahrzeugs in Form einer Wärmeabgabe an die Umgebung verloren.

Auch bei der vorgesehenen Integration eines elektrischen Energiespeichers zur Aufnahme überschüssiger Bremsenergie erweist es sich bereits bei überschlägiger Betrachtung als zweckmäßig, die direkte Nutzung von Bremsenergie im Bordnetz gegenüber einer Einspeicherung im Energiespeicher zu priorisieren. Der Grund hierfür sind die sowohl beim Ein– als auch Ausspeichervorgang anfallenden elektrischen Verluste im Energiespeichersystem.

Aus vorgenannten Gründen kann der Nutzer des Simulationsmodels den Verlauf der Hilfsbetriebeleistung frei vorgeben. Anfallende Bremsleistung wird nach Abzug der Netzrückspeisung zunächst in der Größe des momentanen Hilfsbetriebebedarfs für die Speisung der Hilfsbetriebe eingesetzt. Der darüber hinausgehende Anteil der Bremsleistung P_{BW} entspricht in der Praxis der elektrischen Leistung, die über mitgeführte Bremswiderstände in Wärmeenergie umgewandelt werden muss oder alternativ für eine Einspeicherung in das Energiespeichersystem zur Verfügung steht.

Die Leistungsbilanz zur Ermittlung der elektrischen Leistung am Fahrzeugzwischenkreis in Bremsphasen (vgl. Bild 2.2) ergibt sich zu:

$$P_{\mathrm{BW}} = P_{\mathrm{el,trac}} + P_{\mathrm{BN}} + P_{\mathrm{OL}} \tag{3.7}$$

mit: P_{BN} - Leistung des Fahrzeugbordnetzes [W],

P_{OL} - Netzbezug bzw. Netzrückspeisung [W],

P_{BW} - Leistung Widerstandsbremsung oder/und Speicherung [W].

3.3 Teilmodell Gleichstromsteller

3.3.1 Gesamtverlustleistung des Gleichstromstellers

Für das Laden und Entladen des Energiespeichers ist ein bidirektionaler Gleichstromsteller notwendig. Der Energiefluss ist in beiden Wirkungsrichtungen, zur Ladung des Speichers und dessen Entladung in den Zwischenkreis, möglich. Das Modellierungsziel des TM Gleichstromsteller besteht in der Ermittlung der Strom– und Temperaturabhängigen Verlustleistung im Leistungsteil des Gleichstromstellers.

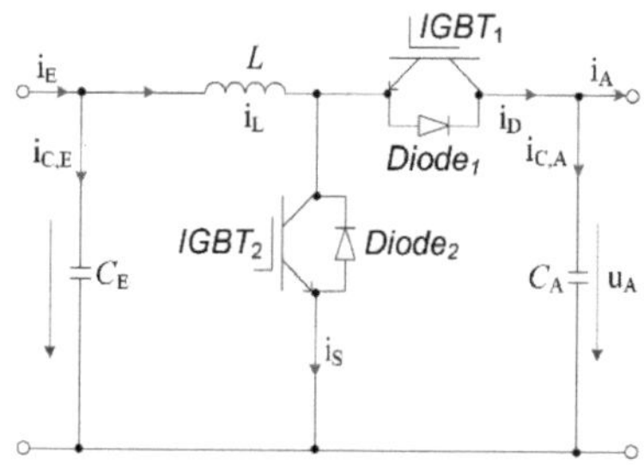

Bild 3.3: Bidirektionaler Hoch–/Tiefsetzsteller

Die Strom– und Temperaturabhängigen Verluste eines Gleichstromstellers entstehen, bei Vernachlässigung von leitungsgebundenen Verlusten und Kleinsignalverlusten im

Steuerteil, in den an der Leistungsübertragung beteiligten Bauteilen. Dies sind bei einem in Frage kommenden Wandler der Ein– und Ausgangskondensator, die Speicherdrossel und die Leistungshalbleiter (Bild 3.3).

Aus der Summe aller Einzelverluste in den Bauteilen kann die Gesamtverlustleistung des Gleichstromstellers gebildet werden:

$$P_{\mathrm{V,DCDC}} = P_{\mathrm{V,ind}} + P_{\mathrm{V,kond}} + P_{\mathrm{V,HLE}} \tag{3.8}$$

mit: $P_{\mathrm{V,DCDC}}$ - Verlustleistung im Gleichspannungswandler [W],
$P_{\mathrm{V,ind}}$ - Verlustleistung in der Speicherdrossel [W],
$P_{\mathrm{V,kond}}$ - Verlustleistung in den Ein- und Ausgangskondensatoren [W],
$P_{\mathrm{V,HLE}}$ - Verlustleistung in den HLE [W].

3.3.2 Verlustleistung in der Speicherdrossel

Die Verlustanteile einer Speicherdrossel lassen sich in die magnetischen Verluste des Kernmaterials und die Stromwärmeverluste der Wicklung aufteilen:

$$P_{\mathrm{V,ind}} = P_{\mathrm{V,ind,mag}} + P_{\mathrm{V,ind,ohm}}. \tag{3.9}$$

Die magnetischen Verluste des jeweiligen Kernmateriales resultieren aus Wirbelstrom–, Hysterese– und Nachwirkungsverlusten. Die einzelnen Teilverluste sind neben dem übertragenen Strom auch von dessen Frequenz und somit von der Schaltfrequenz des Gleichstromstellers abhängig. Mit steigender Frequenz wird der durch größere Verluste geprägte und in Bild 3.4 gekennzeichnete Bereich der Hysteresekurve häufiger durchfahren. Dies führt zu erhöhten magnetischen Verlusten im Drosselkern.

Durch die Verwendung von gegeneinander isolierten Blechen oder pulverisiertem Kernmaterial erhöht sich der elektrische Widerstand des Kerns. Hierdurch kann der im Magnetmaterial auftretende Wirbelstromfluss erheblich reduziert werden. Aus dem Datenblatt des Magnetmaterials lassen sich spezifische Verlustkennlinien entnehmen, auf deren Basis der auf das Drosselkerngewicht bezogene materialabhängige Verlustwert bei der entsprechenden Frequenz und der magnetischen Wechselflussdichte ermittelt wird (Bild 3.4). Ein höherer Masseeinsatz führt bei gleicher Frequenz und Aussteuerung (Wechselflussdichte) zu proportional höheren Verlusten.

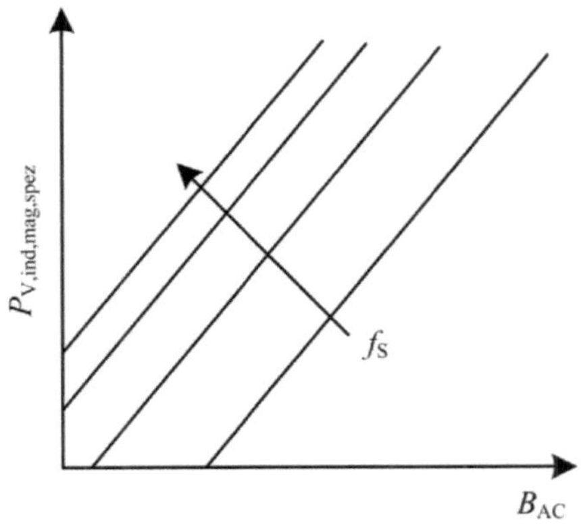

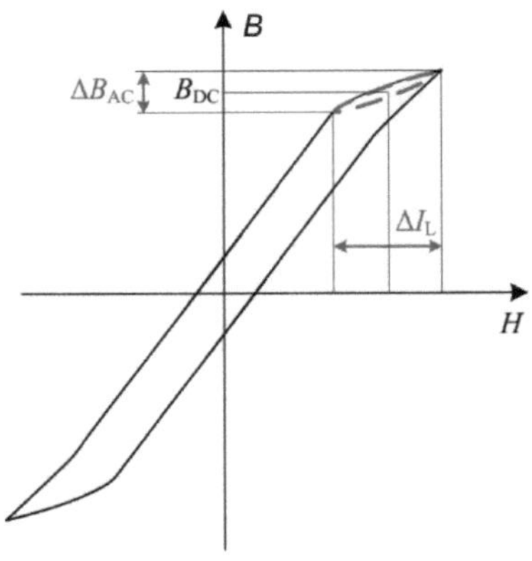

Bild 3.4: Spezifische magnetische Verluste (links) und Hysteresekurve (rechts) des Drosselkernmaterials

durch Multiplikation mit der Masse des Drosselkerns ergeben sich die magnetischen Verluste der Drossel zu:

$$P_{\mathrm{V,ind,mag}} = m_{\mathrm{DK}} \cdot P_{\mathrm{V,ind,mag,spez}}\left(f_{\mathrm{S}}, B_{\mathrm{AC}}\right) \tag{3.10}$$

mit: m_{DK} - Masse des Drosselkerns [kg],
$P_{\mathrm{V,ind,mag,spez}}\left(f_{\mathrm{S}}, B_{\mathrm{AC}}\right)$ - magnetische Verlustleistung des Kernmaterials [W],
f_{S} - Schaltfrequenz [Hz],
B_{AC} - magnetische Wechselflussdichte $[(\mathrm{V}\cdot\mathrm{s})/\mathrm{m}^2]$.

Die magnetische Wechselflussdichte kann mit Kennwerten des Drosselkerns und dem Wechselanteil des Drosselstroms berechnet werden zu:

$$B_{\mathrm{AC}} = \frac{\mu \cdot \mathrm{N_W} \cdot \Delta I_L}{2 \cdot \left(l_{\mathrm{L}} \cdot \dfrac{l_{\mathrm{mag}}}{\mu_{\mathrm{r}}}\right)} \tag{3.11}$$

mit: μ - Permeabilität des Kernmaterials $[(\mathrm{V}\cdot\mathrm{s})/(\mathrm{A}\cdot\mathrm{m})]$,
$\mathrm{N_W}$ - Windungszahl [-],
ΔI_L - Drosselstrom (Wechselanteil) [A],
l_{L} - Luftspaltlänge [m],
l_{mag} - Magnetkreislänge [m],
μ_{r} - Permeabilitätszahl [-].

Die Stromwärmeverluste des Wicklungsmaterials berechnen sich zu:

$$P_{\mathrm{V,ind,ohm}} = I_{L,\mathrm{eff}}^2 \cdot R_L \tag{3.12}$$

mit: $I_{L,\mathrm{eff}}$ - Drosselstrom (Effektivwert) [A],
R_L - Ohmscher Widerstand der Drosselwicklung [Ω].

Der Ohm'sche Widerstand der Drosselwicklung kann ermittelt werden mit:

$$R_L = R_{L,\mathrm{spez}} \cdot \frac{l_{\mathrm{W}}}{\mathrm{A_W}} \tag{3.13}$$

mit: $R_{L,\mathrm{spez}}$ - spezifischer Wicklungswiderstand $[\Omega\cdot\mathrm{m}]$,
l_{W} - Wicklungslänge [m],
$\mathrm{A_W}$ - Wicklungsquerschnitt $[\mathrm{m}^2]$.

Die in der Praxis existente Temperaturabhängigkeit des Ohm'schen Widerstands der Drosselwicklung wurde bei der Modellierung vernachlässigt.

3.3.3 Verlustleistung in den Ein– und Ausgangskondensatoren

Der Ohm'sche Widerstand eines Kondensators entspricht in seiner physikalischen Wirkung einem Verlustwiderstand, über den die Verluste des realen Kondensators ermittelt werden können:

$$P_{\mathrm{V,kond}} = I_{\mathrm{C}}^2 \cdot R_{\mathrm{C}} \tag{3.14}$$

mit: I_{C} - Kondensatorstrom [A],
$R_{\mathrm{C}}\left(\vartheta_{\mathrm{C}}\right)$ - Ohmscher Widerstand des Kondensators [Ω],
ϑ_{C} - Kondensatortemperatur [°C].

Der Wert für den Innenwiderstand des Kondensators kann dem Datenblatt entnommen werden.

In der technischen Realisierung geht mit der Entstehung einer Verlustleistung im Kondensator dessen Erwärmung einher. Durch Anwendung der Analogiebeziehungen zwischen elektrischem und thermischem Ersatzschaltbild kann die Erwärmung des Kondensators infolge eines Verlustleistungseintrags bestimmt werden zu:

$$\Delta T_C = P_{V,kond} \cdot R_{th,CA} \tag{3.15}$$

mit: ΔT_C - Temperaturerhöhung des Kondensators [K],

$R_{th,CA}$ - thermischer Widerstand des Kondensators zur Umgebung [K/W].

Zur Berechnung der Temperaturerhöhung des Kondensators in Abhängigkeit seiner Strombelastung muss der thermische Widerstand des Kondensators zu seiner Umgebung bekannt sein, der in Abhängigkeit zum konstruktiven Aufbau des Kondensators und zu dessen räumlicher Anordnung im Gesamtaufbau des Gleichstromstellers steht.

3.3.4 Verlustleistung in den Leistungshalbleiterbauelementen

In [NIC 98] wird zur Verlustleistungsberechnung ein vereinfachter, idealisierter Ansatz vorgeschlagen. Dieser liefert vor allem für Gleichstromsteller zufriedenstellende Ergebnisse und weist den Vorteil auf, dass alle benötigten Parameter aus Herstellerdatenblättern zur Verfügung stehen.

Die Gesamtheit der Verluste an einem Leistungshalbleiter setzt sich zusammen aus:

- statischen Verlusten (Durchlass– und Sperrverluste),
- Schaltverlusten (Ein– und Ausschaltverluste) und
- Ansteuerverlusten.

Schaltverluste werden beim Ein– und Ausschalten eines Leistungshalbleiterschalters erzeugt, da die Übergänge zwischen ausgeschaltetem ($I_C = 0$) und eingeschaltetem ($U_{CE} = 0$) Zustand, physikalisch bedingt, nicht verzögerungsfrei ablaufen können. Während der Verzögerungsphasen sind sowohl der Strom als auch die Spannung des Leistungshalbleiterschalters größer als Null. Die jeweils beim Ein– und Ausschaltvorgang entstehenden Schaltverlustenergien ergeben sich aus der zeitlichen Integration des Produkts aus Strom und Spannung des IGBT (Bild 3.5).

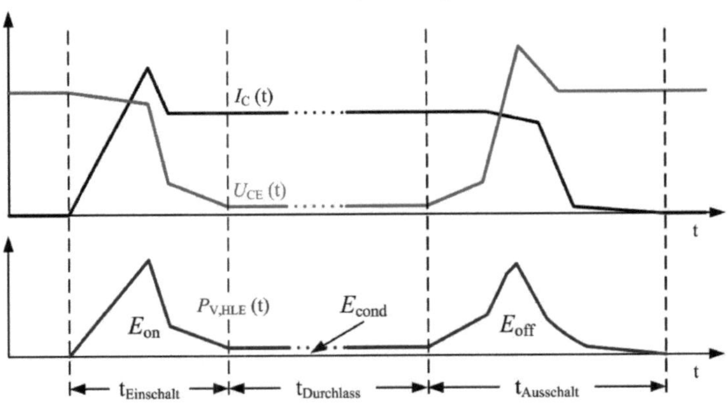

Bild 3.5: Ein– , Ausschalt– und Durchlassverluste eines Leistungshalbleiters [PLE 09]

Wegen ihres geringen Anteils können für Leistungshalbleiterschalter, die für eine Anwendung im hier untersuchten Leistungsbereich in Frage kommen, Sperr– und Ansteuerverluste, und für relevante Dioden deren Einschaltverluste vernachlässigt werden [NIC 98].

Nachfolgend wird unterstellt, dass der oder die Leistungshalbleiterschalter als IGBT ausgeführt sind, die für ihren Betrieb jeweils eine antiparallele Diode zugeordnet haben. Zur Berechnung der Gesamtverlustleistung eines IGBT mit antiparalleler Diode als Einzelschalter oder als Teil eines Leistungsmoduls gilt:

$$P_{\mathrm{V,HLE}} = P_{\mathrm{V,IGBT}} + P_{\mathrm{V,DIODE}} \tag{3.16}$$

mit: $P_{\mathrm{V,IGBT}}$ - Gesamtverlustleistung des IGBT [W],
$P_{\mathrm{V,DIODE}}$ - Gesamtverlustleistung der Diode [W].

Die Gesamtverlustleistung des IGBT als einzelnes Bauelement kann berechnet werden mit:

$$P_{\mathrm{V,IGBT}} = P_{\mathrm{cond,IGBT}} + P_{\mathrm{on,IGBT}} + P_{\mathrm{off,IGBT}} \tag{3.17}$$

mit: $P_{\mathrm{cond,IGBT}}$ - Durchlassverlustleistung des IGBT (eingeschaltet) [W],
$P_{\mathrm{on,IGBT}}$ - Einschaltverlustleistung des IGBT [W],
$P_{\mathrm{off,IGBT}}$ - Ausschaltverlustleistung des IGBT [W].

Die Gesamtverlustleistung einer Diode als einzelnes Bauelement ergibt sich zu:

$$P_{\mathrm{V,DIODE}} = P_{\mathrm{cond,DIODE}} + P_{\mathrm{off,DIODE}} \tag{3.18}$$

mit: $P_{\mathrm{cond,DIODE}}$ - Durchlassverlustleistung der Diode (eingeschaltet) [W],
$P_{\mathrm{off,DIODE}}$ - Ausschaltverlustleistung der Diode [W].

Die Durchlassverlustleistungen des IGBT und der Diode sind abhängig vom Laststrom, der Sperrschichttemperatur und dem Tastverhältnis. Es kann geschrieben werden:

$$P_{\mathrm{cond,IGBT}} = I_{\mathrm{C}} \cdot U_{\mathrm{CE}} \cdot D_{\mathrm{IGBT}} \tag{3.19}$$

mit: I_{C} - Kollektorstrom [A],
$U_{\mathrm{CE}}\left(I_{\mathrm{C}}, \mathrm{T}_{\mathrm{j,IGBT}}\right)$ - Kollektor-Emitter-Spannung [V],
D_{IGBT} - Tastverhältnis des IGBT [-],
$\mathrm{T}_{\mathrm{j,IGBT}}$ - Sperrschichttemperatur des IGBT [°C].

und

$$P_{\mathrm{cond,DIODE}} = I_{\mathrm{D}} \cdot U_{\mathrm{VS}} \cdot D_{\mathrm{D}} = I_{\mathrm{D}} \cdot U_{\mathrm{VS}} \cdot \left(1 - D_{\mathrm{IGBT}}\right) \tag{3.20}$$

mit: I_{D} - Diodenstrom [A],
$U_{\mathrm{VS}}\left(I_{\mathrm{D}}, \mathrm{T}_{\mathrm{j,DIODE}}\right)$ - Vorwärtssperrspannung der Diode [V],
$(1 - D_{\mathrm{IGBT}})$ - Tastverhältnis der Diode [-],
$\mathrm{T}_{\mathrm{j,DIODE}}$ - Sperrschichttemperatur der Diode [°C].

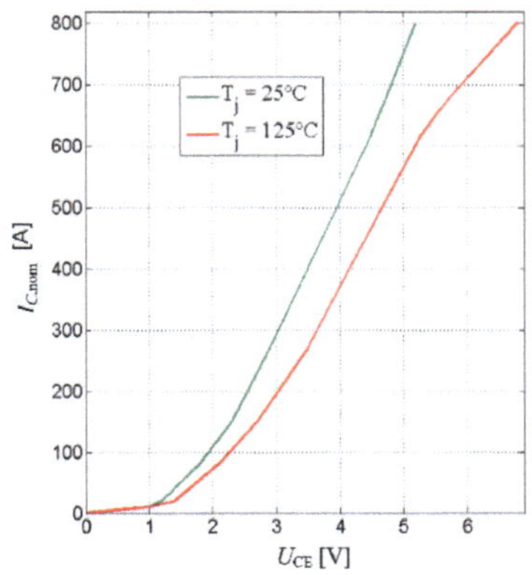

Bild 3.6: Kollektor–Emitter–Spannung

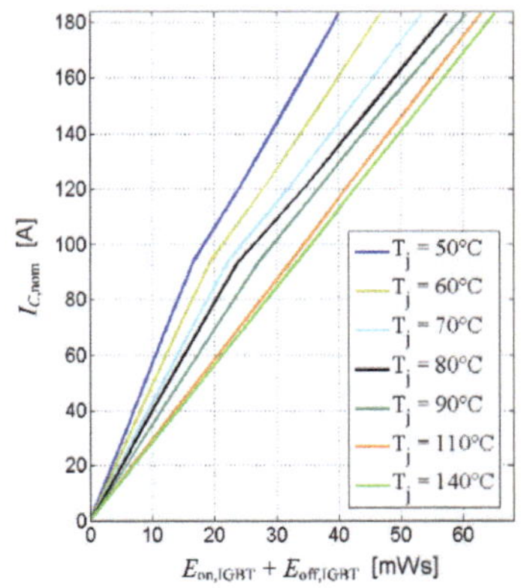

Bild 3.7: Gesamtschaltverlustenergie

In Herstellerdatenblättern werden die funktionellen Zusammenhänge von Kollektor–Emitter–Spannung des IGBT im Sättigungszustand und der Vorwärtssperrspannung der Diode mit dem Laststrom für unterschiedliche Sperrschichttemperaturen angegeben. Bild 3.6 zeigt exemplarisch eine solche Kennlinie für die Kollektor–Emitter–Spannung eines IGBT. Die Kennlinie berücksichtigt bereits alle zusätzlichen Ohm'schen Widerstände in den Zuleitungen von Kathode und Emitter innerhalb eines Leistungsmoduls.

Die Ein– und Ausschaltverluste eines IGBT beziehungsweise die Ausschaltverluste einer Diode sind abhängig vom Laststrom, der Zwischenkreisspannung, der Sperrschichttemperatur und der Schaltfrequenz. Für die Berechnung der Schaltverlustleistungen kann geschrieben werden:

$$\begin{aligned} P_{\mathrm{on,IGBT}} &= f_{\mathrm{S}} \cdot E_{\mathrm{on,IGBT}} \\ P_{\mathrm{off,IGBT}} &= f_{\mathrm{S}} \cdot E_{\mathrm{off,IGBT}} \\ P_{\mathrm{off,DIODE}} &= f_{\mathrm{S}} \cdot E_{\mathrm{off,DIODE}} \end{aligned} \tag{3.21}$$

mit: $E_{\mathrm{on,IGBT}}\left(U_{\mathrm{CE}}, I_C, \mathrm{T}_{\mathrm{j,IGBT}}\right)$ - Einschaltverlustenergie des IGBT $[\mathrm{W}\cdot\mathrm{s}]$,
$E_{\mathrm{off,IGBT}}\left(U_{\mathrm{CE}}, I_C, \mathrm{T}_{\mathrm{j,IGBT}}\right)$ - Ausschaltverlustenergie des IGBT $[\mathrm{W}\cdot\mathrm{s}]$,
$E_{\mathrm{off,DIODE}}\left(U_{\mathrm{VS}}, I_{\mathrm{D}}, \mathrm{T}_{\mathrm{j,DIODE}}\right)$ - Ausschaltverlustenergie der Diode $[\mathrm{W}\cdot\mathrm{s}]$.

Ebenfalls aus dem Herstellerdatenblatt des untersuchten Leistungshalbleiters sind die für die Berechnungen benötigten Angaben der Schaltverlustenergien in Abhängigkeit von Laststrom und Sperrschichttemperatur zu entnehmen. Sie bezeichnen jeweils die pro Puls anfallenden Verlustenergien. Bild 3.7 stellt exemplarisch eine derartige Kennlinie für einen IGBT dar, hierbei wurden die Ein– und Ausschaltenergien bereits summarisch erfasst.

3.3.5 Implementierung im Simulationsmodell

Die Parametrierung des TM Gleichstromsteller würde sich für den Anwender aufgrund der Fülle benötigter Datenblattangaben für die ausgewählten HLE sowie der Kennwerte, welche aus dem Auslegungsprozess der Speicherdrossel resultieren, sehr aufwendig gestalten. Dies würde die Nutzerfreundlichkeit des Werkzeuges wesentlich beeinträchtigen.

Für die HLE konnte eine wesentliche Vereinfachung erreicht werden, indem der Anwender lediglich aus einer Anzahl kommerziell verfügbarer Leistungsschalter und Leistungsmodule eine für seine Anwendung geeignete Auswahl trifft. Die zugehörigen

Kennliniendaten sind in einer Datenbank hinterlegt, auf die das Simulationswerkzeug entsprechend der eingegebenen Anwenderauswahl zurückgreift. Bei der Auswahl ist ebenfalls der Parallelbetrieb mehrerer Leistungsschalter oder Leistungsmodule möglich. Die Parameterdatenbank ist durch den Anwender erweiterbar.

Sind dem Nutzer des Simulationswerkzeugs die benötigten Daten der Speicherdrossel (Kernmaterial, Wicklungsmaterial, geometrische Abmessungen) bekannt, kann er diese in einer Eingabemaske hinterlegen und für zukünftige Simulationsaufgaben abspeichern lassen. Alternativ ist es möglich, die Drosselverluste in Abhängigkeit des Drosselstroms als Kennlinienmodell zu hinterlegen oder für die Speicherdrossel einen konstanten Wirkungsgrad einzugeben. Die letztgenannte Möglichkeit wird dem Nutzer ebenfalls für die in den Kondensatoren entstehenden Verlustleistungsanteile für den Fall eingeräumt, dass er die zugehörigen Innenwiderstände der Kondensatoren nicht verfügbar hat.

Ist es dem Anwender, beispielsweise in einem frühen Stadium der Systemauslegung, nicht möglich, notwendige Angaben zu den einzusetzenden Leistungsschaltern beziehungsweise Leistungsmodulen zu machen, kann er das TM Gleichstromsteller für die Bearbeitung des gesamten Programmablaufs mit einem konstanten Wirkungsgrad versehen.

Bild 3.8 zeigt schematisch den Aufbau des TM Gleichstromsteller mit der Verarbeitung notwendiger Eingangsgrößen zu den gewünschten Berechnungsgrößen:

- Gesamtverlustleistung des Gleichstromstellers $P_{V,DCDC}$ (t) und
- Einzelverlustleistung jedes leistungselektronischen Bauelementes $P_{V,HLE}$ (t).

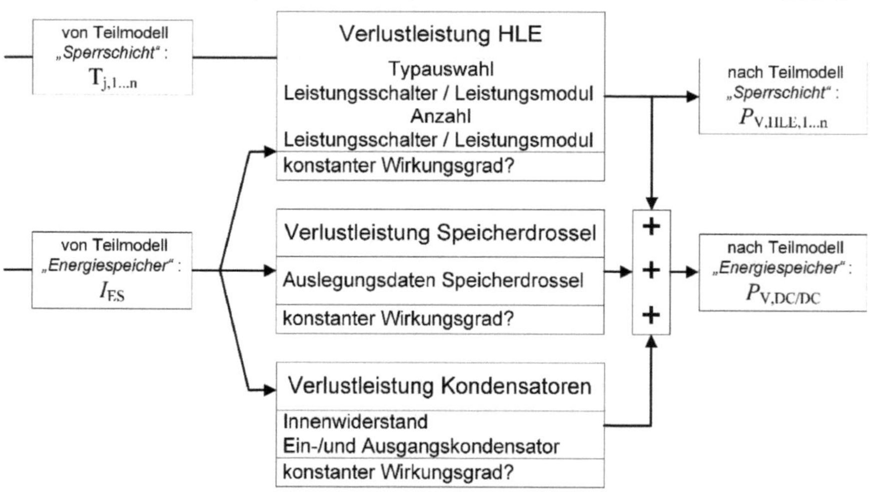

Bild 3.8: Schematische Darstellung des TM Gleichstromsteller

3.4 Teilmodell Energiespeicher

Die durch die Energiespeichersteuerstrategie bestimmte Beteiligung des Energiespeichersystems zum Ausgleich der Leistungsbilanz am Fahrzeugzwischenkreis ist mit einer entsprechenden Leistungsabgabe beziehungsweise –aufnahme des Aggregats verbunden.

Das Modellierungsziel des TM Energiespeicher besteht in der Ermittlung des Klemmenverhaltens und innerer Zustandsgrößen der Energiespeicherkomponente in Abhängigkeit der untersuchten Speicherkonfiguration.

Der Aufbau eines DLC–Speichers für Traktionsanwendungen in der hier betrachteten Leistungsklasse muss aufgrund des gravierenden Unterschiedes zwischen technisch realisierbaren Zellspannungen (vgl. Tabelle 2.2) und erforderlicher Betriebsspannung aus einer Anzahl Einzelzellen erfolgen, die durch serielle Schaltung einen sogenannten DLC–Strang bilden. Üblicherweise kann hierbei auf kommerziell verfügbare DLC–Module zurückgegriffen werden, die bereits eine Serienschaltung einer bestimmten Anzahl Einzelzellen enthalten. DLC–Module sind auf dem Markt in Abstufungen mit verschieden vielen Einzelzellen erhältlich und enthalten in der Regel neben den elektrotechnischen Verbindungen zwischen den Zellen eine mechanische Schutzummantelung sowie für den sicheren Betrieb der Module notwendige Überwachungs- und Schutzfunktionalitäten in unterschiedlicher Ausprägung. Die Betrachtung und Modellierung von Überwachungs- und Schutzfunktionen, wie beispielsweise eine Zellspannungs- und Modultemperaturüberwachung oder ein Zellspannungsausgleich, ist nicht Gegenstand dieser Arbeit.

In Abhängigkeit des Arbeitsbereiches des Fahrzeugzwischenkreises und der gewählten Schaltungstopologie des Gleichstromstellers ergeben sich die Freiheitsgrade zur Ausbildung eines DLC–Strangs aus Einzelzellen oder Modulen. Eine in der Praxis übliche Vorgehensweise sieht eine Strangspannung unterhalb der minimalen Zwischenkreisspannung und einen bidirektionalen Hoch–/Tiefsetzsteller (vgl. Bild 3.3) für die leistungselektronische Kopplung des Energiespeichers an den Fahrzeugzwischenkreis vor.

Übersteigt der für die Anwendung notwendige Nutzenergieinhalt des Energiespeichers den Nutzenergieinhalt eines DLC–Strangs, so wird der Gesamtspeicher aus mehreren DLC–Strängen in Parallelschaltung gebildet. Der Aufbau eines Energiespeichers aus DLC Einzelzellen und die bei der Modellierung gewählte Zählpfeilrichtung ist schematisch in Bild 3.9 dargestellt. Dabei wurde dem Energiespeicher eine aus betrieblichen Gründen notwendige Drosselinduktivität ESL zugeordnet. Im Simulationswerkzeug werden keine hochdynamischen Vorgänge der Stromübertragung auf Schaltebene der leistungselektronischen Bauelemente betrachtet und aus diesem Grund auch keine Induktivitäten modelliert. Alle nicht zellgebundenen ohmschen Widerstände von elektromechanischen Verbindungen, Leistungskabeln und der Drosselinduktivität sind im Ersatzwiderstand ESR_{Ohm} summarisch zusammengefasst.

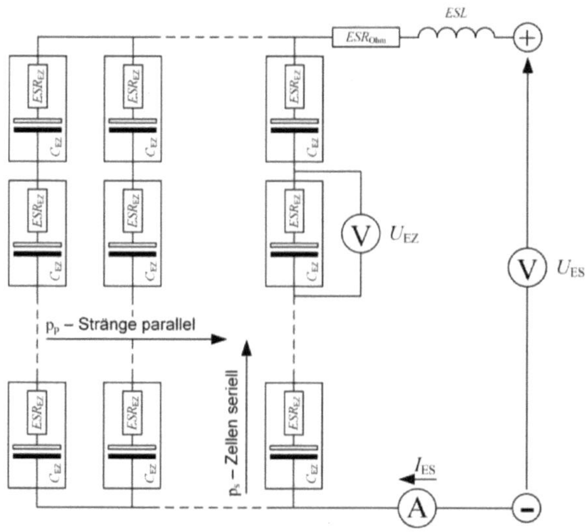

Bild 3.9: Ersatzschaltbild des DLC–Speichers mit allen Einzelzellen

Tabelle 3.6 enthält technische Parameter, deren Eingabe durch den Nutzer des Softwarewerkzeuges vor dem Start des Programmablaufes in der Eingabemaske des TM Energiespeicher vorausgesetzt wird.

Tabelle 3.6: Nutzereingaben für die Bearbeitung des TM Energiespeicher

Eingabeparameter	Einheit	Formelzeichen
obere Betriebsspannung der Einzelzelle	[V]	$U_{EZ,max}$
untere Betriebsspannung der Einzelzelle	[V]	$U_{EZ,min}$
Nennkapazität der Einzelzelle	[F]	C_{EZ}
Innenwiderstand der Einzelzelle	[Ω]	ESR_{EZ}
Anzahl Einzelzellen in einem Strang	[–]	p_s
Anzahl Stränge in Parallelschaltung	[–]	p_p
Anfangsladezustand der Energiespeicherkonfiguration	[%]	$SOC_{ES,0}$
nicht zellgebundene ohmsche Widerstände	[Ω]	ESR_{Ohm}

Mit der Nutzereingabe von Datenblattparametern für den DLC–Einzelzelltyp, Angaben zum elektrotechnischen Aufbau des Energiespeichers sowie gewählter Einsatzgrenzen und Startbedingungen stehen alle Daten zur Charakterisierung der untersuchten Energiespeicherkonfiguration zur Verfügung.

Die Modellierung im Simulationswerkzeug wird unter Annahme idealen Zellverhaltens vorgenommen. Unter einem idealen Zellverhalten wird der Ausschluss von fertigungsbedingten Unterschieden der Nennkapazität und des Innenwiderstandes sowie voneinander abweichende thermische Zustände von Einzelzellen der Speicherkonfiguration verstanden. Die benannten Gründe können im realen Betrieb unsymmetrische Strombelastungen paralleler DLC–Stränge und voneinander abweichende Einzelzellspannungen bewirken. Aus Sicherheitsgründen wird diesem Umstand mit den bereits erwähnten Überwachungs- und Schutzmaßnahmen auf Modul– oder Strangebene begegnet. Dabei orientiert sich die Schutzmaßnahme in Abhängigkeit der Stromrichtung an Zellen höchster oder niedrigster Spannung.

Mit der getroffenen Vereinfachung reduziert sich die Modellierung eines DLC–Energiespeichers auf eine Darstellung als einfacher Zweipol nach Bild 3.10.

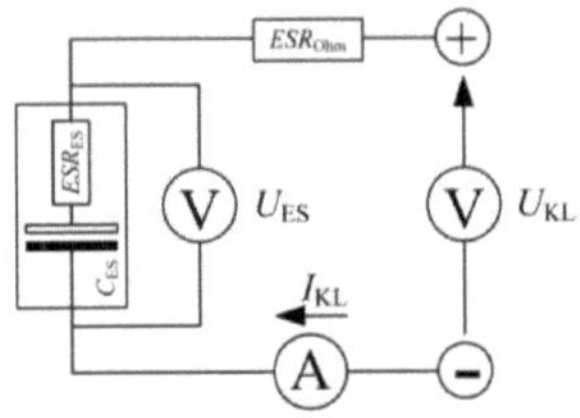

Bild 3.10: Ersatzschaltbild des DLC–Speichers als einfacher Zweipol

Aus Lebensdauergründen wird die obere Einzelzellspannung eines Kondensators bei einem Einsatz als Traktionsspeicher in aller Regel auf einen Wert unterhalb der vom Hersteller angegebenen Maximalspannung begrenzt. Für die weiteren Betrachtungen wird die obere Betriebsspannung der Einzelzelle mit 2,55 V und die untere Betriebsspannung der Einzelzelle mit 1,00 V angenommen. Dies kann aus technischer Sicht mit zwei Aspekten begründet werden. Zum einen können mit den gewählten Begrenzungen des Arbeitsbereiches bereits etwa 75 % des theoretischen Energieinhalts einer Zelle ausgenutzt werden. Andererseits steigen die inneren Stromwärmeverluste der DLC–Zelle mit fallender Ladespannung bei konstanter Übertragungsleistung überproportional an. Zur Veranschaulichung sind diese Zusammenhänge für eine DLC–Einzelzelle mit technischen Parametern nach Tabelle 2.2 in Bild 3.11 dargestellt.

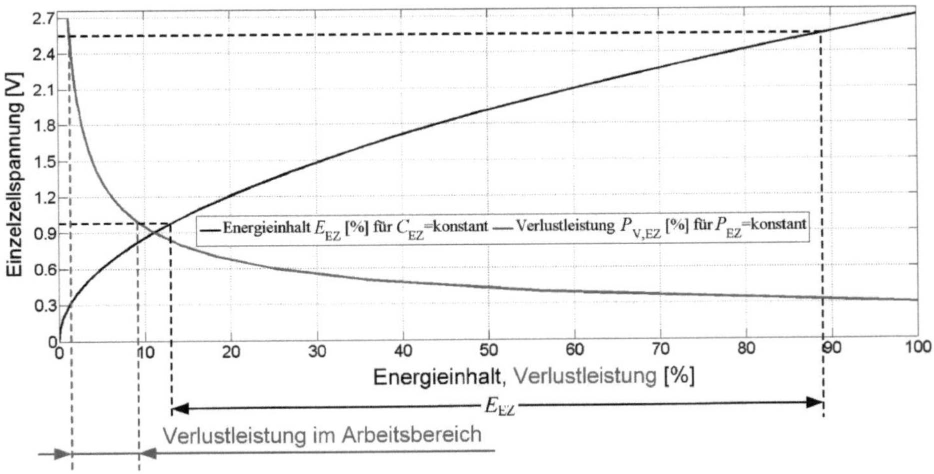

Bild 3.11: Nutzenergieinhalt und Verlustleistung bei konstanter Leistung einer DLC–Einzelzelle [MAX 09]

Der Darstellung aus Bild 3.11 können zwei wesentliche Aussagen entnommen werden. Einerseits steigt die prozentuale Verlustleistung mit fallender Betriebsspannung exponentiell an und erreicht beim unteren Ladespannungsniveau ein Maximum von etwa 8 %. In diesem Arbeitspunkt würde sich demnach ohne Berücksichtigung weiterer Verluste, hervorgerufen durch die Leistungselektronik und die elektrischen Verbindungen der Energiespeicherkonfiguration, ein Wirkungsgrad von 92 % ergeben. Abgelesen werden kann weiterhin, dass der Energieinhalt der Einzelzelle bei der gewählten oberen Betriebsspannung 88 % und bei der vorgegebenen unteren Betriebsspannungsgrenze nur noch 13 % vom theoretischen Wert der Einzelzelle beträgt.

Für alle weiteren Betrachtungen wird von einem Energiespeichersystem ausgegangen, welches aus DLC–Einzelzellen mit den beschriebenen technischen

Parametern besteht und mit der dargelegten Beschränkung von oberer und unterer Betriebsspannung, bezogen auf die Betriebsspannung einer Einzelzelle, betrieben wird.

Für den Zusammenhang zwischen Einzelzellspannung und Gesamtspannung des Energiespeichers kann geschrieben werden:

$$U_{ES} = U_{ES,Str} = p_s \cdot U_{EZ} \tag{3.22}$$

mit: p_s - Anzahl Einzelzellen in einem Speicherstrang [-],
$U_{ES,Str}$ - Ruhestrangspannung des Energiespeichers [V],
U_{EZ} - Ruhespannung der Einzelzelle [V].

Die Berechnung der Nennkapazität der Energiespeicherkonfiguration aus der Nennkapazität des gewählten Einzelzelltyps erfolgt mit:

$$C_{ES} = \frac{p_p \cdot C_{EZ}}{p_s} \tag{3.23}$$

mit: p_p - Anzahl Speicherstränge des Energiespeichers [-],
C_{ES} - Nennkapazität der Energiespeicherkonfiguration [F].

Mit der Grundgleichung zur Berechnung des Ladezustands eines Kondensators kann der Nutzenergieinhalt der Energiespeicherkonfiguration berechnet werden:

$$E_{ES} = \frac{C_{ES}}{2} \cdot \left(U_{ES,max}^2 - U_{ES,min}^2 \right). \tag{3.24}$$

Der Ersatzwiderstand der Energiespeicherkonfiguration ergibt sich aus den Innenwiderständen aller Einzelzellen zu:

$$ESR_{ES} = \frac{p_s \cdot ESR_{EZ}}{p_p} \tag{3.25}$$

mit: ESR_{EZ} - Innenwiderstand einer Einzelzelle [Ω].

Bei einer Beteiligung des Energiespeichers am Ausgleich der Leistungsbilanz am Fahrzeugzwischenkreis kommt es in Folge der Strombelastung zu einem Spannungsabfall über den Innenwiderständen des Energiespeichers. Dies bewirkt eine Spannungsdifferenz zwischen der Ruhespannung des Energiespeichers, hier bezeichnet als dessen Arbeitsspannung, und der Klemmenspannung am Eingang des angeschlossenen Gleichstromstellers:

$$\begin{aligned} U_{KL} &= U_{ES,Arb} - I_{KL} \cdot ESR_{Ohm} = U_{ES} - I_{KL} \cdot ESR_{ES} - I_{KL} \cdot ESR_{Ohm} \quad , \\ U_{KL} &= U_{ES} - I_{KL} \cdot \left(ESR_{ES} + ESR_{Ohm} \right) \end{aligned} \tag{3.26}$$

mit: U_{KL} - Klemmenspannung des Energiespeichers [V],
$U_{ES,Arb}$ - Arbeitsspannung des Energiespeichers [V],
I_{KL} - Klemmenstrom des Energiespeichers [A].

Der Klemmenstrom des Energiespeichers ermittelt sich zu:

$$I_{KL}(t) = \frac{P_{ES,req}(t)}{U_{KL}(t)} \tag{3.27}$$

mit: $P_{ES,req}(t)$ - Sollleistung des Energiespeichers [W].

und daraus die inneren Verluste des Energiespeichers:

$$P_{V,ES}(t) = I_{KL}^{2}(t) \cdot (ESR_{ES} + ESR_{Ohm}) \tag{3.28}$$

mit: $P_{V,ES}(t)$ - Verlustleistung des Energiespeichers [W].

Die Sollleistung des Energiespeichers wird summarisch aus der durch die Speichersteuerstrategie vorgegebenen Beteiligung des Energiespeichersystems am Ausgleich der Leistungsbilanz am Fahrzeugzwischenkreis sowie der Augenblickswerte für die Gesamtverluste des Gleichstromstellers und des Energiespeichers gebildet:

$$P_{ES,req}(t) = P_{ES}(t) + P_{V,DCDC}(t) + P_{V,ES}(t). \tag{3.29}$$

Die Leistungsbeteiligung des Energiespeichers $P_{ES}(t)$ ergibt sich in Abhängigkeit der gewählten Steuerstrategie. Die Verlustleistungen von Gleichstromsteller und Energiespeicher werden mit (3.8) und (3.28) ermittelt.

Mit bekannter Sollleistung des Energiespeichers kann dessen Ladezustand für jeden Zeitschritt der Simulationsrechnung bestimmt werden:

$$\begin{aligned} E_{ES}(t) &= E_{ES,0} + \int_0^t (P_{ES,req} + P_{V,ES})\, dt, \\ E_{ES}(t) &= \frac{C_{ES} \cdot SOC_{ES,0}}{2 \cdot 100\%} \cdot (U_{ES,max}^{2} - U_{ES,min}^{2}) + \int_0^t (P_{ES,req} + P_{V,ES})\, dt. \end{aligned} \tag{3.30}$$

Aus dem Ladezustand der Energiespeicherkonfiguration wird mittels (3.24) der Augenblickswert der Ruhespannung des Energiespeichers berechnet:

$$U_{ES}(t) = \sqrt{\frac{2 \cdot E_{ES}(t)}{C_{ES}}}. \tag{3.31}$$

Und hieraus mit (3.26) der Augenblickswert für die Klemmenspannung des Energiespeichers:

$$U_{KL}(t) = U_{ES}(t) - I_{KL}(t) \cdot (ESR_{ES} + ESR_{Ohm}). \tag{3.32}$$

In der Praxis wird oftmals aus Gründen der Vergleichbarkeit des Energiespeichereinsatzes in unterschiedlichen Anwendungen der Energieinhalt eines Energiespeichers nicht als Absolutwert sondern als eine auf den gesamten Nutzenergieinhalt des Speichers bezogene Größe angegeben. Dafür hat sich auch im deutschen Sprachraum die Übernahme des englischen Begriffs SOC (State Of Charge) durchgesetzt. Die Berechnung des Ladezustandes des Energiespeichers als bezogene Größe erfolgt im Fall eines DLC–Speichers mit:

$$SOC_{ES}(t) = \frac{E_{ES}(t) - \frac{C_{ES} \cdot U_{ES,min}^{2}}{2}}{\frac{C_{ES}}{2} \cdot (U_{ES,max}^{2} - U_{ES,min}^{2})} \tag{3.33}$$

mit: $SOC_{ES}(t)$ - Augenblickswert des auf den Energiespeichernutzinhalt bezogenen Ladezustands [%].

3.5 Teilmodell Sperrschicht

3.5.1 Darstellung als thermisches Netzwerk

Mit dem TM Sperrschicht erfolgt die Ermittlung der Sperrschichttemperaturen der durch Nutzereingabe konfigurierten leistungselektronischen Bauelemente. Die Sperrschichttemperatur ergibt sich dabei als Reaktion auf einen Verlustleistungseintrag im Bauteil. Dieser ist abhängig von der Strombelastung sowie den Umgebungs- und Kühlbedingungen. Die Verlustleistungsverläufe der einzelnen Bauelemente werden im TM Gleichstromsteller ermittelt und stehen dem TM Sperrschicht als Eingangsgrößen zur Verfügung. Die ermittelten Temperaturverläufe werden als Eingangsgröße zum TM Gleichstromsteller zurückgeführt (vgl. Bild 3.8).

Wie in Kapitel 2 beschrieben, können für eine rechnergestützte Simulation des zeitlichen Verlaufs der Sperrschichttemperatur die thermischen Impedanzen in eine Kettenschaltung von RC–Gliedern zerlegt werden. In Verbindung mit einer Modellierung des Verlustleistungsverlaufes als Stromquelle entsteht ein Wärmeersatzschaltbild, mit dem es möglich ist, den Temperaturanstieg eines Leistungshalbleiters als Reaktion auf einen Verlustleistungseintrag zu berechnen. Prinzipiell ist es möglich, Temperaturgänge an verschiedenen Orten des Bauelementes zu bestimmen. Es ist jedoch zu beachten, dass durch die bei einer Erweiterung um ein Kühlsystem notwendige Transformation von einem praktisch verwendeten (vgl. Bild 2.20) in ein physikalisch richtiges Wärmeersatzschaltbild (vgl. Bild 2.21) eine Zuordnung einzelner Orte des Modells zu den realen Orten des Leistungshalbleiters fehlerbehaftet sein kann. Durch einfache Betrachtung beider Modellformen ist erkennbar, dass dies jedoch nicht für die zu untersuchende Sperrschicht, den Ort der höchsten Temperatur des Bauelements, gültig ist.

Die Modellierung des thermischen Verhaltens als RC–Netzwerk gestaltet sich bei der konkreten Umsetzung eines möglichst universell einsetzbaren Softwarewerkzeuges aus zwei Gründen problematisch. Einerseits geben Hersteller von Leistungshalbleitern die zugehörigen Parameter in unterschiedlicher Anzahl mit drei bis sechs RC–Gliedern an. Dies hätte zur Folge, dass das Model jeweils angepasst und im Programmablauf mehrere RC–Netzwerke unterschiedlicher Länge hinterlegt werden müssten. Der zweite Grund, der gegen die Modellierung des Problems als Kettenschaltung von RC–Gliedern spricht, ist die damit verbundene Notwendigkeit zur Benutzung einer speziellen Bibliothek mit elektrotechnischen Bauteilen, beispielsweise SimPowerSystems® oder PLECS®. Dies würde dem Erreichen eines Teilziels der Arbeit, der Ableitung einer eigenständigen Programmversion unter Matlab/Simulink®, entgegenstehen.

Zur Lösung des benannten Modellierungsproblems wurde die Idee entwickelt, das RC–Netzwerk eines HLE mit angeschlossenem Kühlsystem in ein Zustandsraummodell zu überführen. Auf diese Weise ist es möglich, eine automatisierte Modellanpassung in Abhängigkeit der Datenblattangaben vorzunehmen und die Modellierung kann in Matlab/Simulink® erfolgen. Im Folgenden wird der vorgeschlagene Lösungsweg anhand eines Literaturbeispiels nachvollzogen und überprüft. Dabei sind folgende Teilschritte zu bearbeiten:

- Parametertransformation des RC–Netzwerkes in Foster–Form in ein physikalisch richtiges Wärmeersatzschaltbild in Cauer–Form,
- Überführung des Wärmeersatzschaltbildes (Foster– oder Cauer–Form in ein Zustandsraummodell und
- Überprüfung der Übereinstimmung beider Modellformen.

3.5.2 Parametertransformation

In Kapitel 2.7 wurde auf die Besonderheiten der zwei üblichen Darstellungsformen von thermischen Netzwerken für Leistungshalbleiter eingegangen. Ist für die Bearbeitung einer Aufgabenstellung lediglich die Sperrschichttemperaturerhöhung als Reaktion auf einen Verlustleistungseintrag von Interesse, so können zur Ermittlung der benötigten Ausgangsgröße beide Modellformen gleichwertig verwendet werden. In der Praxis bleibt dem Anwender, wie bereits beschrieben, zum gegenwärtigen Stand der Technik ein direkter Zugriff auf die Sperrschichttemperatur durch messtechnische Erfassung verwehrt. Wird zum Beispiel für einen Vergleich von modellbasiert bestimmtem und messtechnisch erfasstem Temperaturverhalten der Temperaturverlauf an einer der Messung zugänglichen Stelle eines IPM benötigt, muss auf das physikalisch richtige Wärmeersatzschaltbild in Cauer–Form zurückgegriffen werden.

Zur Berechnung der Parameter des Wärmeersatzschaltbildes in Cauer–Form aus den Daten des Wärmeersatzschaltbildes in Foster–Form bedarf es einer Parametertransformation. Die Beschreibung der Vorgehensweise dieser Transformation und einzuhaltende Randbedingungen enthält Kapitel 2.7. Die mathematische Umsetzung der Parametertransformation als Kettenbruchzerlegung wurde innerhalb der Bearbeitung der Aufgabenstellung in Form eines Programmcodes in Matlab/Simulink® realisiert.

Tabelle 3.7: Daten für ein Wärmeersatzschaltbild in Foster– [LUO 04] und transformiert in Cauer–Form

	i	1	2	3	4	5	6
$R_{th,F,i}$	[K/W]	0.0013	0.0062	0.0026	0.0030	0.0123	0.0270
$C_{th,F,i}$	[Ws/K]	2.40	8.13	38.46	316.67	445.38	2980.79
$R_{th,Ca,i}$	[K/W]	0.0023	0.0078	0.0019	0.0076	0.0102	0.0225
$C_{th,Ca,i}$	[Ws/K]	1.75	5.46	82.68	123.06	363.24	2955.48

Die Überprüfung der entwickelten Funktionalität erfolgte anhand eines aus [LUO 04] entnommenen Parametersatzes. Tabelle 3.7 enthält die Daten des sechsgliedrigen RC–Netzwerks in Foster–Form ($R_{th,F,i}$, $C_{th,F,i}$) des gewählten Literaturbeispiels und die daraus durch die beschriebene Parametertransformation abgeleiteten Werte des RC–Netzwerks in Cauer–Form ($R_{th,Ca,i}$, $C_{th,Ca,i}$).

3.5.3 Überführung in ein Zustandsraummodel

Die thermische Reaktion eines Leistungshalbleiters auf einen Verlustleistungseintrag, verursacht durch innere Stromwärmeverluste im Bauteil, kann als ein kontinuierliches zeitinvariantes System betrachtet werden. In der Darstellung als ein Zustandsraummodel (ZRM) kann geschrieben werden:

$$\begin{aligned} \dot{x} &= A \cdot x(t) + B \cdot u(t), \quad x(0) = x_0 \\ y(t) &= C \cdot x(t) + D \cdot u(t). \end{aligned} \qquad (3.34)$$

Über die Systemmatrix A sowie die Steuermatrix B sind die Verkettungen der einzelnen Zustände, inbegriffen die Zugriffe über die Steuervariablen (Eingangsgrößen) u(t) darstellbar. Die Auswirkungen des Systems auf den Ausgang werden mit der Beobachtungsmatrix C beschrieben. Die Durchgangsmatrix D beschreibt die Durchgriffe des Systems, sie ist bei nicht sprungfähigen Systemen, wie dem hier betrachteten, Null. Somit kann das Zustandsraummodell als Signalflussplan nach Bild 3.12 dargestellt werden.

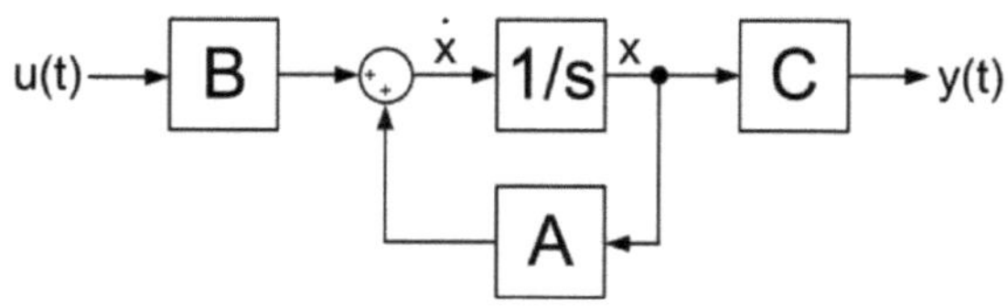

Bild 3.12: Signalflussplan Zustandsraummodell

Zur Überführung einer Kettenschaltung aus RC–Gliedern in ein Zustandsraummodell wurde die im Programmpaket Matlab/Simulink® verfügbare Funktion *Linear Analysis* eingesetzt. Bei deren Anwendung auf beide Modellformen zeigte sich, dass sich die Wertebelegung der Matrizen der zugehörigen Zustandsraummodelle erwartungsgemäß aus den Werten der Einzelelemente der thermischen Netzwerke ($R_{th,i}$ und $C_{th,i}$) berechnen lassen. Speziell die Wertebelegung der Systemmatrix A stellt sich jedoch bei Verwendung des RC–Netzwerkes in Foster–Form im Vergleich zur Cauer–Form wesentlich einfacher dar. Da für die Bearbeitung der Aufgabenstellung lediglich der Verlauf der Sperrschichttemperatur benötigt wird, wurde auf diese Darstellungsform des ZRM zurückgegriffen. Es ergeben sich folgende Belegungen für die zugehörigen Matrizen:

$$A = \begin{bmatrix} -\frac{1}{R_1 \cdot C_1} & 0 & 0 & 0 & 0 & 0 \\ 0 & -\frac{1}{R_2 \cdot C_2} & 0 & 0 & 0 & 0 \\ 0 & 0 & -\frac{1}{R_3 \cdot C_3} & 0 & 0 & 0 \\ 0 & 0 & 0 & -\frac{1}{R_4 \cdot C_4} & 0 & 0 \\ 0 & 0 & 0 & 0 & -\frac{1}{R_5 \cdot C_5} & 0 \\ 0 & 0 & 0 & 0 & 0 & -\frac{1}{R_6 \cdot C_6} \end{bmatrix}, \quad B = \begin{bmatrix} \frac{1}{C_1} \\ 0 \\ 0 \\ 0 \\ 0 \\ 0 \end{bmatrix}, \quad C = \begin{bmatrix} 1 & 0 & 0 & 0 & 0 & 0 \end{bmatrix}. \tag{3.35}$$

In (3.35) bezeichnen R_i und C_i die Wärmeleitwiderstände $R_{th,F,i}$ beziehungsweise Wärmekapazitäten $C_{th,F,i}$ nach Tabelle 3.7.

3.5.4 Überprüfung des ermittelten Streckenmodells

Für eine vergleichende Überprüfung des ermittelten Streckenmodells in Bezug zum RC–Netzwerk, welches es repräsentieren soll, wurden die drei Modellformen parallel modelliert (Bild 3.13) und mit identischen Eingangsstörungen (konstante Verlustleistung 1 W von 0 bis 500 s Simulationszeit und anschließender Sprung auf 0 W Verlustleistung) beaufschlagt.

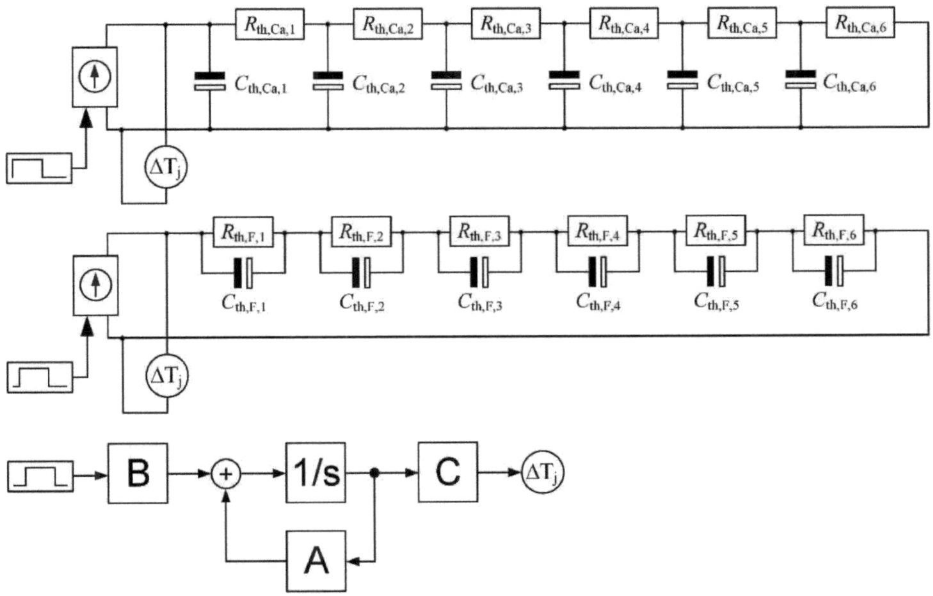

Bild 3.13: Modellierte thermische Netzwerke in Cauer– und Foster–Form sowie als Zustandsraummodell

Für eine Unterscheidung der Ergebnisse bei deren Darstellung in Diagrammform wurde die Eingangsstörung jeweils mit einem Zeitversatz von 100 s zueinander aufgebracht. Bild 3.14 belegt das ermittelte identische Ausgangsverhalten aller drei Modellformen als Sprungantwort der Sperrschichttemperaturerhöhung auf die eingeprägte Verlustleistung.

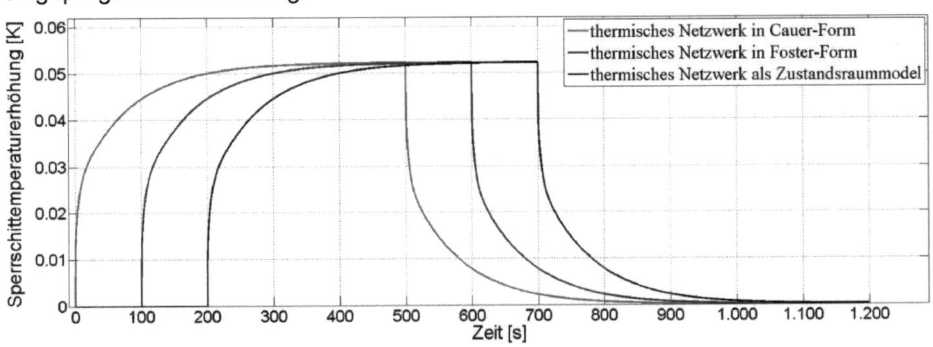

Bild 3.14: Vergleich der Sprungantworten der drei Modellformen

Das Ergebnis dokumentiert zwei angestrebte Modellierungsziele. Einerseits steht mit dem erstellten Programmcode zur Parametertransformation ein geeignetes Werkzeug zur Verfügung, um aus einem vorliegenden Datensatz für das thermische Netzwerk von Leistungshalbleiter und Kühlsystem in Foster–Form einen Parametersatz für das zusammengesetzte System in Cauer–Form abzuleiten. Darüber hinaus wurde die Möglichkeit nachgewiesen, das RC–Netzwerk in Form eines Zustandsraummodells zu modellieren. Hierdurch wird das Teilziel, eine Programmversion zu erstellen, die ohne Installation spezieller Bibliotheken unter Matlab/Simulink® auf einem Personal Computer lauffähig ist, erreicht.

4 Modellparametrierung und Berechnungsbeispiel

4.1 Auswahl eines geeigneten Fahrzyklus‘

Bei Anwendung des in Kapitel 2.1 dargelegten mathematischen Verfahrens nach [IMM 98] zur Erzeugung eines synthetisierten Geschwindigkeitsprofils für Fahrzeuge des ÖPNV zeigt sich, dass für verschiedene Teilschritte ein wesentliches Verbesserungspotential besteht [MOE 08]. Ferner ist die Bewertung der generierten Fahrzyklen durch die vorgeschlagenen Bewertungskriterien und vor allem die Gewichtung dieser Kriterien äußerst schwierig. Eine alternative Bewertung kann durch ein einfach verwendbares Qualitätskriterium erreicht werden.

Für die Synthese eines Prüfzyklus' werden aus den aufgenommenen Messdaten nur das Zeit– und das Geschwindigkeitssignal benötigt. Für die statistische Analyse erfolgen Einteilungen der Geschwindigkeit in 5 km/h–Schritten und der Beschleunigung in 0.25 m/s²–Schritten. Der in einer Beispielrechnung erzeugte Prüfzyklus mit einer vorgegebenen Länge von 490 Sekunden und der besten erreichten Qualitätskennzahl ist in Bild 4.1 dargestellt.

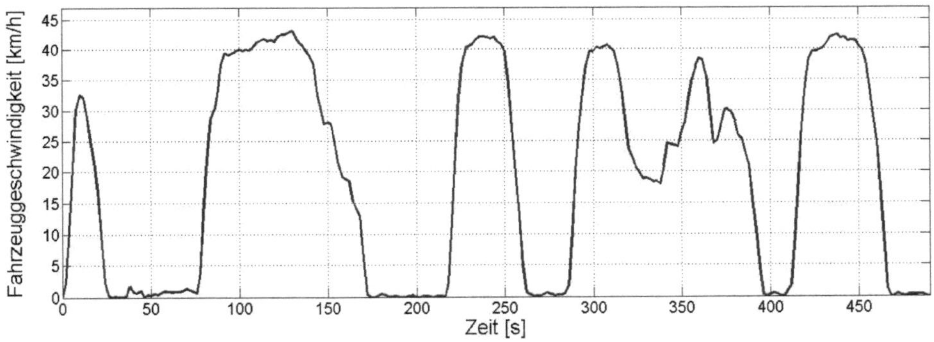

Bild 4.1: Bester Basiszyklus bei der Beispielrechnung

Einige typische Beanspruchungseckdaten für Straßenbahnen im Stadtverkehr innerhalb deutscher Mittel– und Großstädte wurden durch eigene, messtechnische Untersuchungen abgeschätzt. Die Messungen erfolgten mit einem GPS–Empfänger in einer Straßenbahn neuester Bauart. Der Messaufbau ist in [KLA 0802] zusammen mit der Auswertungsmethodik beschrieben. Insgesamt wurden fahrdynamische Daten von etwa 60.000 Streckenkilometern im regulären Linienbetrieb erfasst und statistisch ausgewertet. Einige ausgewählte Ergebnisse sind in Tabelle 4.1 zusammengestellt. Die Kenngrößen dienen als Anhaltspunkt zur Auswahl von geeigneten Fahrzyklen für die weitere Bearbeitung.

Tabelle 4.1: typische Daten des Straßenbahnbetriebs

Parameter	Wert	Einheit
Höchstgeschwindigkeit	< 60	[km/h]
Durchschnittsgeschwindigkeit	18 – 22	[km/h]
Haltestellenabstand	≈ 470	[m]
Haltezeit	7–30	[s]

Der Vergleich charakteristischer, fahrdynamischer Daten des Linienbetriebs einer Straßenbahn nach Tabelle 4.1 mit verfügbaren Fahrprofilen ließ für die weitere Bearbeitung die ausschließliche Eignung von Fahrprofilen für schwere Fahrzeuge erkennen, welche auf realen Messdaten beruhen (Anhang A). Die relevanten Fahrprofile Braunschweig Bus Zyklus, Nürnberg Linie 36 Zyklus und Stuttgart Linie 42 Zyklus entsprechen Geschwindigkeit–Zeit–Profilen, welche im Linienbusbetrieb aufgenommen wurden. Sie beinhalten keine Informationen zum abgefahrenen Höhenprofil. Für Straßenbahnen im Linienbetrieb sind aus der Literatur bislang keine vergleichbaren Fahrprofile bekannt.

Aufgrund des beschriebenen Erkenntnisstands erfolgte die Erzeugung eines charakteristischen Geschwindigkeit–Zeit–Profils aus eigenen Messdaten. Hierfür wurde aus der Gesamtdatenmenge eine repräsentative Strecke ausgewählt. Diese ist etwa 2400 m lang und hat vier Haltestellen. Ein charakteristisches Geschwindigkeitsprofil entstand durch Filterung und Mittelung von insgesamt 173 Messfahrten. Charakteristische Zwischenhalte an Lichtsignalanlagen sind dabei ebenso wie reguläre Haltestellenaufenthalte mit mittleren Haltezeiten berücksichtigt. Bild 4.2 zeigt das extrahierte Fahrprofil gemeinsam mit dem ebenfalls messtechnisch erfassten Höhenprofil des ausgewählten Streckenabschnitts. Daten zur detaillierteren Beschreibung des Geschwindigkeitsprofils „FP STRAB“ sind der Arbeit als Anhang B beigefügt.

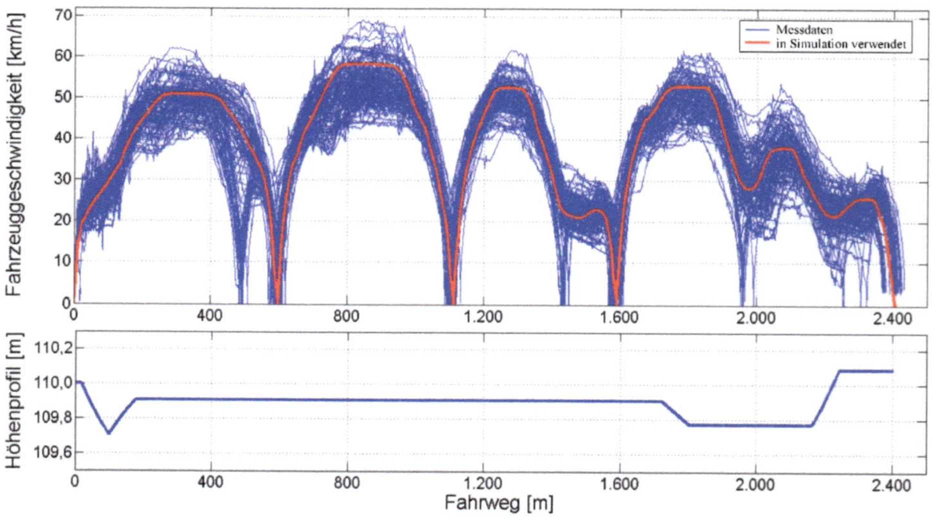

Bild 4.2: „FP STRAB“ (oben) und „HP STRAB“ (unten)

4.2 Parametrierung und Überprüfung des Fahrzeugmodells

Für die weitere Bearbeitung wurde ein Straßenbahnfahrzeug NGTD 12DD der Dresdner Verkehrsbetriebe AG ausgewählt. Für diesen Fahrzeugtyp konnte im Rahmen eigener messtechnischer Untersuchungen eine ausreichende Datenbasis angelegt werden. Tabelle 4.2 enthält alle Parameter des Fahrzeugs, die in den Modellrechnungen verwendet wurden.

Tabelle 4.2: Parameter des in den Modellrechnungen eingesetzten Straßenbahnfahrzeugs

Parameter	Wert	Einheit
Fahrzeuggewicht	62650	[kg]
dynamischer Massenfaktor	1.05	[–]
Gesamtübersetzungsverhältnis Motorwelle – Fahrzeugachse	6.0322	[–]
Treibraddurchmesser	0.56	[m]
Luftwiderstandsbeiwert	1.2	[N*s²/m²]
Rollreibungsbeiwert	0.0015	[–]
Nenn–Motordrehmoment	3656	[Nm]
Anfahr–Motordrehmoment	8408	[Nm]
Nenn–Motorleistung (S1)	680	[kW]
Überlast–Motorleistung (S2)	920	[kW]
max. Anfahrbeschleunigung	1.45	[m/s²]
max. Bremsverzögerung	1.50	[m/s²]

Zunächst erfolgte ein Simulationslauf zur Ermittlung des Energie– und Leistungsbedarfs des Fahrzeugs. Die Rechnung berücksichtigt die Randbedingungen nach Tabelle 4.3. Der unterstellte Hilfsbetriebebedarf entspricht einem Sommerbetrieb für das Fahrzeug ohne Klimaanlage im Fahrgastraum. Bei der weiteren Betrachtung hat diese Festlegung Relevanz für das über die Netzrückspeisung hinaus vorhandene Energiesparpotential bei Einsatz eines Energiespeichers und damit für die Stromwärmebelastung der IPM im zugehörigen Gleichstromsteller. Der gewählte Einsatzfall entspricht einer maximalen Belastung des Energiespeichersystems, da lediglich ein minimaler Anteil der anfallenden Bremsenergie in den auf dem Fahrzeug arbeitenden Hilfsbetrieben umgesetzt wird.

Tabelle 4.3: Parameter für den Simulationslauf zur Kontrolle des Fahrzeugmodells

Parameter	Wert	Einheit
Fahrprofil (Geschwindigkeit–Zeit)	FP STRAB	[–]
Höhenprofil (Steigung–Weg)	HP STRAB	[–]
Fahrzeugdaten	nach Tabelle 4.2	[–]
Hilfsbetriebebedarf (Mittelwert)	9.5	[kW]
Energiespeicherkonfiguration	ohne	[–]

Die Überprüfung des Fahrzeugmodells erfolgte anhand eines Fahrzyklus' (Bild 4.2), der auf messtechnisch erfassten Streckendaten (Geschwindigkeit–Zeit und Höhenprofil) einer Straßenbahn im Linieneinsatz basiert. Der Vergleich zwischen real erfassten Leistungsverläufen des Messfahrzeugs auf dem entsprechenden Streckenabschnitt und dem Berechnungsergebnis lässt den Rückschluss zu, dass die Abbildung der fahrdynamischen Beziehungen des Fahrzeugs im Model realitätsnah erfolgte. Für den Vergleich sind in Bild 4.3 ausschließlich jene Messwerte aufgetragen, die bei Außentemperaturen oberhalb von 18°C aufgenommen wurden und somit die elektrische Leistung am Fahrzeugzwischenkreis im Sommerbetrieb auf dem ausgewählten Streckenabschnitt widergeben.

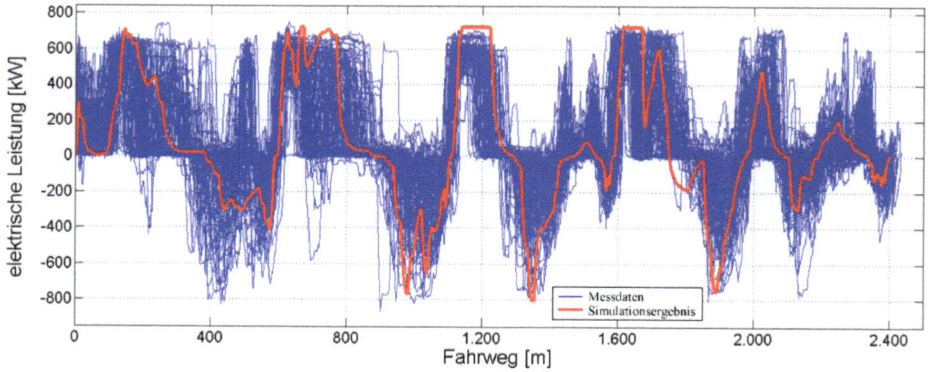

Bild 4.3: Messwerte und simulierte elektrische Leistung (Fahrzeugzwischenkreis) „FP STRAB"

Aus Gründen der Vergleichbarkeit ist es üblich, den Fahrzeugenergiebedarf als wegbezogene Größe anzugeben. Die bei der Kontrollrechnung ermittelten Energiebedarfskennwerte des Fahrzeugs zeigen mit 4,43 kWh/km für die Erfüllung der Traktionsanforderung und 0,46 kWh/km für die Hilfsbetriebe ebenfalls eine zufriedenstellende Annäherung an die durch Messung ermittelten Durchschnittswerte des Fahrzeugs bei den angesetzten Außentemperaturverhältnissen (4,49 kWh/km für die Traktion und 0,46 kWh/km für die Hilfsbetriebe, vgl. Bild 2.6).

Die Überprüfung des Fahrzeugmodells anhand aufgenommener Messdaten aus dem Linienbetrieb einer Straßenbahn wurde für weitere Streckenabschnitte des Dresdner Liniennetzes mit besonderen Streckencharakteristika (starke Streckenneigung, geringe Durchschnittsgeschwindigkeit) durchgeführt. Dabei konnte ebenfalls eine gute Näherung zwischen den Messdaten und den Ergebnissen, welches das erstellte Fahrzeugmodell liefert, festgestellt werden (Anhang C). Für die weiteren Bearbeitungsschritte wird die Qualität des Fahrzeugmodells als hinreichend gute Basis eingeschätzt.

4.3 Auslegung des Energiespeichers

Für die Auswahl einer geeigneten Energiespeichertechnologie wird eine Betrachtung der notwendigen Energie– und Leistungsdichte vorgenommen. Die Festlegung einer Speicherart erfolgt durch Gegenüberstellung von Berechnungswerten der benötigten Nutzenergie und maximalen Leistung mit den herstellerseitig angegebenen Energie– und Leistungsdichten verschiedener Energiespeichertechnologien.

Zunächst ist eine Abschätzung des maximal benötigten Nutzenergieinhalts des Speichers bei einem Bremsvorgang notwendig. Es wird davon ausgegangen, dass die Auslegung des Speichers den Extremfall einer langen Bergabfahrt nicht berücksichtigt. Für eine Ausnutzung anfallender Bremsenergie auf solchen Streckenabschnitten kann bei leitungsgebundenen Fahrzeugen die wegseitige Installation eines stationären Energiespeichersystems vorgesehen werden. Überschlägig ergibt sich mit:

$$E_{ES} = E_{FZ,Br} \cdot \eta_{RZK} \cdot \eta_{ES} = \frac{m_{FZ} \cdot \zeta_{FZ} \cdot v_{FZ,Br}^2}{2} \cdot \eta_{RZK} \cdot \eta_{ES} \qquad (4.1)$$

mit: η_{RZK} = 0,82 als abgeschätzter Mittelwert (vgl. Bild 3.2),
η_{ES} = Wirkungsgrad Energiespeichersystem = 0,94 (geschätzt),
ζ_{FZ} = 1,05 (vgl. Abschnitt 3.3.1),
m_{FZ} = 76,2 t für das vollbesetzte Fahrzeug mit Energiespeicher,
$v_{FZ,Br}$ = 55 km/h (Fahrzeughöchstgeschwindigkeit)

der benötigte Nutzenergieinhalt des Energiespeichers zu 2,0 kWh.

Für eine Abschätzung der an das Energiespeichersystem zu stellenden Leistungsanforderungen wird von einer maximalen Bremsleistung des Fahrzeugs in Höhe der Überlast–Motorleistung (S2) ausgegangen. Unter Ansatz eines Wirkungsgrads von jeweils 0,97 für die leistungselektronischen Stellglieder des Fahrstromumrichters und des Energiespeicher–Gleichstromstellers ergeben sich 865 kW als maximale Leistungsanforderung bei Energiespeicherung.

Mit den ermittelten Ergebnissen zur notwendigen Nutzenergie, der maximalen Leistung des Fahrzeugenergiespeichersystems und den auf Einzelzellniveau ermittelten Energie– und Leistungsdichten nach Tabelle 2.2 ergeben sich die notwendigen Einzelzellgewichte nach Tabelle 4.4.

Tabelle 4.4: Abschätzung der notwendigen Einzelzellgewichte für die zwei Energiespeichertechnologien

		Nutzenergie	**maximale Leistung**
Einzelzellgewicht DLC	[kg]	358	551
Einzelzellgewicht Li–Ionen–Batterie	[kg]	67	2983

Die ermittelten Werte entsprechen minimal notwendigen Einzelzellgewichten der betrachteten Energiespeichertechnologien, welche zur Erfüllung der gestellten Anforderungen eingesetzt werden müssten. Der Abschätzung liegt die Annahme zu Grunde, dass durch serielle und parallele Schaltung von Einzelzellen eine Gesamtspeicherkonfiguration mit den Energie– und Leistungsdichten der Einzelzellen zu erreichen ist. In der Praxis ist es Stand der Technik, die Konfigurationen von auf die Anwendung angepassten Energiespeicherlösungen nicht auf der Basis von Einzelzellen vorzunehmen, sondern standardisierte Module mit seriellen Schaltungen von Einzelzellen einzusetzen. Die Anzahl der zu einem Modul zusammengefassten Einzelzellen kann dabei variieren. Anbieter von Energiespeichersystemen für Straßenbahnfahrzeuge bieten derzeit beispielsweise Lösungen an, die mit Energiespeichermodulen gebildet werden, in welchen 18 (48 V–Modul) oder 48 (125 V–Modul) DLC–Einzelzellen in einer Reihenschaltung zusammengefasst sind. Die Gesamtspeicherlösung entsteht wiederum durch Reihenschaltung der Energiespeichermodule zu einem Strang und gegebenenfalls durch Parallelschaltung mehrerer dieser Stränge. Diese beginnende und durch die Hersteller von Energiespeicherzellen unterstützte Standardisierung hat mehrere Vorteile, beispielsweise die Möglichkeit zur Vorkonfektionierung von notwendigen Überwachungsschaltungen. Dem steht der technische Nachteil entgegen, dass die Energiespeicherkonfiguration in den meisten Fällen hinsichtlich der maximalen Klemmenspannung nicht optimal an die gestellten Anforderungen angepasst werden kann. Das bedeutet, dass die errechneten minimalen Einzelzellgewichte nach Tabelle 4.4 in der Realität nicht erreicht werden können. Die Zusammenfassung von Einzelzellen zu einem Modul wird somit in aller Regel zumindest eine geringe Überdimensionierung der Energiespeicherkonfiguration bedingen.

Berücksichtigt man weitere zusätzliche Massen, beispielsweise für elektrische Verbindungen der Einzelzellen, Kühleinrichtungen, Überwachungssysteme, leistungselektronische Kopplungen, Gehäuse und Stellinduktivitäten, ergibt die Abschätzung, dass eine Energiespeicherlösung auf der Basis von Li–Ionen–Batteriezellen nicht ohne wesentliche Veränderungen des Fahrzeugkonzeptes integrierbar wäre. Ursache hierfür ist die, vor allem für den Fall der Energieeinspeicherung, wesentliche geringere Leistungsdichte der Li–Ionen–Batterie gegenüber dem Doppelschichtkondensator.

Für die weiteren Betrachtungen werden im Ergebnis der überschlägigen Bewertung Doppelschichtkondensatoren für die Konfiguration des Fahrzeugenergiespeichers ausgewählt.

Die Anordnung des Energiespeichers soll gleichmäßig verteilt auf den drei Antriebsdrehgestellen erfolgen (vgl. Bild 2.10). Für die leistungselektronische Kopplung der Energiespeicherkomponente mit dem Fahrzeugzwischenkreis wird jeweils ein bidirektionaler Hoch–/Tiefsetzsteller vorgesehen. Daraus folgt, dass die maximale Klemmenspannung des DLC–Speichers im Betrieb immer unterhalb der minimalen Zwischenkreisspannung liegen muss. Es wird von einem modernen 750 V Gleichspannungsnetz des Fahrzeugbetreibers ausgegangen. Dies bedeutet nach der Norm DIN EN 50163 eine minimale Spannung am Stromabnehmer von 500 V. Unter Ansatz einer Regelreserve von 10 V für den Gleichstromsteller wurde bei der Energiespeicherkonfiguration eine maximale Klemmenspannung von 490 V festgelegt.

Wie dargestellt, wird aus Lebensdauergründen und zur Vermeidung überhöhter innerer Speicherverluste nicht der gesamte theoretisch verfügbare Spannungsbereich der DLC–Speicherzellen ausgenutzt. Unter der Vorgabe, dass die obere Betriebsspannung des Speichers nicht größer als etwa 98 % der maximalen Spannung der eingesetzten DLC–Einzelzellen von 2,7 V sein soll, ergeben sich die Auslegungsparameter des DLC–Speichers für das hier zugrunde gelegte Fallbeispiel nach Tabelle 4.5.

Tabelle 4.5: Parameter des in den Modellrechnungen eingesetzten DLC–Energiespeichers

Parameter	Wert	Einheit
Anzahl Einzelzellen in Reihenschaltung (Strang)	192 (4*48)	[–]
Anzahl Stränge in Parallelschaltung	6 (3*2)	[–]
Anzahl Einzelzellen	1152	[–]
nominale Kapazität	93.75	[F = As/V]
Betriebsspannungsbereich (gewählt)	293…490	[V]
Nutzenergieinhalt	2.01	[kWh]
Innenwiderstand	9.28	[mΩ]
Gewicht (geschätzt mit 200 % Einzelzellgewicht)	1270	[kg]

Die für die nachfolgenden Modellrechnungen eingesetzten Daten nach Tabelle 4.5 enthalten einige vereinfachende Annahmen, da hierfür keine konkrete Datenbasis zur Verfügung stand. Beispielsweise berücksichtigt der Innenwiderstand des Gesamtenergiespeichers lediglich einen konstanten Datenblattwert des Einzelzellinnenwiderstands. Bei einem Energiespeicheraufbau sind zusätzliche Verlustwiderstände durch die Verbindung der Einzelzellen untereinander sowie durch elektrische Zuleitungen zu erwarten. Ebenso ist der Einzelzellinnenwiderstand veränderlich mit der Temperatur der Kondensatorzelle und mit der Frequenz der Strombelastung.

Das Energiespeichergesamtgewicht, welches im Fahrbetrieb zusätzliche Fahrwiderstandsverluste verursacht, wurde zu 200 % des Gesamtgewichts der Einzelzellen abgeschätzt. Berücksichtigt werden dadurch, wie bereits erwähnt, weitere zusätzliche Massen für den Gesamtenergiespeicheraufbau aus Einzelzellen. Die Abschätzung kann an dieser Stelle relativ grob erfolgen, da aus Voruntersuchungen bekannt ist, dass Masseunterschiede von einigen 100 kg bei einer Straßenbahn mit einem Leergewicht von fast 57 t lediglich marginale Auswirkungen auf deren ELB erwarten lassen [MEI 09].

Eine Untersuchung der Möglichkeit zur mechanischen Integration der gefundenen Energiespeicherkonfiguration bezüglich verfügbarer Dachraum– und Achslastreserven des unterstellten Fahrzeugtyps ist nicht Gegenstand der Arbeit. Es sind jedoch kommerziell verfügbare Energiespeicherlösungen bekannt, welche die Integration der gewählten Speicherkonfiguration als realistisch erscheinen lassen [KLO 07, MEI 09].

4.4 Auslegung des bidirektionalen Hoch–/Tiefsetzstellers

Nach der Dimensionierung der Energiespeicherkonfiguration kann die Auslegung des zugehörigen Gleichstromstellers vorgenommen werden. Durch Auswertung des Verlaufs der elektrischen Leistung am Fahrzeugzwischenkreis bei Befahren des ausgewählten Streckenabschnitts (Bild 4.3) und in Anlehnung an Parameter marktüblicher Gleichstromsteller für Stadtbahnsysteme wurden die Anforderungen nach Tabelle 4.6 als Auslegungsgrößen definiert.

Tabelle 4.6: Auslegungsgrößen für den Gleichstromsteller des Energiespeichersystems

Auslegungsgröße	Wert	Einheit
Dauerleistung Eingang	700	[kW]
zeitliche Abfolge Speicherladung	60	[s]
Spannungsbereich Eingang	293...490	[V]
Spannungsbereich Ausgang	500...950	[V]
Schaltfrequenz	8	[kHz]
Wirkungsgrad	> 96	[%]
Kühlwasserrücklauftemperatur	50	[°C]

4.4.1 Auswahl des Leistungsmodultyps

Bei der gewählten Schaltungstopologie eines bidirektionalen DC/DC–Wandlers sind in den zwei Richtungen der Energieübertragung, dem Ein– bzw. Ausspeichern von Energie, unterschiedliche HLE an der Leistungsübertragung beteiligt. Für den Fall einer Energieübertragung vom Fahrzeugzwischenkreis zum Energiespeicher arbeiten der IGBT des Tiefsetzstellers und die antiparallele Diode des Hochsetzstellers. Bei der umgekehrten Energieübertragungsrichtung sind die anderen beiden HLE des Gleichstromstellers aktiv (vgl. Bild 2.13).

Mit einer ersten Simulationsrechnung wurden die vollständige Entladung des Energiespeichers und dessen anschließende Wiederaufladung, jeweils mit der geforderten Dauerleistung, untersucht. Die dabei ermittelte Strombelastung für den Gleichstromsteller des Speichersystems enthält Bild 4.4. Sie weist ein Strommaximum von etwa 870 A am Ende der Speicherentladung bei unterem Speicherspannungsniveau auf. Ebenfalls ist in der Abbildung das berechnete Stellverhältnis D, getrennt für den bei der Entladung aktiven Hochsetzsteller sowie für den bei der Speicherladung in Betrieb befindlichen Tiefsetzsteller, angegeben. Für die

Berechnung des Stellverhältnisses wurde bei der Energieabgabe des Energiespeichers in den Fahrzeugzwischenkreis eine Zwischenkreisspannung von 700 V unterstellt. Für den Fall der Energieeinspeicherung in den Energiespeicher betrug die Zwischenkreisspannung 920 V. Zur Vorauswahl eines IPM wird mit einem Stromwert von 800 A gerechnet. Der Spitzenwert von 870 A wird nur kurzzeitig im Bereich des unteren Speicherladezustands erreicht und ist zur Abschätzung der thermischen Festigkeit anzusetzen.

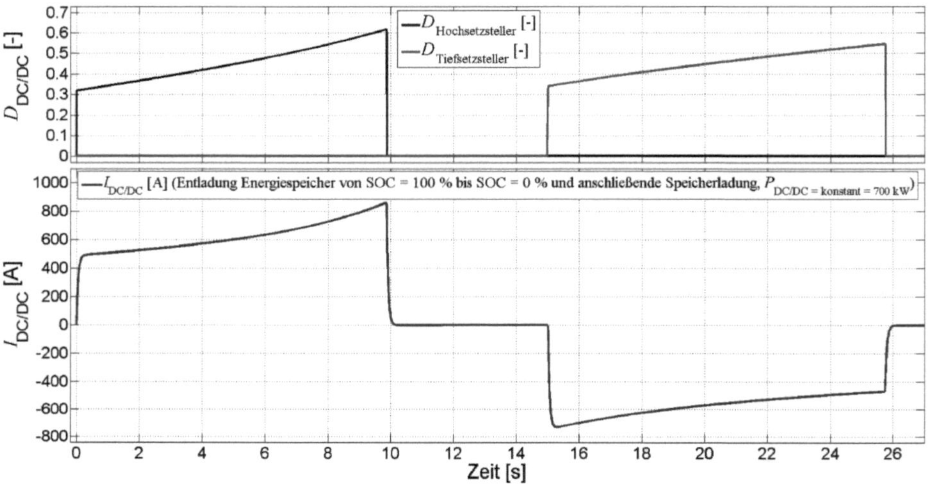

Bild 4.4: Ermittlung der Strombelastung des Gleichstromstellers mit den Auslegungskriterien

In einem IPM sind jeweils mindestens ein IGBT mit Ansteueranschluss und eine antiparallele Diode angeordnet. Das IPM kann mehrere dieser Anordnungen in Parallelschaltung enthalten. In Bild 4.5 ist beispielhaft der Schaltplan eines Leistungsmoduls mit jeweils drei IGBT's und Dioden dargestellt. Datenblätter enthalten in der Regel Werte, welche die Parallelschaltung mehrerer Leistungsschalter bereits berücksichtigen. Es wurden kommerziell verfügbare IPM der Firma Infineon ausgewählt, da die angebotenen Datenblätter sowohl eine detaillierte Beschreibung der Schalt- und Durchlassverluste, als auch Angaben zur Beschreibung der thermischen Netzwerke von IGBT und Diode enthalten.

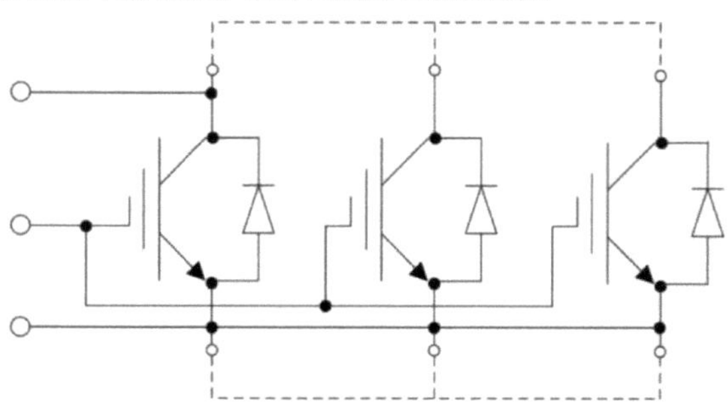

Bild 4.5: Schaltplan für ein IPM mit drei Leistungsschaltern

Für die Anwendung kommen aufgrund der zu erwartenden maximalen Spannungen bis 950 V im Bremsbetrieb Leistungsmodule in der Spannungsklasse 1700 V in Betracht. Für maximale Systemspannungen bis etwa 800 V wird herstellerseitig die Auswahl der Spannungsklasse 1200 V empfohlen.

Wie in Kapitel 3 dargelegt, beinhalten die Gesamtverluste des Gleichstromstellers neben den Schalt– und Durchlassverlusten des IPM ebenfalls Verluste, die in der Drosselinduktivität sowie im Ein– und Ausgangskondensator entstehen. Zur Berechnung der Verluste der passiven Bauelemente müssen diese für den Anwendungsfall dimensioniert werden. Auf eine ausführliche Darstellung des sehr komplexen Auslegungsprozesses für die Drosselinduktivität in Abhängigkeit von Parametern wie beispielsweise der Schaltfrequenz, der gewählten Phasenzahl und dem zulässigem Stromrippel des bidirektionalen Hoch–/Tiefsetzstellers wird an dieser Stelle verzichtet. Die Dimensionierung der Drosselinduktivität erfolgte anhand bekannter Dimensionierungsregeln [MCL 97, MCL 04].

Bild 4.6 enthält die nach Datenblattangaben eines IPM mit einer Nennstrombelastung von 1200 A und mit entsprechend dimensionierten passiven Bauelementen berechneten Verlustleistungsanteile in Abhängigkeit vom zu übertragenden Kollektorstrom im relevanten Wertebereich. Für die Berechnungen wurde ein Stellverhältnis D = 0.6 und eine Schaltfrequenz f_S = 8kHz angenommen.

Für den zuvor als Auslegungsgröße bestimmten Strom von 800 A ergibt sich eine Gesamtverlustleistung von etwa 8000 W (Summe der Einzelverlustanteile). Es ist ersichtlich, dass die Gesamtverlustleistung des Gleichstromstellers von den Schalt– und Durchlassverlusten des IGBT und der Diode ($P_{V,HLE}$ etwa 7400 W) dominiert wird.

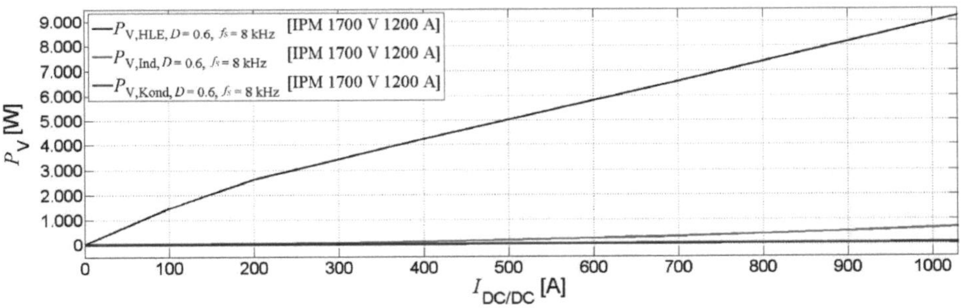

Bild 4.6: Einzelverlustanteile des Gleichstromstellers mit einem IPM 1700 V 1200 A

Eine Berechnung der Schalt– und Durchlassverluste der im IPM parallel verschalteten IGBT bei Substitution des IPM 1700 V 1200 A (zwei IGBT) durch Bauteile mit größeren Nennstrombelastungen (1800 A und 3600 A mit jeweils drei IGBT) zeigt Bild 4.7. Die Auswahl eines geeigneten IPM kann nicht allein auf der Basis dieser Berechnungsergebnisse vorgenommen werden. Zusätzlich muss die Auswirkung der durch die Stromeinwirkung im Leistungshalbleiter eingeprägten Verlustleistung auf dessen Temperaturerhöhung betrachtet werden.

Die Verlustleistungskennlinie für den IGBT des IPM 1700 V 3600 A zeigt im unteren Kollektorstrombereich einen stark unstetigen Verlauf. Ursache hierfür ist, dass dieses Leistungsmodul für wesentlich größere Strombelastungen ausgelegt ist und die Verlustleistungsbeschreibung für kleine Ströme aus dem Datenblatt nur mit einer gewissen Unschärfe entnommen werden kann.

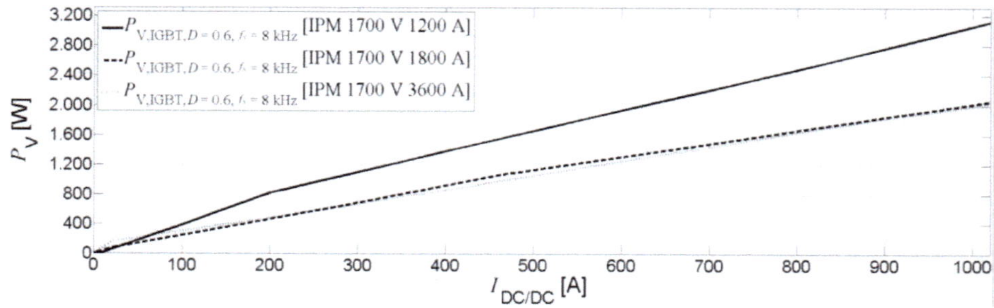

Bild 4.7: Verlustleistungen der IGBT–Schalter unterschiedlicher IPM im Gleichstromsteller

Die thermischen Eigenschaften der Leistungshalbleiter in den untersuchten IPM unterscheiden sich erheblich. In Bild 4.8 sind die Kurven der thermischen Impedanz zwischen IGBT–Sperrschicht und Umgebung angegeben. Die Werte der thermischen Impedanzen zwischen Sperrschicht und Leistungsmodulgehäuse sind in den Datenblättern der IPM enthalten. Für die Erweiterung des thermischen Netzwerks zwischen Gehäuse und Umgebung wurden folgende Parameter des Kühlsystems unterstellt:

$$R_{\mathrm{th,ca}} = 7{,}0\,\mathrm{K/kW} \quad \text{und} \quad C_{\mathrm{th,ca}} = 1350\,\mathrm{Ws/K}.$$

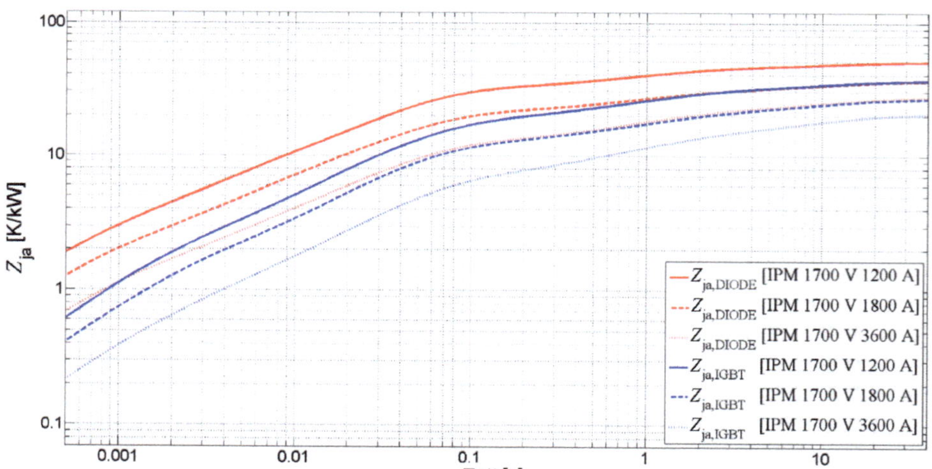

Bild 4.8: Thermische Impedanzen des IGBT und der Diode mit Kühlsystem für verschiedene IPM

Für die untersuchten IPM ist eine maximale Sperrschichttemperatur von 150°C im Betrieb zulässig. Die Rücklauftemperatur des Kühlkreislaufes wurde mit 50°C vorgegeben. Demnach sind für die Erwärmung der Leistungshalbleiter infolge des Verlustleistungseintrages 100 K Temperaturdifferenz nutzbar. Mit den Verlusten der HLE in den IPM bei 870 A Kollektorstrom nach Bild 4.7 (Verlustwerte der Dioden ohne Darstellung) und den Maximalwerten der thermischen Impedanzen kann die im Betrieb maximal zu erwartende Sperrschichttemperaturerhöhung nach Tabelle 4.7 abgeschätzt werden.

Tabelle 4.7: Abschätzung der maximalen Sperrschichttemperaturerhöhung für die untersuchten IPM

Modultyp	$P_{V,IGBT,870A}$ [W]	$Z_{ja,IGBT}$ [K/kW]	$\Delta T_{j,IGBT}$ [K]	$P_{V,DIODE,870A}$ [W]	$Z_{ja,DIODE}$ [K/kW]	$\Delta T_{j,DIODE}$ [K]
IPM 1700 V 1200 A	2680	36,1	96,8	1270	50,1	63,6
IPM 1700 V 1800 A	1790	26,6	47,6	890	35,8	31,9
IPM 1700 V 3600 A	1770	20,5	36,3	1090	27,2	29,7

Als Ergebnis der dargestellten überschlägigen Abschätzung wird zunächst der Leistungsmodultyp IPM 1700 V 1200 A ausgewählt. Für eine abschließende Kontrollrechnung muss zunächst das thermische Netzwerk des IPM mit dem zugehörigen Kühlsystem modelliert und parametriert werden. Hierfür wird, wie in Kapitel 3 begründet, die thermische Querkopplung zwischen mehreren parallel geschalteten IGBT beziehungsweise Dioden in einem IPM vernachlässigt. Somit kann die thermische Modellierung für den bidirektionalen Hoch-/Tiefsetzsteller als ein RC-Netzwerk erfolgen, welches für den Hochsetzsteller und den Tiefsetzsteller jeweils einen IGBT und eine Diode berücksichtigt, die thermisch mit dem Kühlsystem gekoppelt sind (Bild 4.9). Für die einzelnen HLE sind jeweils fünf RC-Glieder berücksichtigt, von denen die ersten vier den Wärmeübergang zwischen der Sperrschicht und dem Modulgehäuse charakterisieren. Das fünfte Element stellt den Wärmeübergang zwischen dem Modulgehäuse und dem Kühlsystem in Form einer Wärmeleitpaste (WLP) dar. Das Kühlsystem (Cool) wird durch ein sechstes RC-Glied repräsentiert.

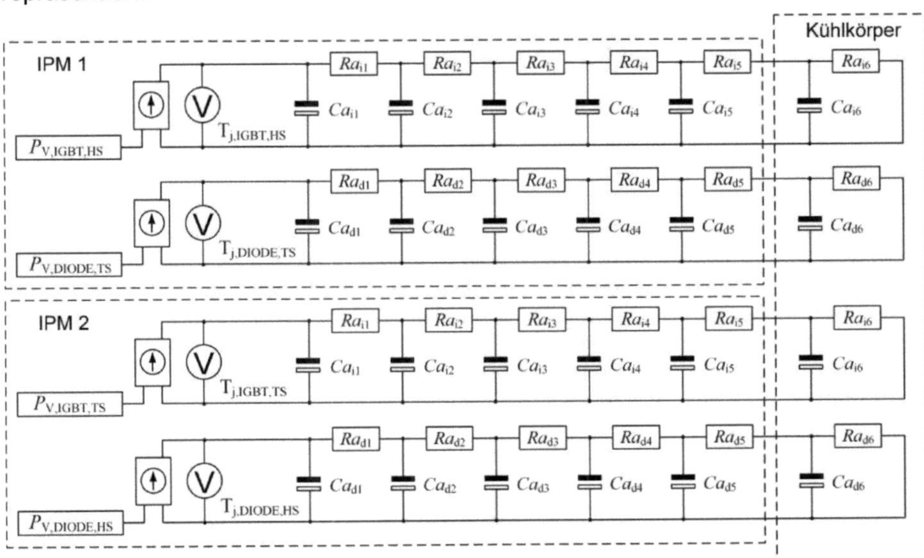

Bild 4.9: RC-Netzwerk für die zwei IPM des Gleichstromstellers mit gemeinsamen Kühlsystem

Die in den Modellrechnungen eingesetzten Werte für die thermischen Widerstände und Kapazitäten des Netzwerkes enthält Tabelle 4.8. Die Werte für HLE und WLP des RC-Netzwerkes in Foster-Form (*RH*, *CH* und *Tau*) entstammen dem Datenblatt des IPM-Herstellers. Die Wärmeübergangswiderstände zwischen Modulgehäuse und Kühlsystem für IGBT und Diode (RH_{i6} und RH_{d6}) mussten mangels einer verfügbaren Datenbasis unter Anwendung des online-Werkzeugs eines weiteren Herstellers vergleichbarer IPM abgeschätzt werden. Die Wärmekapazitäten des Kühlsystems

(CH_{i6} und CH_{d6}) wurden von den Kenndaten des zugrunde gelegten Kühlkörpers abgeleitet.

Das nach der beschriebenen Vorgehensweise erstellte thermische Netzwerk in Foster–Form wurde mittels der zuvor erläuterten Parametertransformation in ein RC–Netzwerk in Cauer–Form überführt (Ra, Ca und Ta).

Tabelle 4.8: In den Modellrechnungen verwendete Parameter des RC–Netzwerkes nach Bild 4.9

IPM 1700 V 1200 A		N					
		1	2	3	4	WLP / 5	Cool / 6
IGBT's							
RH_{iN}	[K/W]	0.0015	0.0153	0.0018	0.0005	0.0100	0.0070
CH_{iN}	[Ws/K]	1.03	2.63	126.47	8200.41	100.00	1350.00
Tau_{iN}	[s]	0.0016	0.0402	0.2260	4.0100	1.0000	9.4500
Ra_{iN}	[K/W]	0.0030	0.0153	0.0072	0.0052	0.0051	0.0004
Ca_{iN}	[Ws/K]	0.73	1.97	62.66	105.75	1447.38	12846.36
Ta_{iN}	[s]	0.0022	0.0303	0.4482	0.5467	7.3562	4.5348
DIODEN							
RH_{dN}	[K/W]	0.0022	0.0031	0.0248	0.0020	0.0110	0.0070
CH_{dN}	[Ws/K]	0.28	1.45	1.57	250.61	90.91	1350.00
Tau_{dN}	[s]	0.0006	0.0045	0.0390	0.5130	1.0000	9.4500
Ra_{dN}	[K/W]	0.0040	0.0098	0.0176	0.0120	0.0019	0.0048
Ca_{dN}	[Ws/K]	0.20	0.67	1.17	68.74	440.64	1401.12
Ta_{dN}	[s]	0.0008	0.0066	0.0206	0.8233	0.8545	6.6830

Als Ergebnis der die Modulauswahl abschließenden Kontrollrechnung zeigt Bild 4.10 die ermittelten Sperrschichttemperaturverläufe für alle HLE des ausgewählten IPM. Für den Auslegungsprozess war als Maximalanforderung die mehrfache vollständige Entladung des Energiespeichersystems aller 60 s mit zwischenzeitlicher Aufladung definiert. Als Startwert wurden 50°C Kühlwasservorlauftemperatur vorgegeben, die maximale Sperrschichttemperaturerhöhung aller HLE im Vergleich ergibt sich für den IGBT des Hochsetzstellers zu etwa 91,2 K. Die ermittelten Ergebnisse bestätigen die ausreichende thermische Festigkeit des nach der dargelegten Abschätzung ausgewählten IPM 1700 V 1200 A.

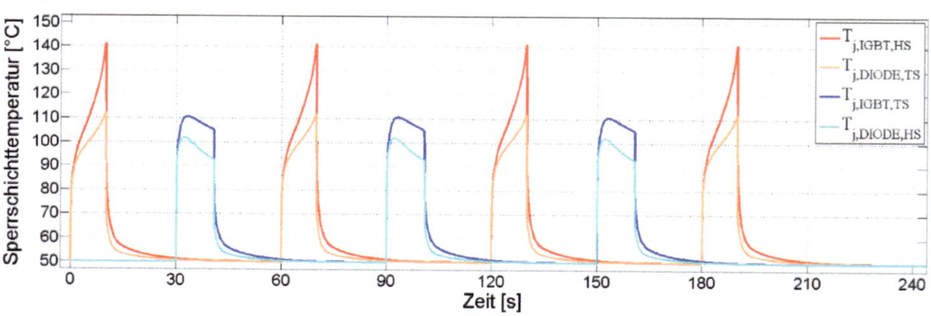

Bild 4.10: Sperrschichttemperaturverläufe IPM 1700 V 1200 A bei Belastung mit dem Auslegungszyklus

4.4.2 Wirkungsgrad Gleichstromsteller

An den Gleichstromsteller wurde als Auslegungsparameter die Anforderung gestellt, über seinem gesamten Eingangsspannungsbereich eine Leistung von 700 kW mit einem Wirkungsgrad > 96 % zu übertragen. Eine Überprüfung der Gleichstromstellerlösung auf der Basis des IPM 1700 V 1200 A zeigt, dass diese Forderung erfüllt werden kann. In Bild 4.11 ist der errechnete Wirkungsgrad in Abhängigkeit des Energiespeicherladezustands dargestellt.

Der voneinander abweichende Wirkungsgradverlauf für die beiden Richtungen der Leistungsübertragung hat zwei Ursachen. Zunächst erklärt er sich durch die unterschiedlichen Funktionsprinzipien des Hoch– und Tiefsetzstellbetriebs. Im Fall einer Energiespeicherentladung, also im Hochsetzstellbetrieb, sind hohe Ströme bei gleichzeitig hohen Einschaltzeiten des IGBT zu übertragen (Bild 4.4). Im Gegensatz hierzu werden bei der Speicherladung, also im Tiefsetzstellbetrieb, hohe Ströme bei vergleichsweise kleinen Einschaltzeiten des IGBT übertragen. Wie aus Tabelle 4.7 ersichtlich, liegen die Verluste der IGBT in den IPM bei gleicher Stromübertragung höher als jene der Dioden.

Eine weitere Ursache ist durch die unterschiedlich hohen Stromwerte bei gleicher Leistung (Bild 4.4) im Vergleich zwischen Entladung und Aufladung des Energiespeichers gegeben. Diese Abweichungen werden durch die entgegengesetzte Wirkrichtung des Innenwiderstands der Energiespeicherkonfiguration verursacht. Hierdurch ergeben sich bei gleicher Übertragungsleistung im Vorzeichen unterschiedliche Abweichungen der Klemmenspannung von der Arbeitsspannung des Energiespeichers (3.26). Infolge der Stromeinwirkung wird nach dem ohmschen Gesetz bei Speicherentladung ein Abfall und bei Speicherladung eine Erhöhung der Klemmenspannung hervorgerufen.

In der Summe beider physikalisch und technisch bedingter Ursachen ergeben sich kleinere Verlustleistungen bei gleich hoher Leistungsübertragung für den Tiefsetzstellbetrieb (Laden des Energiespeichers) im Vergleich zum Hochsetzstellbetrieb (Entladen des Energiespeichers).

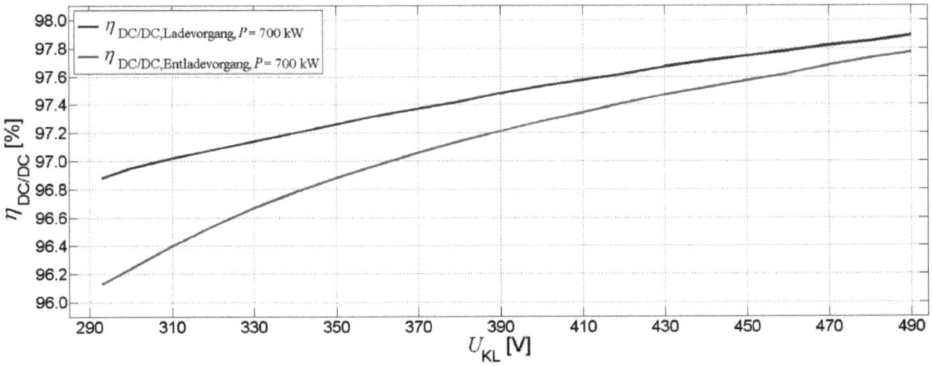

Bild 4.11: Wirkungsgrad des Gleichstromstellers in Abhängigkeit des Speicherladezustandes

4.5 Beispielsimulationen

Mit dem anhand realer Messdaten verifizierten Fahrzeugmodell, dem anwendungsspezifisch dimensionierten DLC–Energiespeicher sowie den innerhalb eines Auslegungsprozesses gefundenen Parametern der passiven und aktiven Komponenten des zugehörigen bidirektionalen Hoch–/Tiefsetzstellers wurde die Parametrierung des Simulationsmodells „Thermische Wechselbeanspruchung“ abgeschlossen.

Nachfolgend konnten nunmehr Rechenläufe mit Parametervariationen durchgeführt werden, um einzelne Maßnahmen zur Reduktion der thermischen Belastung der HLE des Gleichstromstellers im Betrieb zu untersuchen.

Eine erste Betrachtung galt der Überprüfung von Maßnahmen mit Hardwareänderungen im Leistungsteil des Gleichstromstellers. In einem zweiten Schritt erfolgte die Anwendung eines entwickelten Steueralgorithmus zur Beteiligung des Energiespeichersystems an der Leistungsbereitstellung für das Fahrzeug.

4.5.1 Vergleichsmaßstab

Zunächst war ein geeigneter Vergleichsmaßstab zu finden, an welchem die Auswirkungen verschiedener Maßnahmen zur Verringerung der thermischen Belastung der HLE des Gleichstromstellers im Betrieb quantifiziert werden konnten. Hierzu wurde eine Fahrt des Fahrzeugs mit einem mittleren Beladungszustand auf dem Streckenabschnitt mit dem Höhenprofil „HP STRAB“ und unter Ansatz des erstellten Geschwindigkeitsprofils „FP STRAB“ ausgewählt.

Für die Gewährleistung einer möglichst weitgehenden Übertragbarkeit der ermittelten Ergebnisse auf die praktische Umsetzung musste der zu erwartende Energiedurchsatz des Energiespeichersystems realitätsnah simuliert werden. Hierfür war der Grad der Netzrückspeisung (Rekuperationsgrad) zu berücksichtigen. Dieser liegt für den ausgewählten Streckenabschnitt für Temperaturen oberhalb von 18°C im Mittel bei etwa 40 % [KLA 0801]. Dieser Anteil der beim Bremsprozess am Fahrzeugzwischenkreis anfallenden Bremsleistung kann direkt an andere Verbraucher im Fahrleitungsnetz abgegeben werden. Für alle nachfolgend dargestellten Rechenläufe ist die Netzrückspeisung in dieser Höhe berücksichtigt.

Die Nutzung von Bremsenergie für die Versorgung von Hilfsbetrieben während Bremsphasen geht der Netzrückspeisung vor und wird von dieser nicht beeinflusst. Für das Rechenbeispiel ergibt sich ein Gesamtrekuperationsgrad von etwa 45 %.

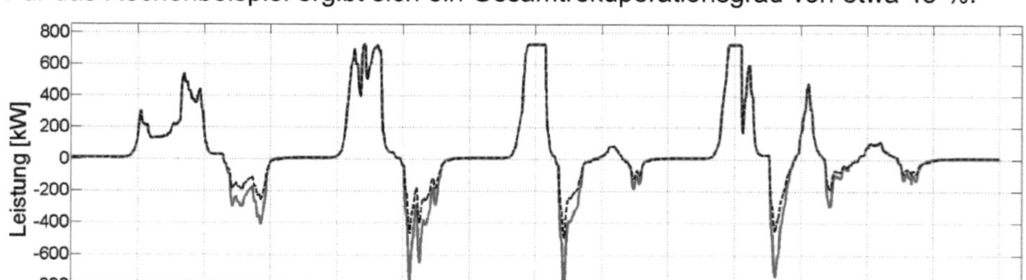

Bild 4.12: Potential zur Energierückgewinnung durch das Fahrzeugenergiespeichersystem

Bild 4.12 zeigt den zeitlichen Verlauf der Summe aus Leistung am Eingang der Fahrstromumrichter und Hilfsbetriebeleistung. Dies entspricht dem tatsächlichen

Leistungsbedarf des Fahrzeugs bei den gewählten Randbedingungen. Die zweite Kurve in der Abbildung zeigt einen Leistungsverlauf, der im Fahrbetrieb dem ersten entspricht, jedoch im Bremsbetrieb um die Netzrückspeisung und die Leistung zur Versorgung der Hilfsbetriebe gemindert ist. Damit stellt diese zweite Kurve einerseits das Potential zur Energierückgewinnung in Bremsphasen für ein elektrisches Energiespeichersystem und gleichzeitig den Ausgangspunkt zur Betrachtung der thermischen Belastung des untersuchten Gleichstromstellers dar.

Zieht man vom zeitlichen Integral der Leistungsaufnahme des Fahrstromumrichters die Energierückgewinnung in Bremsphasen ab, erhält man den tatsächlichen Energiebedarf des Fahrzeuges an dessen Stromabnehmer. Für beide Richtungen des Energieaustauschs mit dem Fahrleitungsnetz bleiben die Übertragungsverluste im Netz in den Betrachtungen unberücksichtigt. Hierfür würde ein Netzmodell benötigt, welches nicht Gegenstand der Arbeit ist.

Die dargestellte Berechnung bezieht sich auf ein Fahrzeug mit Netzrückspeisung, jedoch ohne Energierückgewinnung durch einen Fahrzeugenergiespeicher und entspricht damit dem gegenwärtigen Stand der Technik. Überschüssige Bremsenergie würde in den im Fahrzeug integrierten Bremswiderständen in Wärmeenergie umgewandelt werden.

Die Maßnahmen zur Nutzung von Bremsenergie für die Versorgung von Hilfsbetrieben während Bremsphasen einerseits und andererseits für weitere Verbraucher im Netz bewirken bereits eine deutliche Reduktion des Fahrzeuggesamtenergiebedarfs. Der Energiebedarf des Fahrzeugs wurde auf dem gewählten Streckenabschnitt und dem unterstellten Grad der Netzrückspeisung mit 3.57 kWh/km ermittelt. Dies entspricht einer Absenkung des Fahrzeuggesamtenergiebedarfs ab Stromabnehmer und damit gleichzeitig einer Steigerung der Energieeffizienz um etwa 27 % (vgl. Abschnitt 4.2).

4.5.2 Energierückgewinnung mit einem Fahrzeugenergiespeichersystem

Wie zuvor ausgeführt, stellt der Fahrbetrieb mit 40 % Netzrückspeisung und vorrangiger Versorgung der Hilfsbetriebe durch Bremsenergie in Bremsphasen den Ausgangspunkt zur Betrachtung der thermischen Belastung des untersuchten Gleichstromstellers eines Fahrzeugenergiespeichersystems dar.

Im Berechnungsbeispiel sind ohne Energiespeichereinsatz etwa 55 % der anfallenden Bremsenergie nicht nutzbar, da zeitgleich zum Bremsprozess des betrachteten Fahrzeuges im gleichen Speisebereich kein ausreichend großer Leistungsbedarf durch andere Fahrzeuge auftritt.

Mit Hilfe des Energiespeichersystems, bestehend aus der DLC–Anordnung nach Abschnitt 4.3 und dem bidirektionalen Hoch–/Tiefsetzsteller auf der Basis von IPM 1700 V 1200 A nach Abschnitt 4.4, soll bislang ungenutzte Bremsenergie zwischengespeichert und zeitversetzt auf dem Fahrzeug wieder eingesetzt werden. Auf diese Weise kann eine nochmalige, deutliche Steigerung der Energieeffizienz des Fahrzeugeinsatzes erreicht werden.

Der Einsatz eines Fahrzeugenergiespeichers ist mit einem vergrößerten Fahrzeuggesamtgewicht verbunden und verursacht somit einen erhöhten Traktionsenergiebedarf des Fahrzeugs. Dieser wurde im Berechnungsbeispiel, bei einem Zusatzgewicht des Fahrzeugenergiespeichersystems von 1270 kg, mit 4.56 kWh/km ermittelt, dies entspricht einer Erhöhung um 2,9 %.

Bild 4.13 zeigt zwei berechnete Leistungsverläufe. Der erste entspricht im Fahrbetrieb dem Fahrzeugleistungsbedarf (Summe aus Traktionsanforderung und Bedarf der Hilfsbetriebe) und im Bremsbetrieb der Bremsleistung, gemindert um die

Netzrückspeisung und die Leistung zur Versorgung der Hilfsbetriebe. Die zweite Kurve (gestrichelt) zeigt den Leistungsverlauf am zwischenkreisseitigen Gleichstromstelleingang des Fahrzeugenergiespeichersystems.

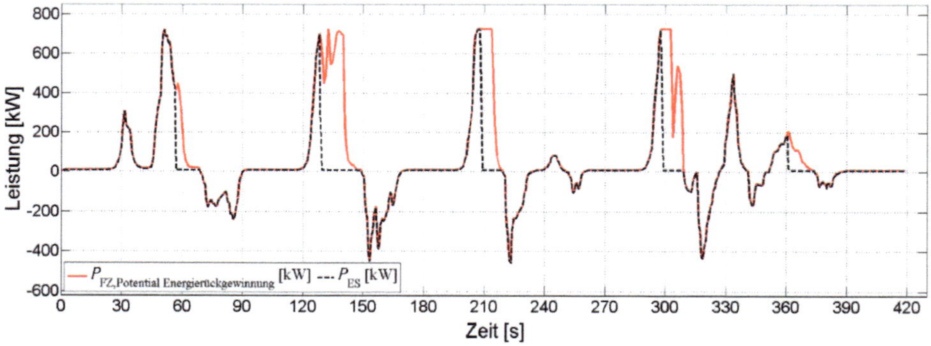

Bild 4.13: Beteiligung des Fahrzeugenergiespeichersystems an der Erfüllung der Traktionsaufgabe

Es ist ersichtlich, dass durch den Einsatz eines Energiespeichers mit den Auslegungsparametern nach Tabelle 4.5 das Betriebsziel, überschüssige Bremsleistung vollständig zwischen zu speichern, erreicht ist. Im Fahrbetrieb wird dem Fahrzeug Leistung aus dem Fahrzeugenergiespeichersystem zugeführt und der Energiespeicher entladen. Bis zur vollständigen Entladung des Energiespeichers wird der gesamte Leistungsbedarf des Fahrzeugs aus diesem gespeist und anschließend die benötigte Leistung komplett aus dem Fahrleitungsnetz bezogen.

Thermische Stabilität (Betriebssicherheit)

Mit der Leistungsübertragung durch den bidirektionalen Hoch–/Tiefsetzsteller ist eine Erwärmung der an der Leistungsübertragung beteiligten Leistungshalbleiter infolge der entstehenden Verlustleistung verbunden. In Abhängigkeit der Richtung der Leistungsübertragung (Laden oder Entladen des Energiespeichers) sind unterschiedliche Leistungshalbleiter der IPM im Einsatz. Bild 4.14 zeigt den berechneten Verlauf der summarischen Verlustleistung der IPM sowie die Sperrschichttemperaturen der vier Leistungshalbleiter.

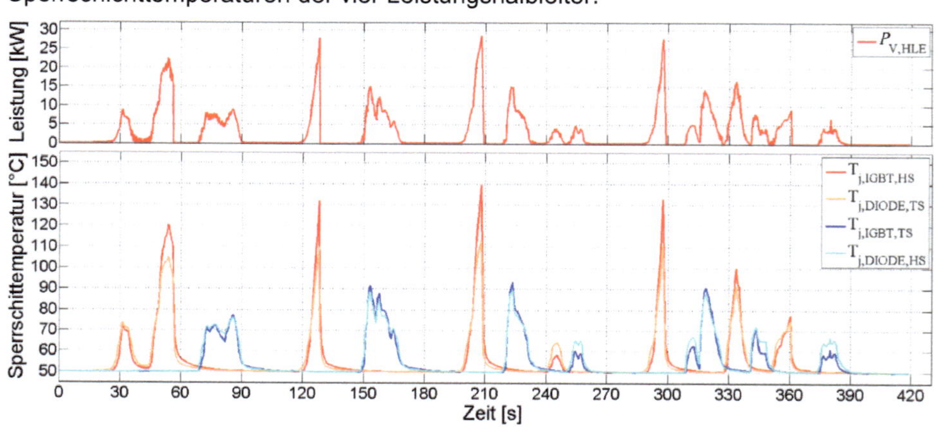

Bild 4.14: Verlustleistung und Sperrschichttemperaturen im IPM 1700 V 1200 A

In den Endphasen der Energiespeicherbeteiligung an Beschleunigungsvorgängen und zu Beginn von Bremsprozessen treten vergleichsweise hohe Verlustleistungsspitzen auf, die gleichzeitig hohe Sperrschichttemperaturen an den entsprechenden HLE verursachen. Die Betrachtung des zeitlichen Verlaufs der Sperrschichttemperatur allein kann lediglich zu einer Abschätzung dienen, ob die HLE für die Anwendung richtig dimensioniert sind, das heißt, ob die maximal zulässige Sperrschichttemperatur von 150°C zu keinem Zeitpunkt überschritten wird.

Temperaturwechselfestigkeit (Lebensdauer)

Eine Einschätzung bezüglich der zu erwartenden Lebensdauer für den betrachteten Einsatzfall wird erst mit einer Darstellung der Sperrschichttemperaturverläufe als zeitgewichtete Belastungsdauerkurve (ZBDK) nach Bild 4.15 möglich. Zur Erzeugung der ZBDK ist der innerhalb eines Zeitfensters mit fester Breite auftretende Mittelwert zu bilden und das Maximum des auf diese Weise berechneten Mittelwertes über dem gesamten zeitlichen Verlauf der Sperrschichttemperatur zu ermitteln. Das Verfahren wird mit kontinuierlich vergrößerter Zeitfensterbreite wiederholt und die ermittelten Werte über der zugehörigen Breite des Zeitfensters in einem Diagramm aufgetragen. Neben dem Maximum des analysierten zeitlichen Verlaufs, welches bei minimaler Fensterbreite auftritt, kann mit einer ZBDK somit ebenfalls eine Abschätzung der mittleren Belastung für einen definierten Zeitbereich vorgenommen werden. Wie bereits dargelegt, wird für eine Abschätzung der Temperaturwechselfestigkeit eines Leistungshalbleiters die maximale Sperrschichttemperatur im Belastungszyklus sowie die über dem Betrachtungszeitraum auftretende mittlere Sperrschichttemperatur benötigt (vgl. Abschnitt 2.5).

Aus der Betrachtung der ermittelten Sperrschichttemperaturverläufe (Bild 4.14) wurde für die Abschätzung der Temperaturwechselfestigkeit des untersuchten IPM eine Zeitfensterbreite von 30 s gewählt. Nach Bild 4.15 ist der IGBT des Hochsetzstellers das HLE mit der stärksten thermischen Belastung.

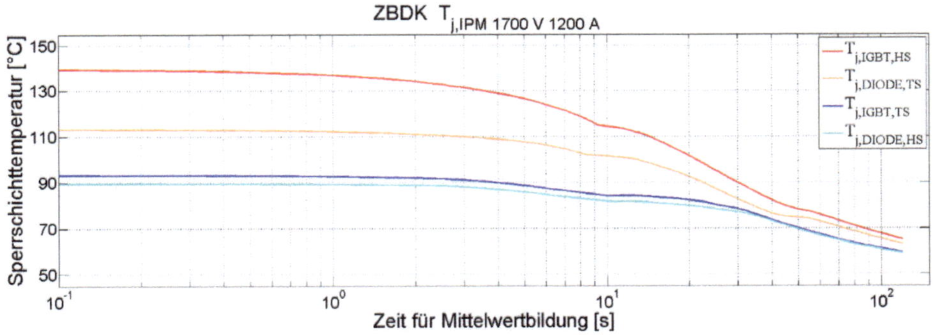

Bild 4.15: Thermische Belastung der HLE im IPM 1700 V 1200 A

Legt man die für Leistungshalbleiter der letzten Generation ermittelten Temperaturwechselfestigkeiten nach Abbildung 1.17 zugrunde, ergeben sich für das Berechnungsbeispiel etwa 2×10^5 ertragbare Lastwechsel. Diese Abschätzung basiert auf einem Sperrschichttemperaturmaximum von 140°C und einem 30 s–Mittelwert von 90°C für die mittlere Sperrschichttemperatur (vgl. Bild 4.15).

Wie dargelegt, sind für HLE in Antriebskomponenten von Straßenbahnen etwa $3{,}5 \times 10^6$ ertragbare Lastwechsel erforderlich. Die Temperaturwechselfestigkeit des untersuchten IPM 1700 V 1200 A liegt demnach für einen dem Berechnungsbeispiel zugrunde gelegten Einsatz in etwa um den Faktor 18 unter dem geforderten Wert.

4.5.3 Absenkung der thermischen Belastung durch Hardwareänderungen

Da das zunächst ausgewählte IPM für den untersuchten Anwendungsfall zwar eine ausreichende thermische Stabilität, jedoch eine unzureichende Temperaturwechselfestigkeit aufweist, sind Maßnahmen zur Problemlösung zu finden. Deren Auswirkungen sind anhand des entwickelten Gesamtmodells zu überprüfen.

Soll die Beteiligung des Fahrzeugenergiespeichersystems an der Erfüllung der Traktionsaufgabe des Fahrzeugs nach Bild 4.13 unverändert bleiben, müssen die daraus resultierenden thermischen Belastungen für die an der Leistungsübertragung beteiligten HLE minimiert werden. Es sind zwei Lösungsansätze möglich, die jeweils eine Hardwareänderung des Leistungsteils des Gleichstromstellers erfordern:

1. Die Strombelastung für das IPM bleibt unverändert. Es ist ein Leistungsmodul mit größerer Stromtragfähigkeit zu wählen, welches auf die Belastung mit einer geringeren Erwärmung reagiert.
2. Die Strombelastung wird durch die parallele Anordnung mehrerer Leistungsmodule (mehrphasiger Gleichstromsteller) symmetrisch aufgeteilt und dadurch eine geringere Erwärmung jedes einzelnen IPM erreicht.

IPM mit größerer Stromtragfähigkeit

Innerhalb der zuvor ausgewählten Baureihe mit 1700 V Spannungsfestigkeit ist das Leistungsmodul mit der nächst größeren Stromtragfähigkeit das IPM 1700 V 1800 A. Im Gesamtmodell erfolgt die Auswahl des Leistungsmodultyps durch eine Nutzereingabe vor dem Rechenlauf. Hierdurch werden die entsprechenden Parameter zur Beschreibung der Teilmodelle Verlustleistung und RC–Netzwerk aus einer Bibliothek in den Arbeitsspeicher geladen und vom Modell verwendet (vgl. Abbildung 2.1). Die Parameter für das Teilmodell Verlustleistung entstammen dem zugehörigen Datenblatt [INF 09]. Die Ermittlung der Werte zur Parametrierung des resultierenden RC–Netzwerks für das IPM 1700 V 1800 A mit angeschlossenem Kühlsystem erfolgte, wie bereits beschrieben, aus Datenblattangaben und anschließender Parametertransformation (Daten siehe Anhang D).

Durch einen Rechenlauf mit dem neu ausgewählten Leistungsmodultyp und ansonsten unveränderten Parametern erfolgte die Ermittlung der Sperrschichttemperaturverläufe der einzelnen HLE des IPM 1700 V 1800 A. Eine anschließende Auswertung dieser zeitlichen Verläufe ergab die zugehörigen ZBDK nach Bild 4.16.

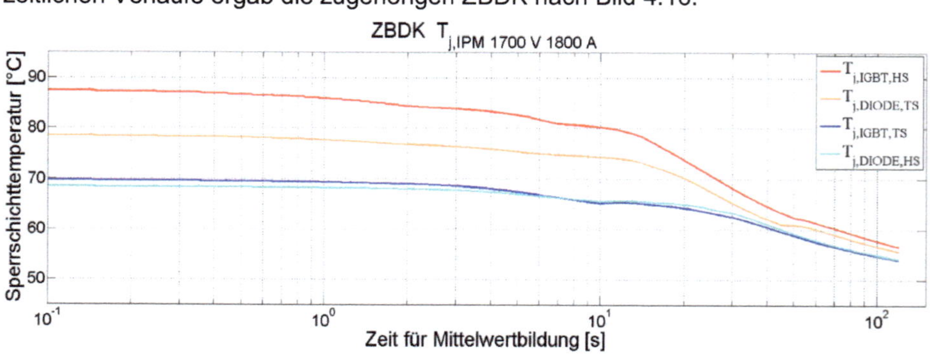

Bild 4.16: Thermische Belastung der HLE im IPM 1700 V 1800 A

Für das Berechnungsbeispiel ergeben sich etwa 3×10^7 ertragbare Lastwechsel (Sperrschichttemperaturmaximum 88°C, 68°C als 30 s–Mittelwert für die mittlere Sperrschichttemperatur). Die Temperaturwechselfestigkeit des IPM 1700 V 1800 A ist für einen dem Berechnungsbeispiel zugrunde gelegten Betrieb als ausreichend zu bewerten.

Mehrphasiger Gleichstromsteller

Die Erprobung der zweiten Möglichkeit zur Absenkung der thermischen Belastung mittels einer Hardwareveränderung im Leistungsteil des Gleichstromstellers erfolgte anhand einer Parallelschaltung von jeweils zwei IPM 1700 V 1200 A für jede Richtung der Energieübertragung. Hierfür ist seitens des Modellanwenders eine entsprechende Eingabe im Parameterblock des Teilmodells Verlustleistung erforderlich.

Durch einen Rechenlauf des Gesamtmodells mit dem in Form einer Parallelschaltung aus zwei IPM 1700 V 1200 A neu konfigurierten Leistungsteil des Gleichstromstellers und ansonsten unveränderten Parametern erfolgte die Ermittlung der Sperrschichttemperaturverläufe der einzelnen HLE des Leistungsmodultyps. Bei der Berechnung wurde eine symmetrische Verteilung der zu übertragenden Leistung auf die Leistungsmodule unterstellt. Eine anschließende Auswertung der berechneten zeitlichen Verläufe ergab die zugehörigen ZBDK nach Bild 4.17.

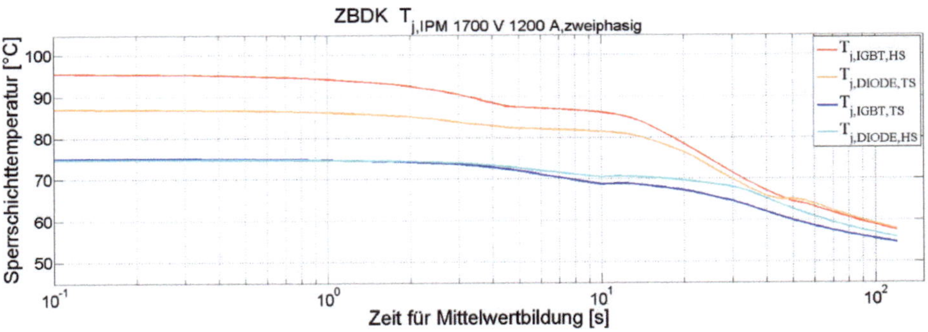

Bild 4.17: Thermische Belastung der HLE bei Parallelschaltung von zwei IPM 1700 V 1200 A

Für das Berechnungsbeispiel ergeben sich etwa $1{,}5 \times 10^{7}$ ertragbare Lastwechsel (Sperrschichttemperaturmaximum 96°C, 72°C als 30 s–Mittelwert für die mittlere Sperrschichttemperatur). Die Temperaturwechselfestigkeit einer Parallelschaltung aus zwei IPM 1700 V 1200 A ist für einen dem Berechnungsbeispiel zugrunde gelegten Betrieb als ausreichend zu bewerten.

4.5.4 Absenkung der thermischen Belastung durch eine neue Steuerstrategie

Die Wahl der Strategie zur Beteiligung des Energiespeichers an der Erfüllung der Gesamtantriebsaufgabe des Fahrzeugs, d.h. der Befriedigung des Traktions– und Hilfsbetriebeleistungsbedarfs, wird durch das gestellte Betriebsziel definiert. Wird der Energiespeicher für die Reduzierung des Fahrzeugenergiebedarfs vorgesehen, ist die möglichst vollständige Ausnutzung der andernfalls am Bremswiderstand in Wärme umgewandelten Bremsenergie von vordringlichem Interesse. Sind darüber hinaus weitere Freiheitsgrade vorhanden, können diese für einen lebensdauerschonenden Einsatz der Energiespeicherkomponente und des zugehörigen Gleichstromstellers ausgenutzt werden.

Es wird unterstellt, dass der Nutzenergieinhalt des Energiespeichers ausreichend groß dimensioniert ist und mit der gewählten Steuerstrategie der Speicher derart angesteuert wird, dass anfallende Bremsenergie jederzeit vollständig eingespeichert werden kann. Es ist bekannt, dass die thermische Belastung im Betrieb sowohl für leistungselektronische Bauteile als auch für den Energiespeicher eine entscheidende

Einflussgröße auf die zu erwartende Lebensdauer dieser Komponenten darstellt. Maßgeblich wird die thermische Belastung durch die Strombelastung der Komponente bestimmt. Deshalb soll die eingesetzte Steuerstrategie die Strombelastung des Gleichstromstellers und des Energiespeichers minimieren. Maßgebend ist dabei der Strom auf der Niederspannungsseite des Gleichstromstellers. Dieser entspricht dem Energiespeicherklemmenstrom.

Eine Übertragung konstanter Energiemengen in gleicher Zeit kann bei Absenkung des Klemmenstroms nur durch eine Anhebung des mittleren Speicherspannungsniveaus über dem Betrachtungszeitraum erreicht werden.

Energiespeichereinsatz mit einfachem Steuereingriff

Aus der Literatur [EVE 07] ist der Betrieb eines DLC–Speichers bekannt, der auf eine möglichst vollständige Ausnutzung des Nutzenergieinhalts abzielt. Dadurch soll sichergestellt werden, dass für das Einspeichern anfallender Bremsenergie jederzeit ausreichend Nutzenergieinhalt verfügbar ist. Hierfür wird der Energiespeicher während einer Beschleunigungsphase des Fahrzeugs jeweils möglichst vollständig entladen. In Bremsphasen erfolgt die Ladung des Energiespeichers mit verfügbarer Bremsleistung. Innerhalb der Grenzen für den nutzbaren Energieinhalt des Speichers:

$$E_{\mathrm{ES,min}} \leq E_{\mathrm{ES}}(\mathrm{t}) \leq E_{\mathrm{ES,max}} \tag{4.2}$$

kann die Leistung an der Energiespeicherklemme ohne Berücksichtigung von Übertragungsverlusten des Gleichstromstellers dargestellt werden als:

$$P_{\mathrm{ES,S1}}(\mathrm{t}) = \left\{ \begin{matrix} \min\left(P_{\mathrm{ES,max}}\left(E_{\mathrm{ES}}(\mathrm{t})\right), P_{\mathrm{ZK}}(\mathrm{t})\right) & \text{für} & P_{\mathrm{ZK}}(\mathrm{t})>0 & \text{... entladen} \\ \max\left(P_{\mathrm{ES,min}}\left(E_{\mathrm{ES}}(\mathrm{t})\right), P_{\mathrm{ZK}}(\mathrm{t})\right) & \text{für} & P_{\mathrm{ZK}}(\mathrm{t})<0 & \text{... laden} \\ 0 & \text{für} & P_{\mathrm{ZK}}(\mathrm{t})=0 & \text{... unbeteiligt} \end{matrix} \right\} \tag{4.3}$$

mit: $E_{\mathrm{ES}}(\mathrm{t})$ - Momentanwert des Energiespeicherladezustands [Ws],
$P_{\mathrm{ZK}}(\mathrm{t})$ - Momentanwert der Zwischenkreisleistung [W],
$P_{\mathrm{ES,max}}$ - maximale Entladeleistung in Abhängigkeit von Speicherladezustand und Zwischenkreisleistung [W],
$P_{\mathrm{ES,min}}$ - minimale Entladeleistung in Abhängigkeit von Speicherladezustand und Zwischenkreisleistung [W].

Außerhalb der angegebenen Grenzen für den Energieinhalt ist die Leistung P_{ES} gleich Null. Leistungsdifferenzen am Zwischenkreis, die durch den Energiespeicher nicht gedeckt oder aufgenommen werden können, werden nach Gleichung (3.7) durch das Fahrleitungsnetz, das Fahrzeugbordnetz und den Bremswiderstand ausgeglichen.

Diese Strategie wurde beispielhaft für die Fahrt des Straßenbahnfahrzeuges mit den Parametern nach Tabelle 4.2 mit zusätzlichem Energiespeichergewicht von 1270 kg auf dem in Abschnitt 4.1 definierten Fahrzyklus (vgl. Bild 4.2) nachvollzogen. Der Leistungsverlauf des Energiespeichersystems am Fahrzeugzwischenkreis entspricht der Darstellung nach Bild 4.13. Der Leistungsteil des Gleichstromstellers wurde weiterhin aus einem einzelnen IPM 1700 V 1200 A gebildet. Ausgewählte Ergebnisse enthält Bild 4.18. Im oberen Abbildungsteil sind der Speicherenergieinhalt und der kinetische Energiezustand des Fahrzeuges dargestellt:

$$SOC_{\mathrm{DLC,S1}} = \mathrm{f}\left(U_{\mathrm{ES}}\right),$$
$$E_{\mathrm{kin,FZ}} = \frac{m_{\mathrm{FZ}} \cdot \mathrm{v}_{\mathrm{FZ}}^2}{2} \tag{4.4}$$

mit: U_{ES} - Ruhespannung des Energiespeichers [V],
$E_{\mathrm{kin,FZ}}$ - kinetischer Energiezustand des Fahrzeuges [Ws].

Das untere Teildiagramm der Abbildung enthält die Verläufe der inneren Energiespeicherverlustleistung:

$$P_{\mathrm{V,DLC,S1}} = \left(ESR_{\mathrm{ES}} + ESR_{\mathrm{Ohm}}\right) \cdot I_{\mathrm{KL}}^2 \tag{4.5}$$

mit: $P_{\mathrm{V,DLC,S1}}$ - innere Verlustleistung Energiespeicher [W],
ESR_{ES} - Ersatzwiderstand der Energiespeicherkonfiguration [Ω],
ESR_{Ohm} - Summe nicht Zellgebundener Widerstände [Ω],
I_{KL} - Klemmenstrom Energiespeicher [A].

sowie der im IPM auftretenden Verlustleistung:

$$P_{\mathrm{V,DC/DC,S1}} = \mathrm{f}\left(I_{\mathrm{DC/DC}}, \mathrm{T}_{\mathrm{j,HLE}}, f_{\mathrm{S}}\right). \tag{4.6}$$

Erkennbar sind vergleichsweise große Verlustleistungsspitzen am Ende von Beschleunigungen und zu Beginn von Bremsprozessen. Verursacht werden diese durch das gleichzeitige Auftreten von:

- geringen Ladezuständen des Energiespeichers,
- entsprechend niedrigen Energiespeicherspannungen und
- hohen Traktions– beziehungsweise Bremsleistungen.

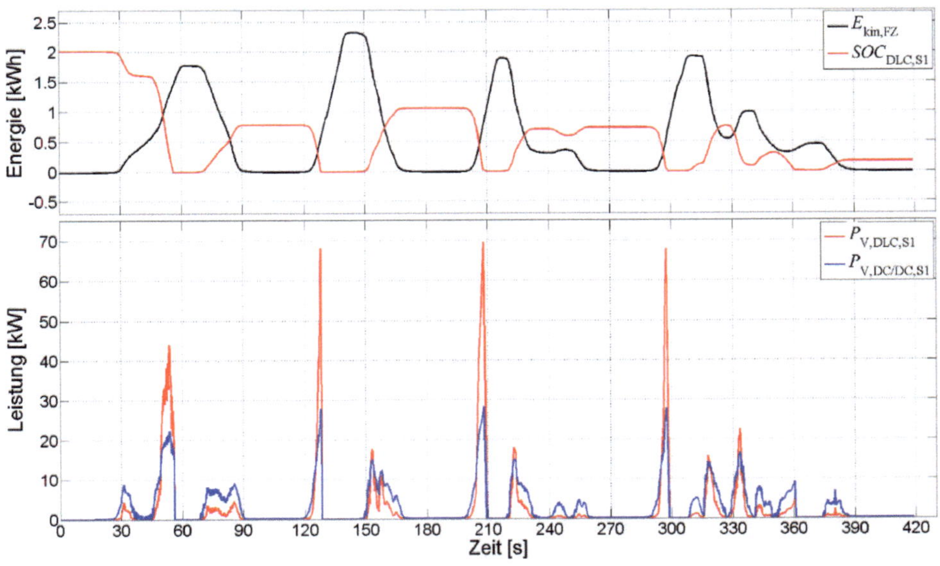

Bild 4.18: Speichernutzinhalt und kinetische Fahrzeugenergie (oben), sowie Verlustleistungen von Energiespeicher und Gleichstromsteller (unten) bei Speichereinsatz mit einfachem Steuereingriff

Steuerstrategie mit Vorausberechnung der zu erwartenden Bremsenergie

In den letzten Jahren wurde intensiv an unterschiedlichen Verfahren für das Energiemanagement von Fahrzeugantrieben mit elektrischem Energiespeicher gearbeitet. Durch diese Arbeiten konnte unter anderem gezeigt werden, dass sich mit prädiktiven Steuerstrategien unter vorausschauender Berücksichtigung relevanter, zukünftiger Einflussfaktoren auf die Fahrzeugbewegung wesentlich bessere Ergebnisse hinsichtlich der Verringerung des Energiebedarfs erzielen lassen, als mit nichtprädiktiven Steuerungsverfahren [BAC 06, GUE 03, SCI 04].

Für prädiktive Steuerstrategien werden im Fahrzeug verfügbare Informationsquellen für die Vorhersage des zu erwartenden Verlaufs der Antriebsleistung genutzt. In der Regel kommt ein Satellitennavigationssystem für die Positionsbestimmung des Fahrzeugs zusammen mit einer digitalen Streckenkarte zum Einsatz, in der Höhendaten, potentielle Haltepunkte und Geschwindigkeitsbeschränkungen gespeichert sind [BAC 06]. Im Stadtbahn–Linienbetrieb verkehren die Fahrzeuge vorrangig auf gleichbleibenden Strecken. Die wiederholten Fahrten auf wiederkehrenden Strecken bieten den Vorteil, in Abhängigkeit von Randbedingungen (unter anderem dem Wochentag, der Tageszeit sowie der Beladungssituation des Fahrzeugs) typische Verläufe der Antriebsleistung entlang der Strecke in einer Datenbasis speichern zu können. Durch die Einbeziehung der in der Vergangenheit ermittelten Leistungsprofile entsteht so ein lernendes, prädiktives Energiemanagement, von dem deutlich bessere Kenngrößen zu erwarten sind, als von Systemen, die diese Informationen nicht nutzen [BAR 08].

Eine neu entwickelte Strategie zur Steuerung eines Elektroenergiespeichers mit dem Ziel, die Strombelastung des Energiespeichersystems bei weiterhin vollständiger Aufnahme anfallender Bremsenergie abzusenken, bezieht die Kenntnis des aktuellen Fahrzeugbeladungszustands sowie der zu befahrenden Strecke ein. Die Informationen über die aktuelle Fahrzeugpositionierung an einer Haltestelle und die Kenntnis des nachfolgend zu befahrenden Streckenabschnitts wird beispielsweise über ein bei heutigen Stadtbahn- und Linienbusflotten standardisiertes Rechnerbetriebsleitsystem (RBL) gewonnen. Unter dem zu befahrenden Streckenabschnitt wird dabei die Fahrzeugbewegung zwischen zwei Betriebshalten, das heißt bis zur nächsten Haltestelle, verstanden.

Innerhalb der Fahrgastwechselzeit erfolgt an jeder Haltestelle durch eine Voraussimulation des bei Befahren des nachfolgenden Streckenabschnitts zu erwartenden Leistungsbedarfs die Bestimmung aller benötigten Daten für die Umsetzung der Energiespeichersteuerstrategie. Für die Fahrzeugsimulation werden neben unveränderlichen Fahrzeugkenndaten folgende veränderliche Eingangsgrößen benötigt:

- Geschwindigkeitsprofil, Höhenprofil und Netzrückspeiseverhältnisse des zu befahrenden Streckenabschnittes,
- Beladungszustand (Gesamtfahrzeuggewicht),
- Umgebungstemperatur und
- Fahrgastinnenraumtemperatur.

Während die ersten vier Größen zur Berechnung des Traktionsleistungsbedarfs benötigt werden und im Fahrzeugrechner zur Verfügung stehen, werden Umgebungstemperatur und Fahrgastraumtemperatur für eine Berechnung des

Hilfsbetriebeleistungsbedarfs verarbeitet. Letztere Größen stehen in Fahrzeugen des ÖPNV im Allgemeinen als Messgrößen zur Verfügung.

Ist die Vorausberechnung des zu erwartenden Leistungsverlaufs erfolgt, stehen die positive Gesamtenergie des Fahrzeugs $E_{FZ,prä,+}$ und die durch den Energiespeicher aufzunehmende Energie $E_{ES,prä,-}$ für den zu befahrenden Streckenabschnitt zur Verfügung. Dabei gilt:

$$E_{FZ,prä,+} = \int_{t_n}^{t_{n+1}} P_{ZK,prä}(t)\,dt \quad \text{für} \quad P_{ZK,prä}(t) > 0 \tag{4.7}$$

mit: t_n, t_{n+1} - Zeitpunkte für Abfahrt- und Ankunft an den Haltestellen des Streckenabschnitts,

$P_{ZK,prä}$ - prädiktierter Leistungsbedarf am Fahrzeugzwischenkreis [W].

und:

$$E_{ES,prä,-} = \int_{t_n}^{t_{n+1}} \left(P_{ZK,prä}(t) - P_{OL,prä}(t)\right) dt \text{ für } \left(P_{ZK,prä}(t) > 0\right) \wedge \left(P_{ZK,prä}(t) \leq P_{OL,prä}(t)\right) \tag{4.8}$$

mit: $P_{OL,prä}$ - prädiktierter Verlauf der Netzrückspeisung [W].

Die Beteiligung des Energiespeichers am Gesamtleistungsbedarf des Fahrzeugs wird in Abhängigkeit der für die nachfolgende Bremsphase erwarteten Bremsenergie gesteuert. Die Entladung des Energiespeichers erfolgt nur genau so weit, dass er an der nächsten Haltestelle bei unverändert vollständiger Aufnahme anfallender Bremsenergie die obere Grenze seines Nutzenergieinhalts erreicht.

Mit der entwickelten Steuerstrategie wird die mittlere Strombelastung des Energiespeichersystems durch eine gleichmäßige Leistungsbeteiligung des Speichers während Beschleunigungen und Beharrungsphasen reduziert. Für die Klemmenleistung am Energiespeicher gilt:

$$P_{ES,S2}(t) = \begin{Bmatrix} \frac{E_{ES,prä,-}}{E_{Fzg,prä,+}} \cdot P_{ZK}(t) & \text{für} & P_{ZK}(t) > 0 & \text{... entladen} \\ P_{ZK}(t) - P_{OL}(t) & \text{für} & \left(P_{ZK}(t) \leq 0\right) \wedge \left(P_{ZK}(t) < P_{OL}(t)\right) & \text{... laden} \\ 0 & \text{für} & \left(P_{ZK}(t) \leq 0\right) \wedge \left(P_{ZK}(t) \geq P_{OL}(t)\right) & \text{... unbeteiligt} \end{Bmatrix}. \tag{4.9}$$

Bild 4.19 stellt den Leistungsverlauf des Fahrzeugenergiespeichersystems am Fahrzeugzwischenkreis bei Anwendung der entwickelten Steuerstrategie im Vergleich zu der zuvor beschriebenen einfachen Steuerstrategie dar. Sowohl bei einfacher als auch neu entwickelter Steuerstrategie wird angebotene Bremsenergie vollständig eingespeichert. Erkennbar ist weiterhin die Beteiligung des Energiespeichers über dem gesamten Fahrbetrieb bei Einsatz der neuen Steuerstrategie. Dies führt zu einer Absenkung der Leistungsaufnahme aus dem Fahrleitungsnetz über dem gesamten Fahrspiel. Eine weitergehende Untersuchung dieses positiven Effektes ist nicht Gegenstand der vorliegenden Arbeit.

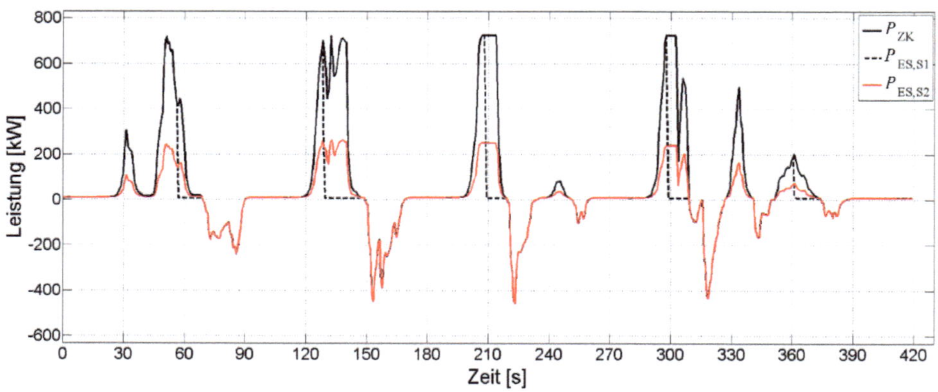

Bild 4.19: Fahrzeuggesamtleistung und Energiespeicherleistungen im Vergleich mit einfachem (S1) und neu entwickeltem (S2) Steuereingriff

Bild 4.20 zeigt die bei Anwendung der entwickelten Steuerstrategie resultierenden Energie– und Verlustleistungsverläufe im Vergleich zu den entsprechenden Verläufen bei einem einfach gesteuerten Energiespeichereinsatz.

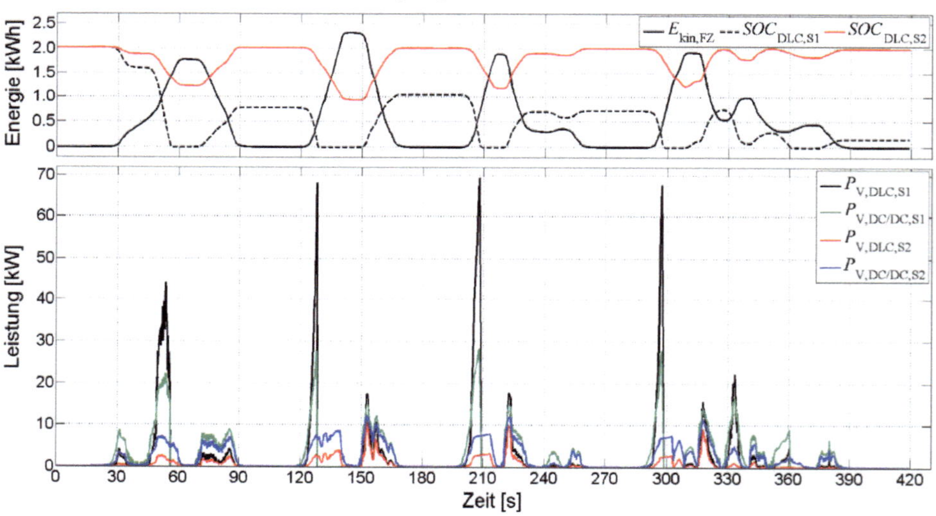

Bild 4.20: Speichernutzinhalt und kinetische Fahrzeugenergie (oben), sowie Verlustleistungen von Energiespeicher und Gleichstromsteller (unten) mit einfachem (S1) und neu entwickeltem (S2) Steuereingriff

Die durch Anwendung der entwickelten Steuerstrategie erzielte Absenkung der Verlustleistungen, sowohl im Gleichstromsteller als auch im Energiespeicher, haben verschiedene positive Auswirkungen. Zunächst erfolgt die Betrachtung der angestrebten Absenkung der thermischen Belastung der HLE im Leistungsteil des Gleichstromstellers. Hierzu wurden aus dem ermittelten zeitlichen Verlauf der Sperrschichttemperaturen der im IPM 1700 V 1200 A integrierten IGBT's und Dioden die zugehörigen ZBDK berechnet und in Bild 4.21 graphisch dargestellt.

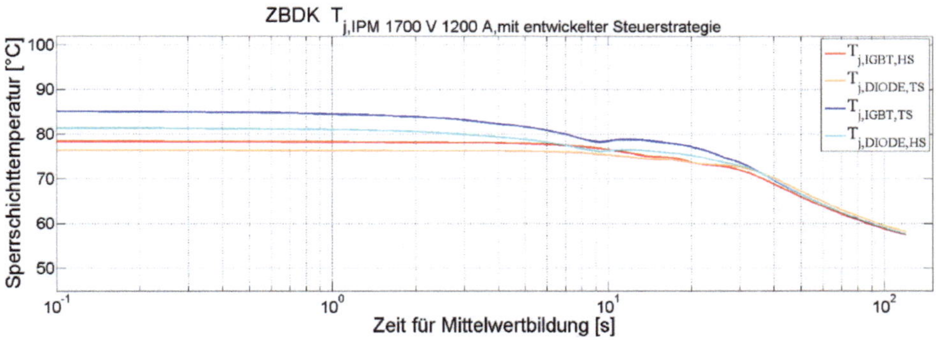

Bild 4.21: Thermische Belastung der HLE des IPM 1700 V 1200 A mit neu entwickeltem Steuereingriff für das Berechnungsbeispiel

Die Auswertung ergibt, dass die thermische Belastung des Gleichstromstellers im Fahrbetrieb durch den Steuereingriff deutlich abgesenkt werden kann. Die in Bremsphasen an der Leistungsübertragung beteiligten HLE unterliegen nunmehr einer höheren thermischen Belastung als die HLE, welche für die Unterstützung des Fahrbetriebs durch das Fahrzeugenergiespeichersystem benötigt werden. Die thermische Belastung des eingesetzten IPM 1700 V 1200 A liegt noch unter der des IPM 1700 V 1800 A im einfach gesteuerten Betrieb, für welches bereits eine ausreichende Temperaturwechselfestigkeit festgestellt wurde (vgl. Bild 4.16). Durch die Anwendung der neu entwickelten Steuerstrategie wird somit der Einsatz einer einfacheren Hardwarelösung im Leistungsteil des Gleichstromstellers möglich.

Die Verringerung des Verlustleistungseintrags in der Energiespeicherkomponente und die damit verbundene Minimierung der Einzelzellerwärmung im Betrieb haben positive Auswirkungen auf die Lebensdauer der DLC–Speicherzellen. Eine weitergehende Untersuchung dieser Auswirkung der neu entwickelten Steuerstrategie ist nicht Gegenstand der Arbeit.

Ein weiterer positiver Aspekt, der durch die gleichzeitige Absenkung der Verlustleistungen von Gleichstromsteller und Energiespeicher erreicht wird, ist die Erhöhung des Wirkungsgrads des Fahrzeugenergiespeichersystems. Die Verlustminimierung beim Ein– und Ausspeichern von Bremsenergie erhöht die Energieeffizienz des Fahrzeugs. In Bild 4.22 sind die berechneten Verlustleistungen von Gleichstromsteller und Energiespeicher aller Konfigurationen, für die eine ausreichende Temperaturwechselfestigkeit ermittelt wurde, als streckenbezogene Größen dargestellt. Zusätzlich aufgeführt wurden die entsprechenden Werte für die bisher nicht explizit erwähnte Konfiguration des Leistungsteils als Parallelschaltung zweier IPM 1700 V 1800 A. Im Einzelnen enthält das Diagramm die Konfigurationen:

- ein IPM 1700 V 1800 A einfach gesteuert (1800 A–1 Ph),
- zwei IPM 1700 V 1800 A in Parallelschaltung, einfach gesteuert (1800 A–2 Ph)
- zwei IPM 1700 V 1200 A in Parallelschaltung, einfach gesteuert (1200 A–2 Ph) und
- ein IPM 1700 V 1200 A mit neuer Steuerstrategie (gesteuert 1200 A–1 Ph).

Die Zahl vor der Abkürzung Ph bezeichnet jeweils die Anzahl der Parallelzweige (Phasen) der untersuchten Gleichstromstellerkonfigurationen.

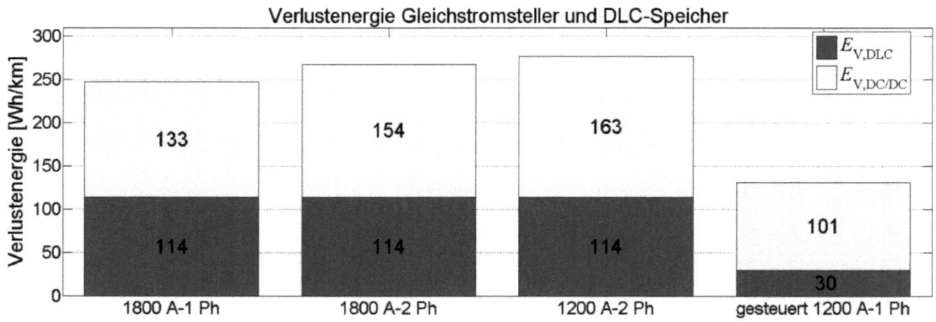

Bild 4.22: Berechnete Verlustleistungsanteile für alle untersuchten Konfigurationen mit ausreichender Temperaturwechselfestigkeit

Es wurden folgende Ergebnisse hinsichtlich der energetischen Effizienz des Energiespeichereinsatzes ermittelt:

- der Einsatz von IPM mit größerer Stromtragfähigkeit bewirkt bei ungesteuertem Speichereinsatz eine größere Absenkung der Übertragungsverluste gegenüber der mehrphasigen Ausführung des Gleichstromstellers,
- die mehrphasige Ausführung des Gleichstromstellers mit Leistungsmodulen gleichen Typs bewirkt keine positiven energetischen Effekte und
- die Anwendung der entwickelten Steuerstrategie hat die deutlichste Absenkung der Übertragungsverluste zur Folge und ermöglicht gleichzeitig den Einsatz einfacherer leistungselektronischer Bauelemente.

Die Auswirkung des Einsatzes eines Fahrzeugenergiespeichersystems zur Rekuperation von ansonsten unwiederbringlich verlorener Bremsenergie auf den Gesamtenergiebedarf des Fahrzeugs zeigt Bild 4.23 für die untersuchten Varianten mit ermittelter ausreichender Temperaturwechselfestigkeit der HLE.

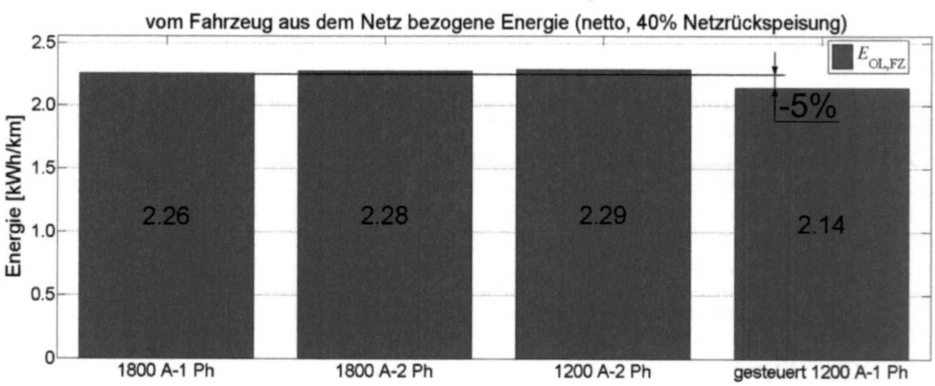

Bild 4.23: Berechneter Gesamtenergiebedarf des Fahrzeugs für alle untersuchten Konfigurationen mit ausreichender Temperaturwechselfestigkeit

Durch den ungesteuerten Fahrzeugenergiespeichereinsatz wird für das Berechnungsbeispiel die Absenkung der aus dem Fahrleitungsnetz zu beziehenden Energie von 3.57 kWh/km auf 2.26 kWh/km erreicht, dies entspricht einer Verbesserung der Gesamtenergieeffizienz des Fahrzeugs um etwa 37 %. Eine weitere Verbesserung um 5 % auf 2.14 kWh/km wird durch die Anwendung der entwickelten

Steuerstrategie bei gleichzeitig vereinfachter Ausführung des Leistungsteils des Gleichstromstellers erzielt.

Eine Betrachtung der Auswirkungen des durch die entwickelte Steuerstrategie minimierten Aufwands zur Kühlung des Gleichstromstellers und gegebenenfalls des DLC–Speichers ist nicht Gegenstand der Arbeit.

Praxisbezug

Aus messtechnischen Untersuchungen zum Energie– und Leistungsbedarf von Straßenbahnen [KLA 0803] ist bekannt, dass die Netzrückspeisemöglichkeiten nicht nur zwischen verschiedenen Speiseabschnitten, sondern auch innerhalb des gleichen Speiseabschnitts stark variieren können. Ursache hierfür ist die unterschiedliche Zahl von Verbrauchern im gleichen Speiseabschnitt, die zeitgleich zur Bremsphase eines Fahrzeugs einen Leistungsbedarf für Traktion und Hilfsbetriebe aufweisen. Zudem schwankt dieser Bedarf mit einer Reihe von Einflussparametern wie der Lage im Speiseabschnitt und momentanen Umweltbedingungen. Diese Einflüsse können in der Leistungsprädiktion für den Energiespeicher nur unscharf berücksichtigt werden.

Die vorgestellten Ergebnisse sind innerhalb der Simulation mit einem festen Wert für die Netzrückspeisung über den gesamten Betrachtungszeitraum berechnet worden. Die Unschärfe bezüglich der Netzrückspeisung wird bei einer Implementierung der Steuerstrategie in eine reale Fahrzeugumgebung berücksichtigt, indem der Energiespeicher beim nächsten Prädiktionsvorgang mit einem gegenüber dem Prädiktionswert entsprechend geminderten oder erhöhten Betrag an der Befriedigung des Fahrzeugleistungsbedarfs beteiligt wird. Dazu sind die Abweichungen des Energiespeicher–Ladezustands, die aus einer Differenz zwischen vorausberechneter und tatsächlich eingespeicherter Bremsenergie resultieren, zu erfassen. Analog ist mit Abweichungen zu verfahren, die aus Ungenauigkeiten bei der Bestimmung der Fahrzeugbeladung oder aus Differenzen zwischen dem Soll–Geschwindigkeitsprofil und dem tatsächlich durch den Fahrer realisierten Fahrtverlauf entstehen können.

Aus der Literatur [BAI 12] ist die Praxistauglichkeit eines Fahrerassistenzsystems bekannt. Dabei wird während des Haltestellenaufenthaltes einer Stadtbahn unter Einbeziehung relevanter Fahrzeug–, Strecken– und Fahrplaninformationen die energiebedarfsoptimale Trajektorie für den nächsten Haltestellenabschnitt auf einem Panel–PC berechnet und dem Fahrzeugführer zur Anzeige gebracht. Vor diesem Hintergrund erscheint die Machbarkeit einer rechentechnischen Umsetzung der entwickelten Steuerstrategie auf Fahrzeugebene gegeben.

Implementierung im Simulationsmodell

Während der Parametrierung des Simulationswerkzeugs kann der Anwender bei der Abarbeitung des Programmablaufs vorsehen, das Energiespeichersystem mit der entwickelten Steuerstrategie oder mit einfacher Steuerung einzusetzen.

Bei Vorauswahl einer Simulation mit Energiespeichersteuerung erfolgt zunächst ein Rechenlauf des Teilmodels Fahrdynamik mit den hierfür eingegebenen Strecken–, Netz– und Fahrzeugparametern. Auf diesem Weg werden der Leistungsverlauf $P_{\mathrm{ZK,prä}}(\mathrm{t})$ und daraus die für die Umsetzung der Energiespeichersteuerstrategie benötigten Parameter ermittelt. Die anschließende Abarbeitung des vollständigen Simulationsmodells benutzt die ermittelten Parameter für die Steuerung des Energiespeichersystems. Auf gleiche Weise ist die Implementierung weiterer Energiespeichersteuerstrategien möglich.

5 Sollstromvorgabe mittels Sperrschichttemperaturschätzung

5.1 Potential des Verfahrens

Am Fraunhofer IVI wird intensiv an der Einführung eines neuen Antriebskonzeptes für Busse und Bahnen gearbeitet, bei dem die elektrische Antriebsenergie während der Fahrt ausschließlich aus einem fahrzeugseitigen Energiespeicher entnommen wird. Der Energieverlust des Energiespeichers wird durch Nachladung aus wegseitig installierten Schnellladeeinrichtungen kompensiert. Aufwendige Infrastruktur zur kontinuierlichen Fahrstromversorgung wird durch lediglich an Haltepunkten lokalisierte Schnellladeeinrichtungen substituiert.

Untersuchungen ([KNO 07], [LEH 11]) zu technologischen Randbedingungen des Antriebskonzeptes zeigen, dass die Grundvoraussetzung für dessen Umsetzung schnelle Ladevorgänge an Haltestellen sind. Verlängerte Standzeiten an Haltestellen stellen ein Hemmnis für die Markteinführung dar, da sie einen inakzeptablen Attraktivitätsverlust des ÖPNV gegenüber dem Individualverkehr verursachen. Die resultierenden kurzen Ladezeiten bedingen sehr hohe Übertragungsleistungen.

Für eine sinnvolle Ausnutzung des nominalen Speicherinhaltes einer aus DLC aufgebauten Speicherkonfiguration wird deren untere Betriebsspannung erfahrungsgemäß etwa mit dem halben Wert der oberen Betriebsspannung gewählt. Beim Einsatz in einer Straßenbahn liegt die untere Betriebsspannung somit bei etwa 250 V. Für einen vollelektrischen Stadtbus, der nicht kontinuierlich aus einem Energieversorgungsnetz gespeist wird, kann von einem höheren Wert ausgegangen werden.

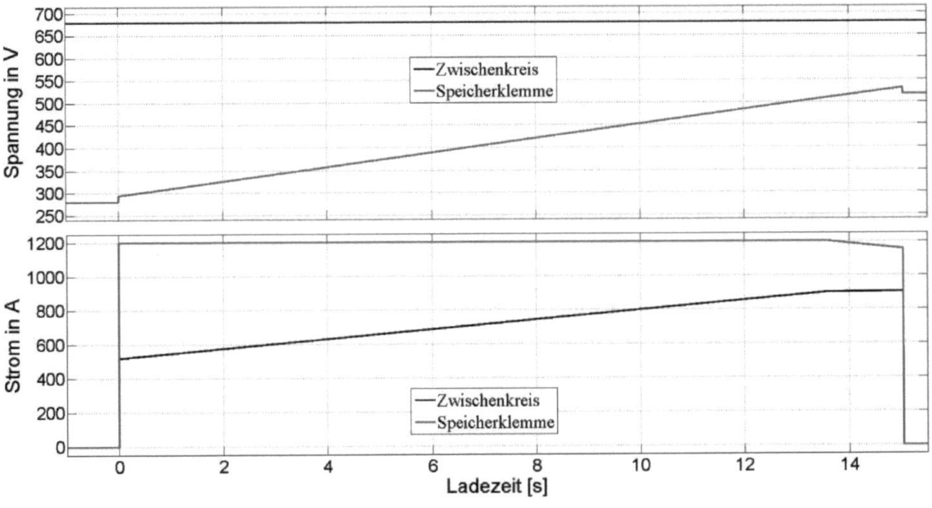

Bild 5.1: Strom– und Spannungsverläufe am Fahrzeugzwischenkreis und an der Speicherklemme

Bei den geforderten hohen Übertragungsleistungen ergeben sich vergleichsweise hohe Strombelastungen an der Speicherklemme, gleichbedeutend mit der Niederspannungsseite des zugehörigen Gleichstromstellers. Bild 5.1 zeigt die Verläufe von elektrischer Spannung und elektrischem Strom am Fahrzeugzwischenkreis und der Speicherklemme für den beispielhaft gewählten Fall der Aufladung eines DLC–

Speichers in einem Stadtbus. Es werden innerhalb von 15 Sekunden aus der wegseitigen Schnellladeeinrichtung 2 kWh Energie in den fahrzeugseitigen Energiespeicher übertragen.

Für die weiteren Betrachtungen wird unterstellt, dass alle am Schnellladevorgang beteiligten Systemkomponenten, wie Leistungskabel, Gleichstromschütze, Induktivitäten und Leistungsschalter, hinsichtlich ihrer Strombelastbarkeit ausreichend dimensioniert sind. Unter dieser Annahme sind die HLE des Gleichstromstellers das begrenzende Element im Energiespeichersystem, da sie gegenüber dem DLC–Speicher eine wesentlich geringere Strombelastbarkeit aufweisen.

Die in Bild 5.1 erkennbare konstante Strombelastung an der Speicherklemme stellt auf Grund ihrer zeitlichen Ausdehnung über mehr als 10 Sekunden eine Auslegungsgröße für die HLE des Gleichstromstellers dar. Die Auslegung des Gleichstromstellers hinsichtlich der Schaltfrequenz, Anzahl paralleler Phasen und der Parameter des Kühlsystems wird demnach so erfolgen, dass die HLE bei einer Belastung mit dem zulässigen Dauerstrom, hier 1200 A, keine thermische Zerstörung erleiden.

Technologisch bedingt liegt die maximale Strombelastbarkeit von HLE–Leistungsmodulen oberhalb ihrer Dauerbelastungsgrenze. Als Größenordnung kann nach Auswertung relevanter Datenblätter von etwa 150 % ausgegangen werden.

Wie dargestellt, ist die Möglichkeit von schnellen Ladevorgängen eine Grundvoraussetzung für die erfolgreiche Umsetzung des neuen Antriebskonzepts. Dieser Umstand motiviert Forschungsarbeiten, die sich der Untersuchung technologischer Möglichkeiten zur zeitlichen Verkürzung dieser Ladevorgänge zuwenden. Vor dem Hintergrund der angestrebten kurzen Gesamtladezeiten, die sich summarisch aus den Vor– und Nachbereitungszeiten der für die Schnellladung benötigten Systemkomponenten und den eigentlichen Speicherladungszeiten ergeben, sind hier bereits Einsparungen von ein bis zwei Sekunden eine relevante Größenordnung.

Es wird nachfolgend davon ausgegangen, dass die kurzzeitige Belastung eines Gleichstromstellers oberhalb von dessen zulässigem Dauerstrom zu einer signifikanten Ladezeitverkürzung ausgenutzt werden kann.

Gegenstand des zweiten Ziels der vorliegenden Arbeit ist die Entwicklung und experimentelle Erprobung eines Verfahrens zur gezielten kurzzeitigen Belastung von HLE oberhalb von deren Dauerbelastbarkeit unter Beachtung der herstellerspezifischen Sperrschichttemperaturrestriktionen. Eine unabdingbare Voraussetzung hierfür ist die Kenntnis des thermischen Zustands der HLE zu jedem Betriebszeitpunkt. Hieraus resultiert die Notwendigkeit einer ausreichend genauen online–Sperrschichttemperaturüberwachung auf der Basis von verfügbaren Messgrößen, da die HLE–Sperrschichttemperaturen einer Messung im Betrieb nicht mit vertretbarem ökonomischem Aufwand zugänglich sind.

In einem ersten Schritt erfolgt die Darstellung der auf theoretisch–analytischem Weg entwickelten Lösung, im Anschluss daran wird die experimentelle Verifizierung erläutert.

5.2 Ansätze für Temperaturschätzung und Sollstromvorgabe

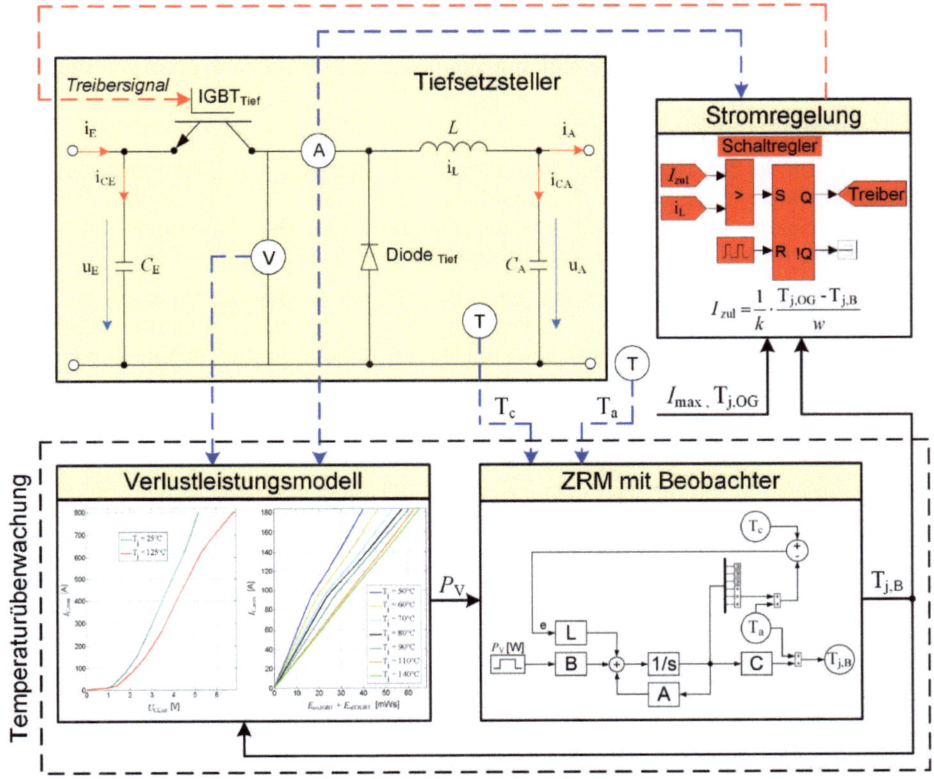

Bild 5.2: Prinzip der Sollstromvorgabe auf Basis der online–Temperaturüberwachung

Bild 5.2 zeigt die schematische Darstellung der angedachten Sollstromvorgabe für einen Tiefsetzsteller auf Basis der online–Sperrschichttemperaturüberwachung. Die Temperaturüberwachung wird aus den beiden Blöcken „Verlustleistungsmodell" und „Zustandsraummodell (ZRM) mit Beobachter" gebildet, die Sollstromvorgabe ist durch den Block „Stromregelung" repräsentiert. Nachfolgend werden die Teile des Überwachungsalgorithmus näher erläutert.

5.2.1 Temperaturschätzung

Das Hauptproblem bei der Temperaturüberwachung von Leistungshalbleitern stellt der Rückschluss von einer in der Umgebung der elektronischen Schalter und Dioden gemessenen Temperatur auf die Sperrschichttemperatur dar. Eine direkte Messung dieser Temperatur ist gegenwärtig auf Grund der Bauelementestruktur mit ökonomisch vertretbarem Aufwand nicht realisierbar [RED 97]. Zur Lösung dieses technologischen Problems erfolgt die Nachbildung des Übertragungsverhaltens in einem WTM mit dem Ziel, die tatsächliche Sperrschichttemperatur mittels einer bekannten Temperatur am Ort der Messung abzuschätzen. Hierfür wird ein Beobachter eingesetzt.

Das WTM ist die mathematische Beschreibung der durch die Strombelastung eines Leistungsmoduls verursachten Verlustleistung. Darüber hinaus wird auch das Übergangsverhalten dieser in Form von Wärme anfallenden Leistung zwischen deren Entstehungsort innerhalb der Halbleiterstruktur und der Umgebung beziehungsweise dem Kühlmedium modelliert. Die Sperrschichttemperatur ist abhängig von der eingetragenen Verlustleistung, ihrer örtlichen und zeitlichen Verteilung infolge von Wärmeleitung und Wärmespeicherung und von der wirksamen Kühlleistung. Für die Modellierung dieses thermodynamischen Prozesses muss neben der Wärmeleitfähigkeit auch die Wärmekapazität des Halbleiters einbezogen werden (vgl. Kapitel 2.7).

Auswahl IPM und Kühlkörper

Zur Überprüfung der Möglichkeit des kurzzeitigen Betriebs von Leistungshalbleitern oberhalb des zulässigen Dauerstroms auf der Basis einer online–Temperaturüberwachung wird ein speziell präpariertes Leistungsmodul benötigt. Das Labormuster muss folgenden Vorgaben genügen:

- Während des Betriebs muss eine Sperrschichttemperaturmessung an den Leistungshalbleitern durch Thermographie oder direkte Temperaturmessung möglich sein. Das IPM ist daher mit einem abnehmbaren Gehäuse oder/und Thermosensoren mit direktem Kontakt zu den Chipoberflächen zu versehen.
- Das IPM soll mindestens der im Antriebsstrang von elektrischen Bussen geforderten Spannungsfestigkeit genügen.
- Die nominale Strombelastbarkeit des IPM soll möglichst hoch sein.
- Die Leistungshalbleiter sollen als einzelne Siliziumchips ausgeführt sein, um thermische Querkopplungen als Fehlerquelle weitgehend auszuschließen.

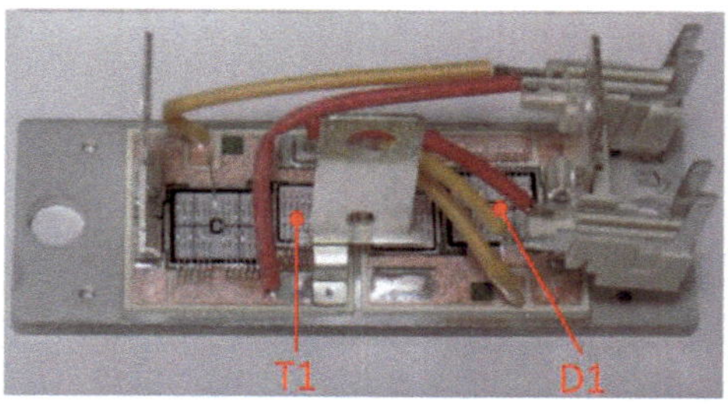

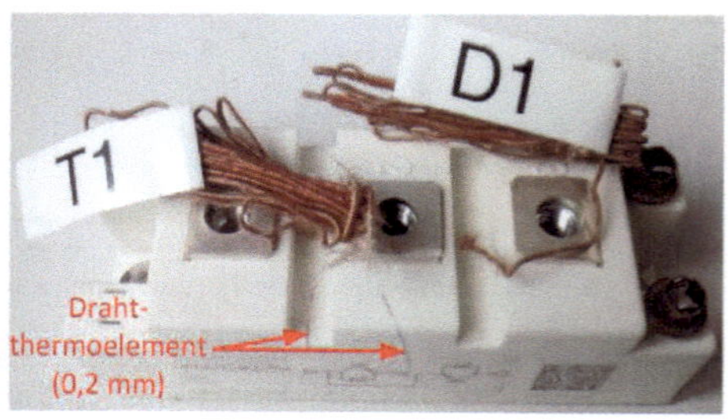

Bild 5.3: Leistungsmodul – IPM 1200 V 150 A links: offene Bauart rechts: mit Drahtthermoelementen

Es wurde ein Lieferant gefunden, der die Labormuster nach Bild 5.3 als Sonderanfertigung herstellen, prüfen und zur Verfügung stellen konnte. Das ausgewählte IPM besitzt eine Spannungsfestigkeit von 1200 V und eine nominale Stromtragfähigkeit von 150 A, es wird nachfolgend als IPM 1200 V 150 A bezeichnet [SEM 09].

Zur Kühlung des IPM wurde auf einen Kühlkörper zurückgegriffen, mit dessen Daten bereits die in Kapitel 4 dargestellten Simulationen erfolgten. Der Kühlkörper wird für die experimentellen Untersuchungen nicht mit Kühlflüssigkeit durchströmt.

Verlustleistungsmodell

Im Falle von Leistungsschaltern beeinflussen insbesondere die Schaltfrequenz, der zu übertragende Strom und der aktuelle thermische Zustand des HLE die interne Verlustleistung. Die zugehörigen physikalisch–mathematischen Zusammenhänge wurden in Kapitel 3 dargelegt.

Aus dem Hersteller–Datenblatt für das IPM 1200 V 150 A können

- die Ein– und Ausschaltverlustenergien pro Schaltpuls in Abhängigkeit des Übertragungsstroms für die Grenzsperrschichttemperatur 150°C (Schaltverluste IGBT),
- die Kollektor–Emitter–Spannung in Abhängigkeit des Übertragungsstroms für die Sperrschichttemperaturen 25°C und 150°C (Durchgangsverluste IGBT),
- die Ausschaltverlustenergie pro Schaltpuls in Abhängigkeit des Übertragungsstroms für die Grenzsperrschichttemperatur 150°C (Schaltverluste DIODE) und
- die Vorwärtsspannung in Abhängigkeit des Übertragungsstroms für die Sperrschichttemperaturen 25°C und 150°C (Durchgangsverluste DIODE)

entnommen werden. Für den statischen Fall einer festen Schaltfrequenz von 10 kHz und einem Stellverhältnis von 0.5 zeigt Bild 5.4 den resultierenden Verlauf der inneren Verlustleistungen, getrennt für IGBT und DIODE, in Abhängigkeit des zu übertragenden Stroms für verschiedene thermische Zustände der HLE.

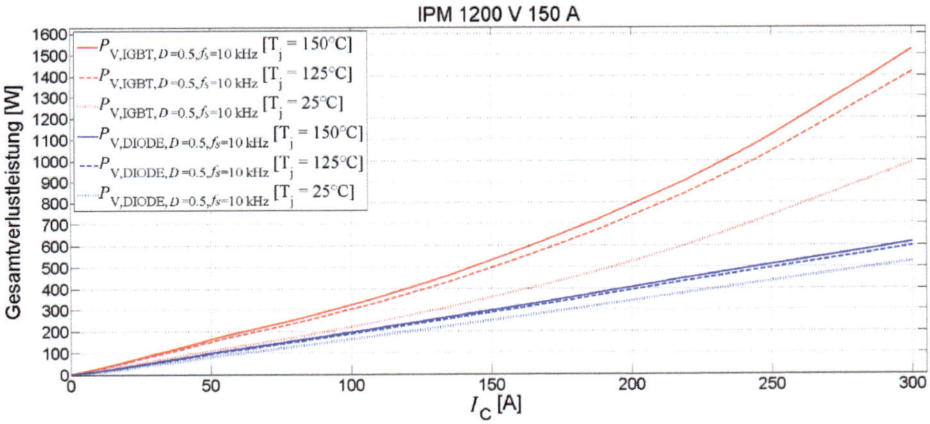

Bild 5.4: Verlustleistung der HLE im IPM 1200 V 150 A in Abhängigkeit von der Sperrschichttemperatur

Die Abbildung verdeutlicht das Problem, dass die im Datenblatt enthaltenen Angaben zu inneren Verlusten der HLE für die Erstellung eines Verlustleistungsmodells, auf dessen Basis eine online–Prädiktion der Sperrschichttemperatur erfolgen soll, als unzureichend bewertet werden muss. Den mit gestrichelten Linien dargestellten Verläufen liegen Annahmen zugrunde, da die benötigten Informationen nicht aus dem Datenblatt entnommen werden können. Lediglich bezüglich der Grenzsperrschichttemperatur von 150°C liegt eine ausreichende Datenbasis vor. Dies versetzt den Anwender in die Lage, zumindest die Grenzbelastbarkeit des IPM für seine Applikation abzuschätzen. Die tatsächlich auftretenden Verluste beziehungsweise Schaltenergien unter realen Betriebsbedingungen sind nur durch Messungen zugänglich.

Die folgenden theoretischen Betrachtungen der kurzzeitigen Belastung eines Gleichstromstellers oberhalb von dessen zulässigem Dauerstrom basieren auf dem nach Datenblattangaben und eigenen Annahmen erstellten Verlustleistungsmodell. Für eine experimentelle Verifizierung wird die Erstellung eines Modells als applikationsspezifisches Abbild der Verlustleistungen der HLE im eingesetzten IPM durch messtechnische Erfassung als erforderlich eingeschätzt.

RC–Netzwerk und Zustandsraummodell

Aus dem Datenblatt kann die Beschreibung der zeitlichen thermischen Reaktion der HLE auf Verlustleistungseinträge in Form sogenannter „Kurven der thermischen Impedanz“ entnommen werden. Diese charakterisieren das thermische Verhalten der Bauelemente zwischen Sperrschicht und Modulgehäuse. Die Weiterverarbeitung für eine modellbasierte online–Temperaturschätzung erfolgt in drei Teilschritten:

- Ableitung der Parameter eines RC–Netzwerks, welches der im Datenblatt hinterlegten Kühlkurve entspricht,
- Erweiterung des RC–Netzwerks um die Parameter des ausgewählten Kühlsystems mit dabei notwendiger Parametertransformation und
- Überführung des resultierenden RC–Netzwerks in ein Zustandsraummodell als Voraussetzung zur Einbindung eines Zustandsbeobachters.

Tabelle 5.1: Für Vorbetrachtungen verwendete Parameter des RC–Netzwerks nach Bild 4.9

IPM 1200 V 150 A		N					
		1	2	3	4	WLP / 5	Cool / 6
IGBT's							
RH_{iN}	[K/W]	0.0170	0.0115	0.1407	0.0230	0.0100	0.0070
CH_{iN}	[Ws/K]	0.004	0.64	0.26	4.55	100.00	1350.00
Ra_{iN}	[K/W]	0.0483	0.1119	0.0252	0.0099	0.0086	0.0054
Ca_{iN}	[Ws/K]	0.07	0.18	0.46	10.67	113.34	1620.40
DIODEN							
RH_{dN}	[K/W]	0.0187	0.0405	0.0146	0.2334	0.0100	0.0070
CH_{dN}	[Ws/K]	0.03	2.04	0.03	0.14	90.91	1350.00
Ra_{dN}	[K/W]	0.0727	0.2222	0.0148	0.0089	0.0001	0.0055
Ca_{dN}	[Ws/K]	0.04	0.11	5.57	101.86	738.20	804.32

Tabelle 5.1 enthält die durch die ersten zwei Bearbeitungsschritte ermittelten Modellparameter. Mitunter geben Hersteller von IPM im Datenblatt zusätzlich oder alternativ zu den „Kurven der thermischen Impedanz“ die RC–Parameter direkt an. In diesem Fall entfällt der erste Bearbeitungsschritt. Für den vorliegenden Fall wurde ein eigenes Softwarewerkzeug eingesetzt, welches die Datenblattkurven mit RC–Parametern annähert. Die Zahl der RC–Glieder kann frei gewählt werden, in der Praxis hat sich der Einsatz von mindestens vier RC–Gliedern bewährt.

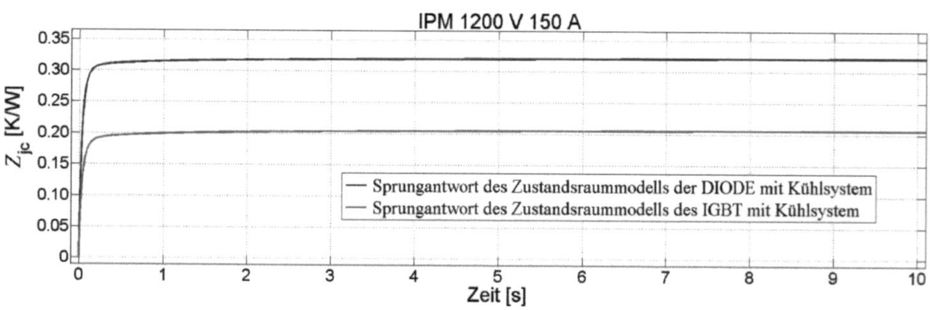

Bild 5.5: Sprungantworten der ZRM von IGBT und DIODE des IPM 1200 V 150 A mit Kühlsystem

Bild 5.5 zeigt die Sprungantworten der ZRM von IGBT und DIODE im ausgewählten Leistungsmodul mit angeschlossenem Kühlsystem als Resultat aller drei Bearbeitungsschritte. Die Vorgehensweise zur Überführung eines RC–Netzwerks in ein ZRM mit identischem Ein–/Ausgangsverhalten wurde in Kapitel 3 beschrieben.

Erweiterung des Zustandsraummodells um einen Beobachter

Alle weiteren Betrachtungen werden am Beispiel der IGBT im IPM erläutert und gelten sinngemäß für die DIODEN. Die Zustandsrückführung der Sperrschichttemperatur entspricht einer klassischen Regelungsaufgabe, für die sich der Einsatz eines Luenberger–Beobachters anbietet [LUN 02]. Die Wahl der Eigenwerte der Regelstrecke mit Beobachter soll so erfolgen, dass diese deutlich links der dominierenden Eigenwerte der Zustandsvariablenmatrix A in der linken komplexen Zahlenebene liegen. Hierfür ist der Betrag der Eigenwerte von [A - L×C] etwa zwei– bis sechsfach größer zu wählen als der Betrag der Realteile der dominierenden Eigenwerte von A [LUN 02]. Mit L wird die Rückführmatrix bezeichnet, C ist der Ausgangsvektor (siehe Bild 5.6).

Das beschriebene Vorgehen zum Auffinden der Rückführmatrix setzt voraus, dass das Zustandsraummodell der Strecke in Beobachternormalform vorliegt. Ist dies, wie im hier untersuchten Fall, nicht gegeben, muss diese zunächst erstellt werden. In Matlab steht dafür die Funktion *acker* zur Verfügung, wird jedoch für Systeme mit Ordnungen größer 5 aus Stabilitätsgründen nicht empfohlen. Alternativ wird die aus diesem Grund eingesetzte Funktion *place* vorgeschlagen. Im vorliegenden Fall errechnet die Matlab–Bibliothek *Linear Analysis* eine redundante Form des Zustandsraummodells. Es wird daher davon ausgegangen, dass *place* zur Bestimmung von L geeignet ist.

Mit der ermittelten Rückführmatrix sind alle Parameter zur Modellierung der zu realisierenden Temperaturschätzung bekannt. Bild 5.6 zeigt die umgesetzte Struktur eines Luenberger–Beobachters, mit B wird der Eingangsvektor bezeichnet.

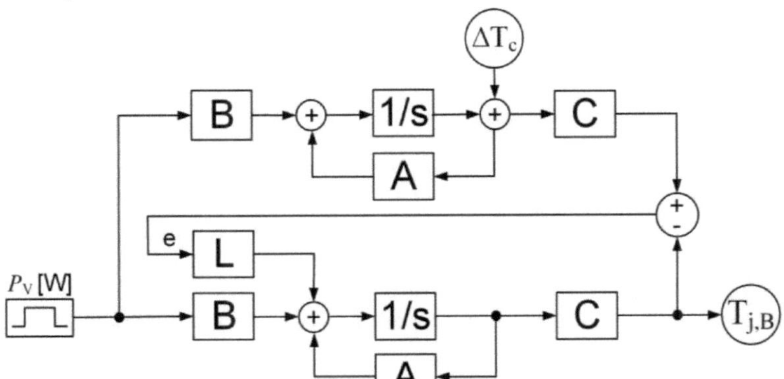

Bild 5.6: Modell zur Schätzung der Sperrschichttemperatur

Für eine Gütebewertung des Beobachters wurde das Prozessstreckenmodell mit einem Anfangszustand $\Delta T_C = 10$ K versehen und das Abklingen des Fehlers e (Differenz der Gehäusetemperatur zwischen Messung und Schätzung) aufgezeichnet (Bild 5.7). Das ermittelte Abklingverhalten ist im Verhältnis zum zeitlichen Verhalten des Prozesses (Anstieg auf 80% Endwert in ca. 450 ms, vgl. Bild 5.5) als ausreichend schnell einzuschätzen.

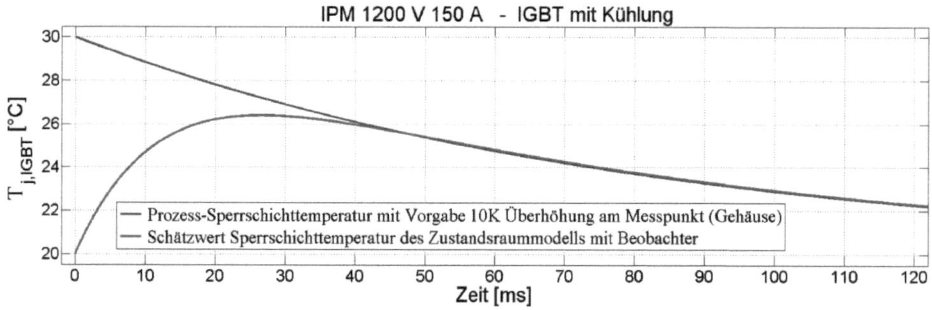

Bild 5.7: Differenz der Sperrschichttemperatur zwischen Messung und Schätzung

Weiterhin erfolgte die Überprüfung des Beobachtermodells mit veränderten Modellparametern. Dazu wurde dem System durch Erhöhung der Wärmeleitwiderstände um 20 % ein Verhalten unterstellt, wie es zum Ende der Lebensdauer des IPM erwartet werden kann (vgl. Kapitel 2.5). Die sich bei sprungförmiger Belastung mit einer Verlustleistung von $P_V = 500$ W bei unterstellter konstanter Gehäusetemperatur ergebenden Temperaturverläufe der Sperrschicht sind vergleichend für beide Modellvarianten in Bild 5.8 dargestellt.

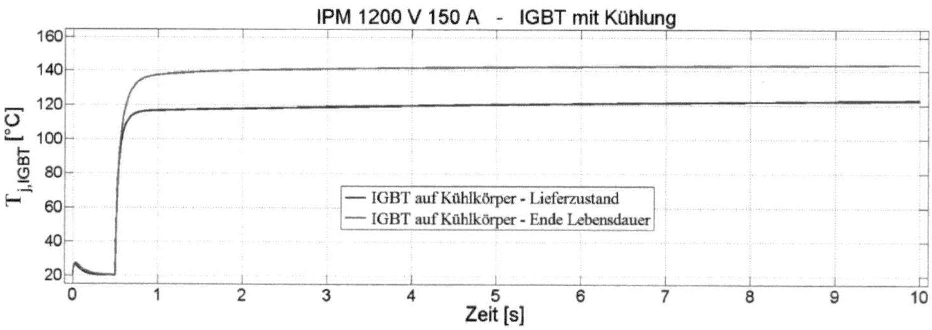

Bild 5.8: Übergangsverhalten (Sperrschichttemperatur) für variierte Parameter des Kühlsystems

Das Beobachtermodell reagiert unverändert bezüglich des Abklingens des Fehlers e, auf eine erneute Darstellung nach Bild 5.7 wurde verzichtet. Im Langzeitverhalten ergeben sich erwartungsgemäß höhere Sperrschichttemperaturen bei gleichem Verlustleistungseintrag. Das Modell bleibt auch mit deutlich veränderten Parametern des realen Prozesses beobachtbar. Auf Grund der dargelegten Ergebnisse wird die Güte des Beobachters für den untersuchten Fall als ausreichend bewertet.

Es wird unterstellt, dass die Datenblattangaben zur Beschreibung der entstehenden Verlustleistung unter Betriebsbedingungen und zur Erstellung der RC–Netzwerke mit angeschlossenem Kühlsystem für die angestrebte online–Temperaturschätzung von HLE unzureichend sind. Eine Überprüfung dieser Annahme soll durch experimentelle Bestimmung der Parameter erfolgen. Dabei ist die Ermittlung der Verlustleistung in Abhängigkeit der Sperrschichttemperatur und des übertragenen Stroms ein vordringliches Untersuchungsziel, da diese Daten in der Regel nicht Bestandteil der Datenblätter für IPM sind.

5.2.2 Sollstromvorgabe

Durch Reduktion der Sollstromvorgabe als Reaktion auf eine kritische Annäherung der errechneten Sperrschichttemperatur an deren Auslegungsgrenze soll eine Zerstörung der Leistungshalbleiter infolge thermischer Überlastung sicher verhindert werden. Die Implementierung einer Schutzeinrichtung gegen thermische Überlastung der Leistungselektronik in den regelungstechnischen Teil des Gleichstromstellers ist zwingend dann erforderlich, wenn der Betrieb oberhalb des zulässigen Dauerstroms zugelassen wird.

Ausgehend von einem geeigneten Modell zur Schätzung der Sperrschichttemperatur aus einer gemessenen Temperatur im oder am Leistungsmodul wurden zwei Ansätze zur Begrenzung des Sollstroms und damit der entstehenden Verlustwärmeleistung entwickelt. Diese Ansätze werden nachfolgend kurz erläutert.

Derating

Ausgehend von einer oberen Sperrschichttemperaturgrenze $\mathrm{T}_{j,OG}$ wird bei Überschreitung einer unteren Temperaturschwelle $\mathrm{T}_{j,UG}$ der zulässige Strom entsprechend dem Verhältnis von momentaner zu maximaler Temperaturdifferenz vermindert. Solange die geschätzte Sperrschichttemperatur unterhalb $\mathrm{T}_{j,UG}$ liegt, erfolgt keine Stromreduktion und es gilt als obere Stromgrenze der maximal zulässige Strom I_{max} nach Datenblatt. Zwischen $\mathrm{T}_{j,UG}$ und $\mathrm{T}_{j,OG}$ wird der Strom reduziert und somit eine Überschreitung von $\mathrm{T}_{j,OG}$ verhindert. Erreicht die geschätzte Sperrschichttemperatur $\mathrm{T}_{j,OG}$, muss der zulässige Stromsollwert I_{zul} weiter reduziert werden, um ein weiteres Ansteigen der Sperrschichttemperatur auszuschließen:

$$I_{zul} = I_{max} \cdot \left[1 - \frac{\mathrm{T}_{j,B} - \mathrm{T}_{j,UG}}{\mathrm{T}_{j,OG} - \mathrm{T}_{j,UG}} \right] \tag{5.1}$$

mit: I_{zul} - berechnete Sollstromvorgabe [A],
I_{max} - maximaler zulässiger Strom [A],
$\mathrm{T}_{j,B}$ - geschätzte Sperrschichttemperatur [°C],
$\mathrm{T}_{j,UG}$ - Einsatzgrenze für Überwachung [°C],
$\mathrm{T}_{j,OG}$ - maximal zulässige Sperrschichttemperatur [°C].

Impedanz

Aus der Kurve der thermischen Impedanz Z_{ja} (Index a: Umgebung (ambient)) wird für einen technologisch sinnvollen Zeitbereich empirisch ermittelt, welche Temperaturerhöhung durch einen Verlustleistungseintrag von 1 W an der Sperrschicht verursacht wird. Für diesen Wert wird die Variable w [K/W] eingeführt.

Im untersuchten Fall ergibt sich w = (0,1759-0,1693) K/W = $5{,}4 \cdot 10^{-3}$ K/W bei Ansatz einer Zykluszeit von 20 ms, für die eine sichere Überwachung des Prozesses technisch realisierbar erscheint (Bild 5.9). Die gewählte Zykluslänge ist in der Praxis unter anderem abhängig von der Frequenz der Messdatenerfassung, der Dynamik der Stromregelstrecke sowie der Qualität der Datenübertragung (Frequenz und Ausfallsicherheit). Der Wert für w muss gegebenenfalls angepasst werden.

Der statische Wert w wird nach folgender Formel benutzt, um für jeden Zeitschritt einen maximal zulässigen Strom in Abhängigkeit von der Differenz zwischen maximaler und geschätzter Sperrschichttemperatur zu ermitteln:

$$I_{\mathrm{zul}} = \frac{1}{k} \cdot \frac{\mathrm{T_{j,OG}} - \mathrm{T_{j,B}}}{w} \tag{5.2}$$

mit: k - spezifische Verlustleistung beim berechneten Stromwert [W/A],
w - spezifische Temperaturerhöhung (empirisch) [K/W].

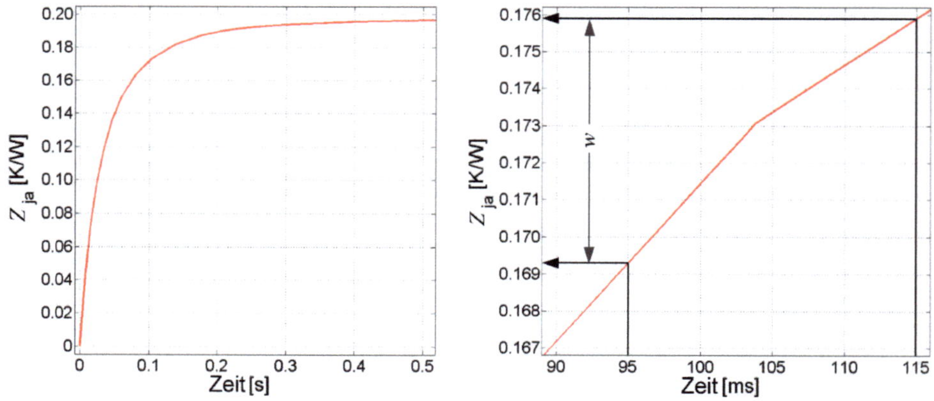

Bild 5.9: Kurve der thermischen Impedanz in unterschiedlichen Zeitbereichen

Zur Überprüfung der Wirksamkeit beider Verfahren wurde die Stromreduktion in Abhängigkeit der geschätzten Sperrschichttemperatur aufgezeichnet (Bild 5.10). Im oberen Teildiagramm sind die Verläufe der Stromverläufe und im unteren die Verläufe der sich einstellenden Sperrschichttemperaturen dargestellt. Die untere Sperrschichttemperaturschwelle ist bei 135°C gewählt, die obere Temperaturgrenze, im Datenblatt mit 175°C angegeben, ist bei 150°C festgesetzt.

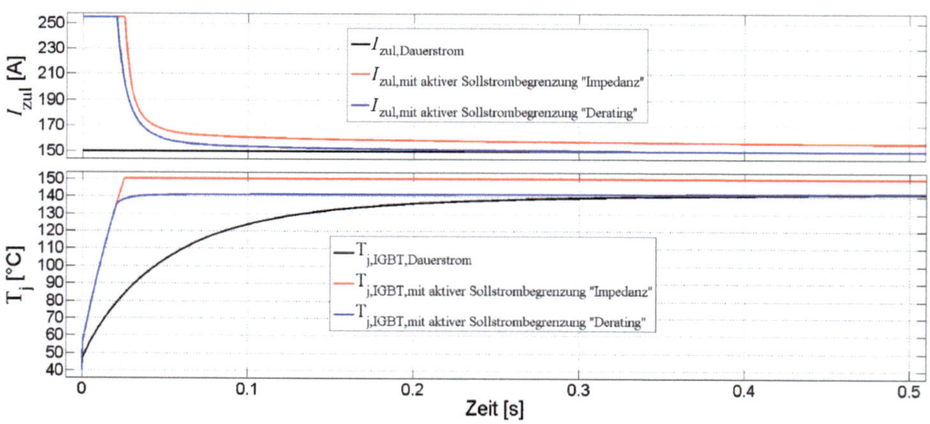

Bild 5.10: Stromreduktion und geschätzte Sperrschichttemperatur in Abhängigkeit von der Zeit

Prinzipiell erweisen sich zur Kontrolle der Sperrschichttemperatur beide Verfahren als geeignet. Mit den gewählten Werten für untere Schwelltemperatur und obere Grenztemperatur ergibt sich eine bessere Ausnutzung der verfügbaren thermischen Reserve bei Anwendung des Verfahrens „Impedanz“ gegenüber dem Verfahren „Derating“. Für den Ladeprozess eines DLC–Energiespeichers hätte die Anwendung beider Verfahren eine Verkürzung der notwendigen Ladezeit zur Folge. Aufgrund der dargelegten Schwierigkeiten bei der Beschaffung geeigneter Test–IPM erfolgt die Behandlung der Thematik an IPM, die wesentlich kleinere Stromtragfähigkeiten und thermische Zeitkonstanten aufweisen, als dies für die unterstellte Anwendung der Fall wäre.

Es wird erwartet, dass das Potential zur Beschleunigung der Schnellladevorgänge von DLC–Speichern bei Einsatz von IPM mit notwendigerweise wesentlich höherer Stromtragfähigkeit deutlich größer ist.

Bei Anwendung eines der beiden beschriebenen Verfahren muss neben der Messung einer Temperatur, möglichst nah an den Sperrschichten der überwachten HLE, ebenfalls deren aktuelle Verlustleistung in Abhängigkeit des übertragenen Stroms und der geschätzten Sperrschichttemperatur ermittelt werden.

5.3 Versuchsanordnung

Aus den Vorbetrachtungen wurde die Notwendigkeit abgeleitet, die thermische Charakterisierung der einzelnen HLE des IPM mit angeschlossenem Kühlsystem, sowie deren Verlustleistungsbeschreibung experimentell zu verifizieren. Neben dem zu übertragenden Strom und der aktuellen Sperrschichttemperatur beeinflusst ebenfalls die Sperrspannung die inneren Verluste eines HLE in nicht zu vernachlässigender Höhe [BLA 96]. Dieser Einflussfaktor wurde durch eine konstante Eingangsspannung des Tiefsetzstellers eliminiert.

Der zur Umsetzung der Zielstellung konzipierte und realisierte Versuchsstand nach Bild 5.11 unterteilt sich in die Energieversorgung (Einspeisung), den experimentell zu untersuchenden leistungselektronischen Teil (Tiefsetzsteller mit Treiberplatine), die Ansteuerung der Treiberplatine (Funktionsgenerator) sowie die zentrale Steuer–und Regeleinrichtung (ds1103). Zur Anzeige und Aufzeichnung von Messwerten wird ein Digitalspeicheroszilloskop (DSO) eingesetzt. Für einen sicheren Betrieb der Versuchsanlage sind weitere Bestandteile, wie die Entladeschaltung für den Zwischenkreiskondensator und eine Sicherheitsschaltung für den IGBT–Treiber, der dessen sicheren AUS–Zustand während Initialisierungsvorgängen garantiert, notwendig, werden nachfolgend jedoch nicht näher beschrieben.

Die Einspeisung kann im stationären Zustand als Konstantspannungsquelle betrachtet werden. Die Ausgangsspannung ist nicht potentialfrei. Der Hin– und Rückleiter der Einspeisung ist mit dem Erdpotential über hochohmige Widerstände und Kapazitäten gekoppelt.

Der Kondensator C_{DC} arbeitet als Spannungspuffer und ermöglicht eine nahezu konstante Gleichspannung während des Schaltbetriebs. Hierdurch wird die nur begrenzt dynamische Spannungsregelung der Einspeisung entlastet.

Die Bedienung des Versuchsstands erfolgt über ein Automatisierungssystem, für dessen Aufbau eine Steuerkarte in Verbindung mit einem PC eingesetzt wird. Ein DSO dient zur Aufnahme hochauflösender Signalverläufe, die von der ds1103 nicht ausreichend schnell erfasst werden können. Zur Anpassung der Signalbereiche zwischen den Messwerten und dem Oszilloskop werden Spannungstastköpfe verwendet. Die Langzeitstrommessung wird mittels eines Durchsteckstromwandlers durchgeführt, für die Strommessung während der hochfrequenten Schaltvorgänge kommt ein Koaxialshunt zum Einsatz. Der Lastverbraucher wird durch einen Hochleistungswiderstand (R) realisiert, die zur Funktionalität des Tiefsetzstellers notwendige Stellinduktivität bildet eine Eisenkernspeicherdrossel (L).

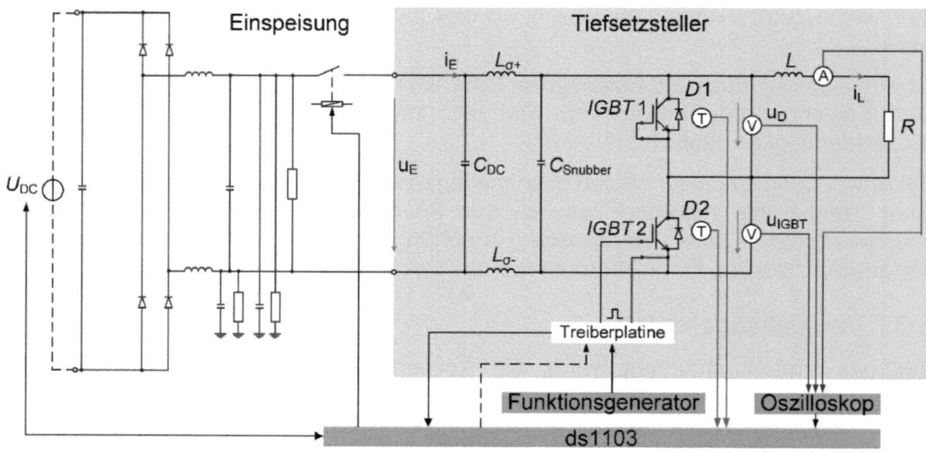

Bild 5.11: Schaltskizze Versuchsstand

Parallel zu den Leistungsanschlüssen des IPM wurde ein sogenannter Snubberkondensator $C_{Snubber}$ installiert. Dieser Schaltentlastungszweig vermindert die auftretende Überspannung während des Abschaltvorgangs des IGBT, verursacht aber gleichzeitig Oszillationen im Stromkreis durch die in der Hin– und Rückleitung vom Zwischenkreis ausgebildeten parasitären Induktivitäten $L_{\sigma+}$ und $L_{\sigma-}$.

Zur thermischen Charakterisierung des IPM mit Kühlsystem und Aufnahme der Strom– und Sperrschichttemperaturabhängigen Verlustleistung wird die Treiberplatine über einen Funktionsgenerator angesteuert. Für die Erprobung der Stromregelung ist diese Funktion durch ein Ausgangssignal des Automatisierungssystems realisiert.

5.3.1 Kenndaten der Tiefsetzsteller–Schaltung

Tabelle 5.2: Kenndaten der zu einem Tiefsetzsteller verschalteten Komponenten

Eingangskondensator	C_{DC}			
Kapazität	3.7	mF		
Spannungsfestigkeit	900	V		
Stellinduktivität	L			
Nenninduktivität	0.5	mH		
Spannungsfestigkeit	1200	V		
maximaler Strom	250	A		
IPM	$IGBT2$		$D1$	
Spannungsfestigkeit	1200	V	1200	V
Nennstrom	150	A	150	A
max. Strom ($T_C = 25°C$)	232	A	189	A
max. Sperrschichttemperatur	175	°C	175	°C
Entlastungskondensator	$C_{Snubber}$			
Kapazität	2.0	µF		
Spannungsfestigkeit	850	V		
Lastwiderstand	R		Reihe	Parallel
Nennwiderstand einphasig	3.6	Ω	7.2 ; 10.8	1.8 ; 1.2
Dauerleistung	36	kW	Der Lastwiderstand besteht aus drei separaten Elementen	
Spannungsfestigkeit	815	V		

Der leistungselektronische Teil der Versuchsanordnung ist als Tiefsetzsteller mit dem Eingangskondensator C_{DC}, dem Leistungsschalter *IGBT*2 mit der zugehörigen Freilaufdiode Diode *D*1, der Stellinduktivität *L* und dem Lastwiderstand *R* ausgebildet. Zusätzlich wurde, wie beschrieben, der Kondensator $C_{Snubber}$ zur Schaltungsentlastung installiert. Tabelle 5.2 enthält die wichtigsten Kenndaten der eingesetzten Komponenten.

5.3.2 Gerätebeschreibungen

Für ein erweitertes Verständnis der Versuchsanordnung wird ein Überblick der wichtigsten Eigenschaften einiger eingesetzter Geräte als notwendig erachtet und im Anschluss dargelegt.

Einspeisung

Am Versuchsstand steht einspeiseseitig ein Fahrzeugenergieversorgungssystem (FES 150) der Firma Thüringer Leistungselektronik Union Nordhausen zur Verfügung. Die Einspeisung ist als Vierquadrantensteller aufgebaut und über einen Hausanschluss mit dem Energieversorgungsnetz verbunden. Bis zu einer Ausgangsspannung von U_{DC} = 625 V können maximal I_{DC} = 240 A eingespeist und innerhalb der Betriebsgrenzen variabel vorgegeben werden. Die Spannungsregelung ist im Einspeisesystem integriert.

Funktionsgenerator

Zur Ansteuerung der Treiberplatine, welche die Schaltimpulse für den IGBT erzeugt, wird innerhalb der Charakterisierung des IPM ein Funktionsgenerator AFG3022B der Firma Tektronix eingesetzt. Bei einer Auflösung von 100 kHz kann mit dem Gerät eine frei programmierbare Signalfolge bis zu einer Gesamtlänge von 25 ms und mit einem Signalpegel von bis zu 10 V_{PP} ausgegeben werden.

Automatisierungssystem

Als zentrales Steuergerät wird eine Steuerkarte ds1103 der Firma dSpace in Verbindung mit einem PC verwendet. Die Karte verfügt über eine CAN–Schnittstelle, mit welcher die Ansteuerung der Einspeisung realisiert wird. Die Modellbildung für diese Ansteuerung und für die vorgesehene Stromregelung zur Ansteuerung der Treiberplatine des Tiefsetzstellers kann durch die gewählte Hardwarelösung in Matlab/Simulink® erfolgen. Über die D/A–Ausgänge der Karte werden die erzeugten Signale an die Einspeisung und die Treiberplatine ausgegeben. Weiterhin stehen ausreichend viele analoge und digitale Eingänge zur Verfügung, über die im laufenden Betrieb Messwerte und Statusmeldungen der zu überwachenden Komponenten eingelesen werden können. Für die Funktion des Versuchsstands werden dabei im Einzelnen benötigt:

- Spannungen am Ausgang der Einspeisung, über der Freilaufdiode *D*1 und über dem *IGBT*2,
- Strom durch die Drossel *L*,
- Temperaturen an der Freilaufdiode *D*1 und am *IGBT*2 und
- Zustandsrückmeldung der Treiberplatine.

5.3.3 Spezielle Anforderungen

Beim Aufbau und der schrittweisen Inbetriebnahme des Versuchsstandes traten einige spezielle Probleme auf, deren Lösung nachfolgend dargelegt wird.

Strommessung

Die kontinuierliche Erfassung des Stroms i_L über der Stellinduktivität ist eine notwendige Voraussetzung zum Aufbau der vorgesehenen Stromregelung. Es zeigte sich, dass mit dem zur Strommessung eingesetzten Messumformer (Durchsteckwandler) bei Störungen, beispielsweise einer Störstrahlung auf die Messleitung, ein verwertbares Messsignal nicht kontinuierlich zur Verfügung steht. Das Problem wurde durch die Implementierung einer Mittelwertbildung im Automatisierungssystem behoben. Bei einer Abtastfrequenz von 100 kHz schließt die Mittelwertbildung jeweils 1000 Messpunkte ein, wodurch aller 10 ms ein neuer Wert für die Weiterverarbeitung zur Verfügung steht.

Für die Erfassung der Strom– und Sperrschichttemperaturabhängigen Verlustleistung der HLE im IPM ist der für die kontinuierliche Strommessung eingesetzte Durchsteckwandler aus zwei Gründen ungeeignet. Zum einen weist er durch das zugrundeliegende Messprinzip der induktiven Kopplung ein wesentlich trägeres Anstiegsverhalten auf, als es für die Messung der steilflankigen Ströme beim Ein– und Ausschalten des Leistungsschalters benötigt wird. Darüber hinaus besteht die Gefahr, dass mit der Primärwicklung des Durchsteckwandlers eine nicht unerhebliche parasitäre Induktivität in den Schaltungsaufbau eingebracht wird. Zur Lösung der Problematik wird für die Charakterisierung des IPM ein Koaxial–Shunt eingesetzt. Bild 5.12 zeigt den Aufbau eines Koaxial–Shunts und das Messprinzip in schematischer Darstellung. Koaxial aufgebaute Widerstände besitzen eine sehr hohe Genauigkeit des Widerstandswertes und weisen eine sehr geringe parasitäre Induktivität auf. Die Grenzfrequenz ist ausreichend hoch, wodurch die zu messenden Ströme wirklichkeitsnah abgebildet werden können.

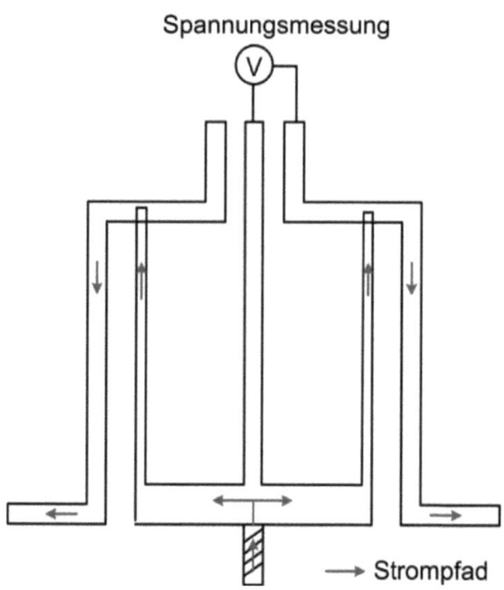

Bild 5.12: Aufbau Koaxial–Shunt

Für eine kontinuierliche Strommessung ist der eingesetzte Koaxial–Shunt nicht geeignet, da dieser ein stark limitiertes Energieabsorptionsvermögen aufweist, wodurch der Sensor bei kontinuierlicher Strombelastung der Gefahr einer thermischen Zerstörung ausgesetzt wäre.

Parasitäre Induktivitäten

In der Literatur wird vielfach auf die Bedeutung einer möglichst induktivitätsarmen äußeren Beschaltung von IPM hingewiesen [RED 97, SEM 11]. Parasitäre Induktivitäten verursachen beim Ausschalten Überspannungen und beim Einschaltvorgang eine Verzögerung des Stromanstiegs. Darüber hinaus können sie eine unerwünschte induktive Kopplung zwischen Steuer– und Leistungskreis bewirken. Nach [SEM 11] kommt zur Vermeidung dieser negativen Effekte vor allem der induktivitätsarmen Zwischenkreisanbindung eine besondere Rolle zu. Durch den Anwender ist diesem Aspekt sowohl bei der Ankopplung des IPM als auch des Zwischenkreiskondensators an den Zwischenkreis besondere Beachtung zu schenken. In der Praxis haben sich eng parallelgeführte Plattensysteme durchgesetzt, die in der Regel aus Kupfer ausgeführt werden. Die beschriebenen Gestaltungshinweise wurden bei der Realisierung der Versuchsanordnung berücksichtigt.

Snubberschaltung

Selbst bei Beachtung der zuvor beschriebenen Gestaltungshinweise zur induktivitätsarmen Anbindung des IPM an den Spannungszwischenkreis kann sich durch die Gesamtanordnung ein unbefriedigendes Schaltverhalten einstellen. Der Anwender ist im Vorfeld, bedingt durch die Komplexität der inneren Beschaltung der IPM mit Induktivitäten, Kapazitäten und Widerständen, nur bedingt in der Lage, eine ausreichend gute äußere Verdrahtung des IPM in der Gesamtschaltung zu konzipieren. Ebenfalls in [SEM 11] wird vorgeschlagen, die Wirkung der verbleibenden Restinduktivität $L_{\sigma+}$ und $L_{\sigma-}$ durch den Anschluss eines metallisierten Kunststofffolienkondensators mit einer Nennkapazität von 0,1...2 µF direkt an den Zwischenkreisklemmen der Leistungsmodule weiter abzuschwächen.

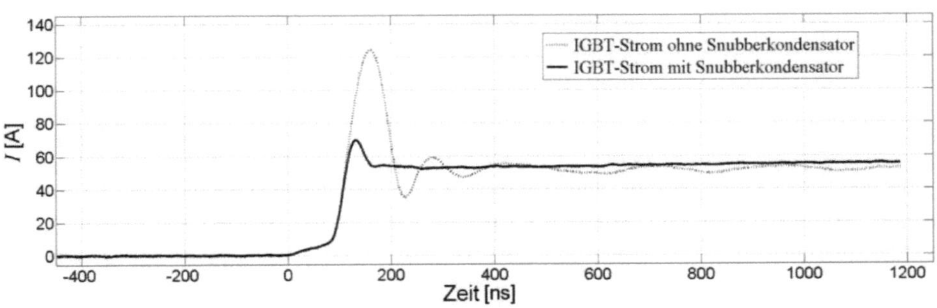

Bild 5.13: Einschaltverhalten des IGBT mit und ohne Entlastungskondensator

Bei der Inbetriebnahme des Tiefsetzstellers ergab sich die Notwendigkeit einer zusätzlichen Beschaltung mit einem Snubberkondensator. In Bild 5.13 ist das Einschaltverhalten des *IGBT*2 (vgl. Bild 5.11) vergleichend vor und nach Integration des Snubberkondensators dargestellt. Durch die Maßnahme konnte das Schaltverhalten wesentlich verbessert und das Überschwingen des IGBT–Stroms beim Einschalten auf den herstellerseitig empfohlenen Wert von etwa 20 % reduziert werden.

5.4 Experimentelle Verifizierung

Mit dem skizzierten Versuchsaufbau und den beschriebenen Maßnahmen steht eine Laboreinrichtung zur Verfügung, mit der die angestrebten Untersuchungsziele:

- Ermittlung der Verlustleistungskennfelder der HLE unter realen Betriebsbedingungen,
- Ermittlung der thermischen Impedanzen des angeschlossenen Kühlsystems und
- Erprobung der Sperrschichttemperaturschätzung und der darauf basierenden Sollstromvorgabe

realisiert werden können. Im Folgenden werden für die einzelnen Zielstellungen die Vorgehensweisen theoretisch erläutert und die ermittelten Untersuchungsergebnisse dargestellt.

5.4.1 Ermittlung der Verlustleistung der Leistungshalbleiter im Betrieb

Wie in Kapitel 3 dargelegt, ergeben sich die Gesamtverlustleistungen der HLE im IPM summarisch aus Schalt– und Durchlassverlusten. Zur Berechnung der Durchlassverluste müssen die statischen Kennlinien $U_{CE} = f(I_C, T_{j,IGBT})$ und $U_{VS} = f(I_D, T_{j,DIODE})$ der HLE bekannt sein.

Für die Ermittlung der Verlustleistung der HLE im Betrieb kam ein IPM 1200 V 150 A zum Einsatz, welches herstellerseitig mit Drahtthermoelementen an den untersuchten Leistungshalbleitern ausgestattet ist (Bild 5.3). Hierdurch können die Sperrschichttemperaturen bei der Versuchsdurchführung präzise eingestellt werden.

Einzelimpulsverfahren

Zur Aufnahme der statischen Kennlinien von Leistungshalbleitern hat sich das Einzelimpulsverfahren an einem Tiefsetzsteller durchgesetzt. Das Bauelement wird bei diesem Verfahren mit einem Einzelimpuls angesteuert, mit dem Ziel, die inneren Verluste so gering zu halten, dass die Verfälschung der Messwerte durch eine Temperaturänderung während der Messung vernachlässigbar klein wird. Die Impulslänge muss folglich so klein wie möglich gewählt werden. Zur Ermittlung der statischen Kennwerte müssen die Schaltvorgänge jedoch abgeschlossen sein. Es ist somit eine Mindestimpulslänge erforderlich. Für die Bestimmung der maximalen Impulslänge für das Einzelimpulsverfahren wurde das zuvor aus Datenblattangaben erstellte Verlustleistungsmodell sowie das ebenfalls auf Datenblattangaben basierende thermische Modell des IPM mit Kühlkörper eingesetzt. Für den maximal möglichen Strom von 232 A des IGBT ergibt die Modellberechnung bei einer Impulslänge von 20 µs eine Temperaturerhöhung der Sperrschicht $\Delta T_{j,IGBT} < 0.2$ K. Im Vergleich mit der nominalen Einschaltzeit des IGBT von 200 ns erscheint die verfügbare Impulslänge zur Bestimmung der statischen Kennlinien $U_{CE} = f(I_C, T_{j,IGBT})$ und $U_{VS} = f(I_D, T_{j,DIODE})$ ausreichend lang.

Für die Aufnahme statischer Kennlinien und die Bestimmung von Schaltverlusten bei unterschiedlichen Chiptemperaturen ist das Bauelement extern zu erwärmen. Für diesen Zweck wurde in die Versuchsanordnung ein entsprechendes Heizelement integriert.

IGBT – Durchlassverluste

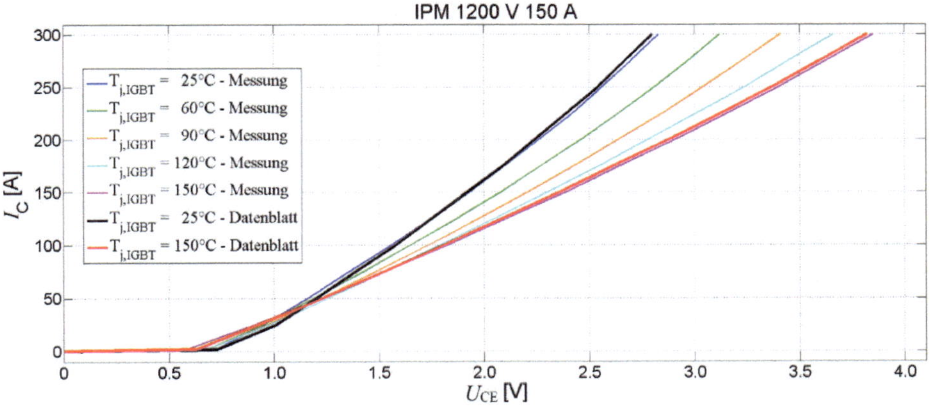

Bild 5.14: Durchlassspannung des IGBT in Abhängigkeit von IGBT-Strom und Sperrschichttemperatur

Bild 5.14 zeigt die experimentell ermittelten Durchlassverluste des IGBT im untersuchten IPM 1200 V 150 A, dargestellt als Durchlassspannung in Abhängigkeit vom Kollektorstrom und der Sperrschichttemperatur des IGBT. Die Versuche wurden mit konstanter Eingangsspannung von 600 VDC durchgeführt.

Zum Vergleich sind die dem Datenblatt [SEM 09] entnommenen Kurven der Durchlassspannung in Abhängigkeit des Kollektorstroms bei maximal zulässiger Sperrschichttemperatur (150°C) und für 25°C Sperrschichttemperatur dargestellt.

Nach Gleichung (3.19) kann aus den ermittelten Messdaten durch Multiplikation mit dem Kollektorstrom und dem Tastverhältnis die Durchlassverlustleistung des IGBT bestimmt werden.

Diode – Durchlassverluste

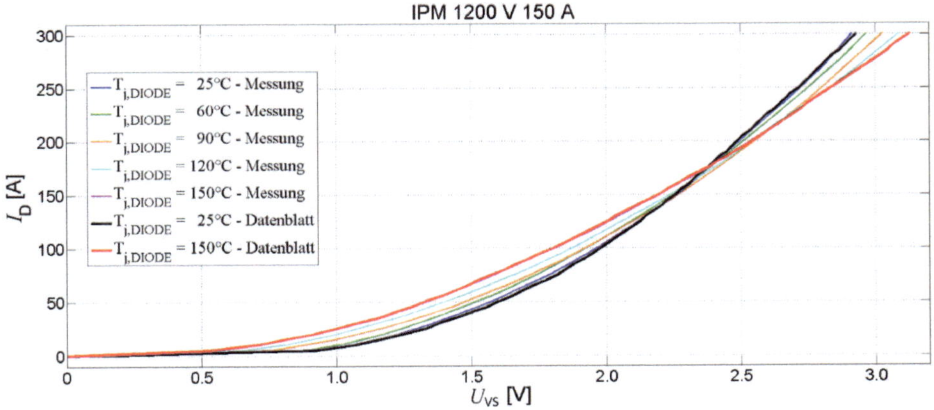

Bild 5.15: Durchlassspannung der Diode in Abhängigkeit von Diodenstrom und Sperrschichttemperatur

Bild 5.15 zeigt die experimentell ermittelten Durchlassverluste der Diode im untersuchten IPM 1200 V 150 A. Dargestellt ist die Durchlassspannung in Abhängigkeit vom Diodenstrom und der Sperrschichttemperatur der Diode bei konstanter Eingangsspannung von 600 VDC.

Zum Vergleich sind die dem Datenblatt [SEM 09] entnommenen Kurven der Durchlassspannung in Abhängigkeit des Diodenstroms bei maximal zulässiger Sperrschichttemperatur (150°C) und für 25°C Sperrschichttemperatur dargestellt. Die bei 150°C Sperrschichttemperatur aufgenommene Messkurve zeigt eine derart hohe Übereinstimmung mit der Datenblattangabe, dass beide Kurven nur bei sehr starker Vergrößerung des Diagramms sichtbare Abweichungen voneinander aufweisen.

Nach Gleichung (3.20) kann aus den ermittelten Messdaten durch Multiplikation mit dem Diodenstrom und dem inversen Tastverhältnis die Durchlassverlustleistung der Diode bestimmt werden.

Doppelimpulsverfahren

Mit dem Doppelimpulsverfahren kann das Schaltverhalten bei freilaufendem Laststrom experimentell ermittelt werden. Durch einen ersten längeren Einschaltimpuls wird Energie in der Lastinduktivität des Tiefsetzstellers gespeichert. Der Prüfling wird kurzzeitig abgeschaltet, während dieser Phase fließt der Strom über die Freilaufdiode. Durch den nachfolgenden eigentlichen Messimpuls übernimmt der Prüfling den Laststrom. Mit dieser Vorgehensweise können das Einschalt– und das Ausschaltverhalten bei vollem Laststrom untersucht werden. Das Verhältnis der Länge des ersten Impulses zur Freilaufzeit sollte so gewählt werden, dass von einer temperaturunabhängigen Messwerterfassung ausgegangen werden kann. Der Stromwert kann in den durch das ohmsche Gesetz vorgegebenen physikalischen Grenzen bei fester Schaltfrequenz mit Hilfe des Tastverhältnisses eingestellt werden. Durch Variation des Lastwiderstandes ist bei konstanter Eingangsspannung am Tiefsetzsteller eine Beeinflussung des maximal übertragbaren Stroms möglich.

IGBT – Ein– und Ausschaltverluste

Für die Beschreibung der Schaltverluste ist eine Definition des Zeitraums erforderlich, über den beim Ein– und Ausschaltvorgang durch Integration der Einschaltverlustleistung $P_{\mathrm{V,on,IGBT}}$ beziehungsweise der Ausschaltverlustleistung $P_{\mathrm{V,off,IGBT}}$ als Produkt aus Kollektorstrom I_{C} und Kollektor–Emitter–Spannung U_{CE} die Schaltverlustenergie bestimmt wird. Im Rahmen der Aufgabenstellung wurden hierfür die Festlegungen nach [SEM 11] übernommen. Die Berechnung der Einschaltverlustenergie $E_{\mathrm{on,IGBT}}$ erfolgt durch Integration der Einschaltverlustleistung zwischen dem Zeitpunkt, zu dem die Gate–Emitter–Spannung U_{GE} 10 % ihres Endwertes $U_{\mathrm{GG+}}$ erreicht, bis zu dem Zeitpunkt, bei dem die Kollektor–Emitter–Spannung U_{CE} etwa 3 % der Betriebsspannung U_{CC} erreicht.

Die Ausschaltverlustenergie $E_{\mathrm{off,IGBT}}$ erfasst die während der definitionsgemäßen Ausschaltzeit entstehenden Verluste und die während der Schweifzeit auftretenden Schweifstromverluste. Sie ergibt sich durch Integration der Ausschaltverlustleistung P_{off} zwischen dem Zeitpunkt, zu dem die Gate–Emitter–Spannung U_{GE} auf 90 % ihres Einschalt–Endwertes $U_{\mathrm{GG+}}$ abgefallen ist, bis zu dem Zeitpunkt, an dem der Kollektorstrom I_{C} 1 % des Laststroms i_{L} unterschreitet.

Bild 5.16 zeigt die Definition der Integrationszeiträume zur Bestimmung der Ein– und Ausschaltverlustenergie eines IGBT als schematische Darstellung.

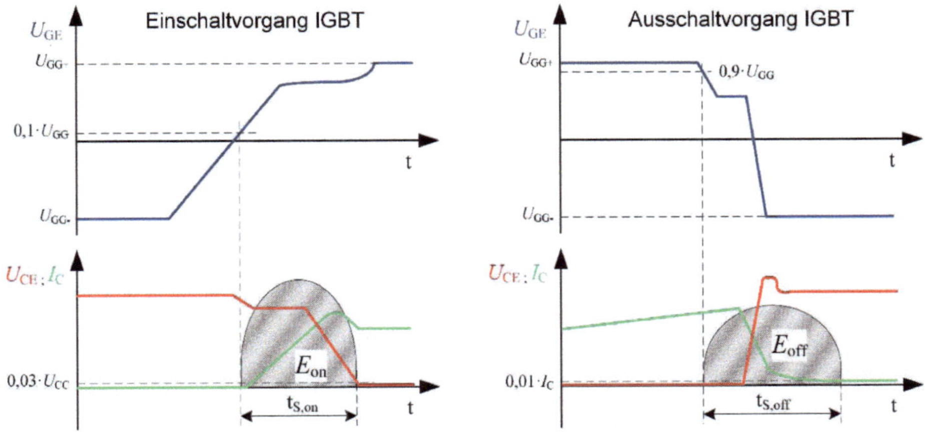

Bild 5.16: Definition der Schaltverluste für die Schaltvorgänge eines IGBT

Für eine bessere Anschaulichkeit der ermittelten Messergebnisse ist das messtechnisch erfasste Schaltverhalten des untersuchten IGBT getrennt nach Ein- und Ausschaltvorgang in Bild 5. 17 dargestellt.

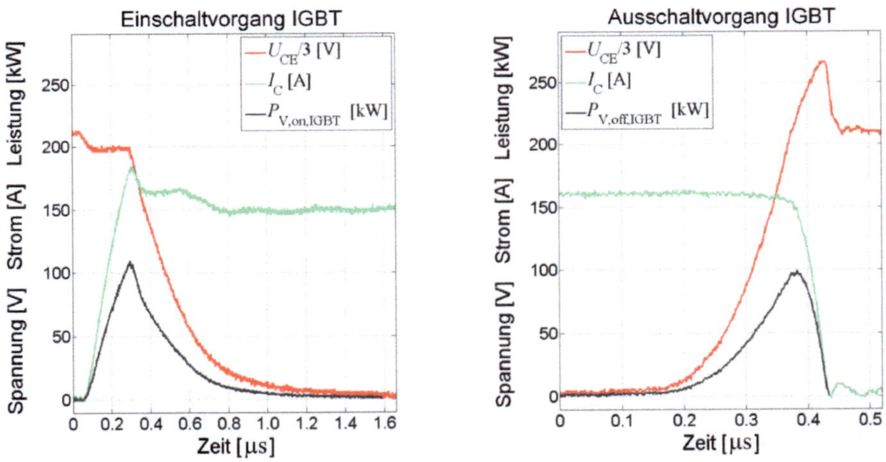

Bild 5. 17: Experimentell ermittelte Schaltvorgänge des untersuchten IGBT im IPM 1200 V 150 A

Bild 5.18 zeigt die Einschaltverlustenergie und Bild 5.19 die Ausschaltverlustenergie des untersuchten IGBT. Die Versuche wurden mit konstanter Eingangsspannung von 600 VDC und einem herstellerseitig empfohlenen Gatewiderstand von 1 Ω durchgeführt.

Zum Vergleich ist die dem Datenblatt [SEM 09] entnommene Kurve der Schaltverlustenergie in Abhängigkeit des Kollektorstroms bei maximal zulässiger Sperrschichttemperatur (150°C) dargestellt. Das Datenblatt enthält keine Angaben für 25°C Sperrschichttemperatur.

Nach Ermittlung der Schaltverlustenergien pro Schaltimpuls können durch Multiplikation mit der Schaltfrequenz f_S nach (3.21) die jeweiligen Schaltverlustleistungen des IGBT bestimmt werden.

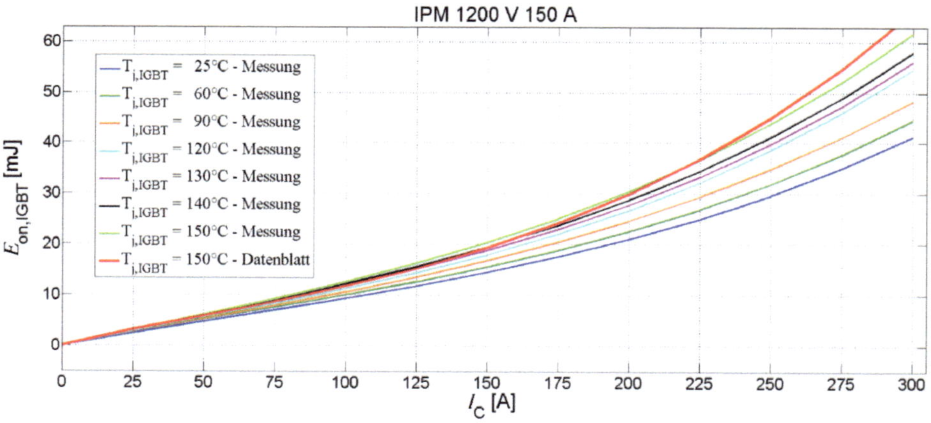

Bild 5.18: Einschaltverlustenergie des IGBT als Funktion von Laststrom und Sperrschichttemperatur

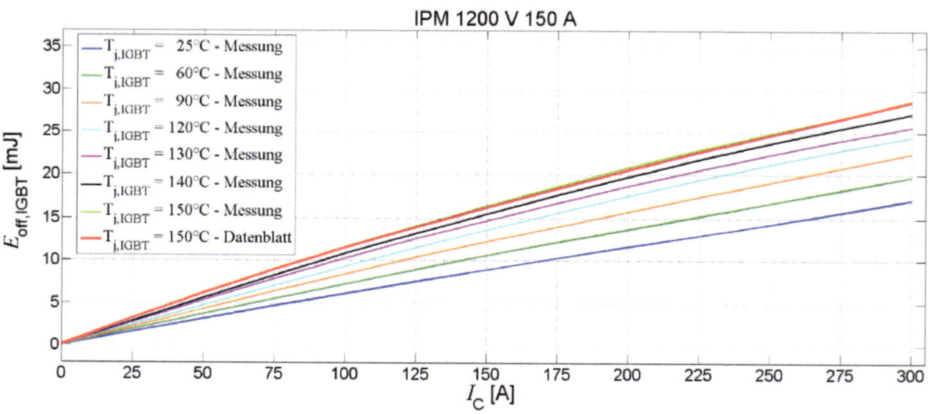

Bild 5.19: Ausschaltverlustenergie des IGBT als Funktion von Laststrom und Sperrschichttemperatur

Die ermittelte Übereinstimmung zwischen den Messkurven und den Datenblattangaben wird für den relevanten Bereich bis etwa 230 A als hinreichend eingeschätzt. Da im Datenblatt für den IGBT im IPM keine Angaben zu Schaltverlusten bei unteren Sperrschichttemperaturen gemacht werden, war deren experimentelle Bestimmung für die Erprobung des entwickelten Verfahrens zwingend erforderlich.

Diode – Abschaltverluste

Die experimentelle Ermittlung der Abschaltverlustenergie $E_{\text{off,DIODE}}$ erfolgte nach dem in [SEM 11] dargelegten Prinzip, hierfür das Produkt aus Diodenstrom I_{D} und Diodenspannung U_{D} über dem Zeitintervall $t_{\text{D,off}}$ zu integrieren. Bild 5.20 veranschaulicht die Wahl des Zeitintervalls $t_{\text{D,off}}$ zwischen dem Beginn des Abfalls der Diodenspannung U_{D} und dem Rückgang des Diodenstroms I_{D} auf 20 % des während des Abschaltvorgangs erreichten Maximalwerts.

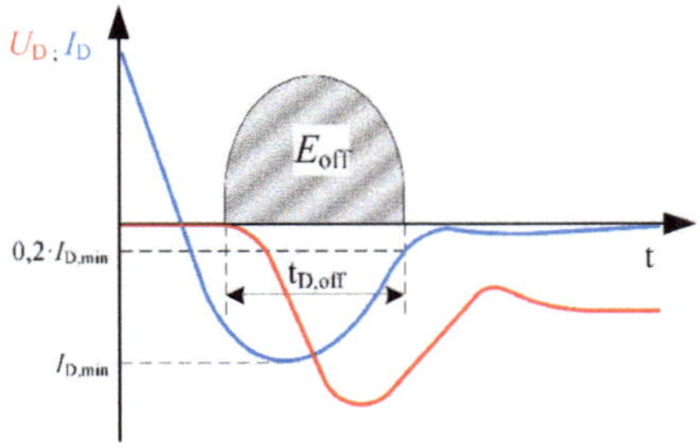

Bild 5.20: **Abschaltverlustdefinition der DIODE**

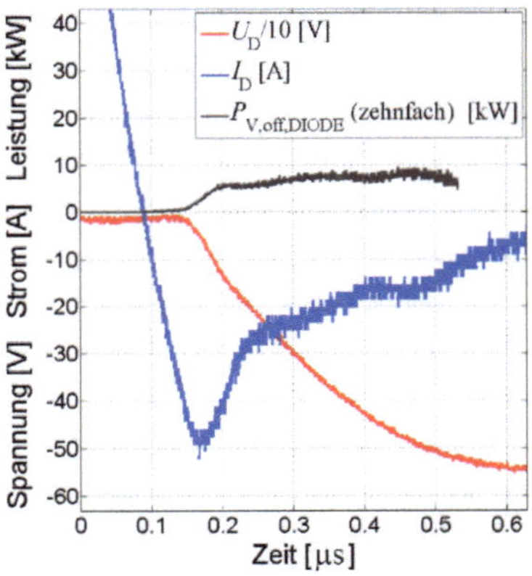

Bild 5. 21: **Ausschaltvorgang der DIODE**

Für eine bessere Anschaulichkeit der ermittelten Messergebnisse ist ein messtechnisch erfasstes Ausschaltverhalten der untersuchten DIODE in Bild 5.21 dargestellt.

Bild 5.22 zeigt die experimentell ermittelte Abschaltverlustenergie der DIODE im untersuchten IPM 1200 V 150 A. Die Versuche wurden wiederum mit konstanter Eingangsspannung von 600 VDC und einem Gatewiderstand von 1 Ω durchgeführt.

Zum Vergleich ist die dem Datenblatt [SEM 09] entnommene Kurve der Abschaltverlustenergie in Abhängigkeit des Diodenstroms bei maximal zulässiger Sperrschichttemperatur (150°C) dargestellt. Das Datenblatt enthält keine Angaben für 25°C Sperrschichttemperatur.

Nach Gleichung (3.21) kann durch Multiplikation mit der Schaltfrequenz f_S die Schaltverlustleistung der Diode bestimmt werden.

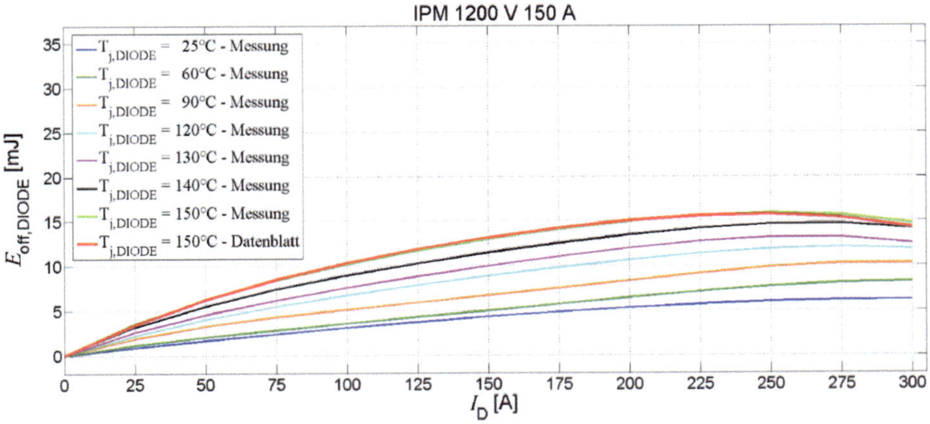

Bild 5.22: **Abschaltverlustenergie der Diode als Funktion von Laststrom und Sperrschichttemperatur**

Die Übereinstimmung zwischen den Messkurven und der Datenblattangabe wird für den relevanten Bereich bis etwa 230 A als hinreichend eingeschätzt. Da im Datenblatt für die DIODE im IPM keine Angaben zu Abschaltverlusten bei unteren Sperrschichttemperaturen gemacht werden, war deren experimentelle Bestimmung für die Erprobung des entwickelten Verfahrens zwingend erforderlich.

5.4.2 Ermittlung der thermischen Impedanzen

Zur Bestimmung der thermischen Impedanz werden in der Literatur zwei Verfahren vorgeschlagen, die nachfolgend näher erläutert und hinsichtlich ihrer Anwendung innerhalb der Aufgabenbearbeitung diskutiert werden.

Indirekte Messung der Sperrschichttemperatur

Die Vorteile der indirekten Messung der Sperrschichttemperatur werden in der Literatur vielfach dargestellt ([BRE 10], [ELK 05], [SCH 09]). Das Verfahren nutzt die physikalisch bedingte Abhängigkeit der Durchlassspannung von der Sperrschichttemperatur aus.

Dem Bauteil wird eine konstante Verlustleistung zugeführt. Dabei kann der Stromimpuls I_C unterschiedlich lang ausgeprägt sein. Nach der Abschaltung des Bauelements wird in dieses ein definierter kleiner Messstrom I_{Mess}, zum Beispiel 100 mA, eingeprägt und die dadurch verursachte Durchlassspannung erfasst.

Der Messstrom und die Messimpulslänge sollen so klein gewählt werden, dass keine nennenswerte zusätzliche Temperaturerhöhung im Prüfling verursacht wird. Durch die zuvor bestimmten Kalibrierkurven $U_{CE} = f(I_C, T_{j,IGBT})$ und $U_{VS} = f(I_D, T_{j,DIODE})$ ist der Zusammenhang zwischen Sperrschichttemperatur und Durchlassspannung als Reaktion auf den definierten Messstrom bekannt. Auf diese Weise kann der Momentanwert der Sperrschichttemperatur ermittelt und dem zuvor eingebrachten Verlustleistungsimpuls definierter Zeitdauer zugeordnet werden.

Zu beachten ist, dass sich nach der Abschaltung des HLE in diesem zunächst ein elektrisches Gleichgewicht eingestellt hat, bevor der Stromimpuls eingeprägt werden kann. Von Leistungshalbleitern neuester Generation ist bekannt, dass dieser Vorgang nach spätestens 50 µs abgeschlossen ist. Somit ist die Aufnahme der Kurve der thermischen Impedanz eines HLE im Zeitbereich von etwa 200 µs bis zu mehreren Sekunden möglich [SCH 09].

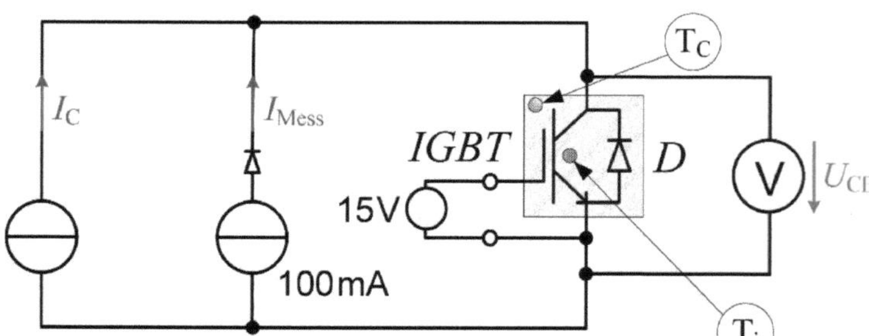

Bild 5.23: Messschaltung zur Bestimmung der thermischen Impedanz

Bild 5.23 zeigt eine mögliche Schaltungsanordnung zur Bestimmung der thermischen Impedanz. Bezüglich des Thermosensors zur Beobachtung der Gehäusetemperatur T_C wird nach [SEM 11] für IPM mit Grundplatte empfohlen, diesen mittels einer Bohrung durch den Kühlkörper an der äußeren Gehäusefläche direkt unter dem zu untersuchenden HLE anzuordnen. Der Hintergrund hierfür ist die große Wärmespreizung innerhalb des Kühlkörpers, die andernfalls zu einer signifikanten Verfälschung des Messwertes führen kann.

Direkte Messung der Sperrschichttemperatur

Wie in Kapitel 2 beschrieben, kann die experimentelle Bestimmung von Z_{jc} nach [LUO 04] durch Erzeugung einer konstanten Verlustleistung im HLE und Beobachtung der Sperrschichttemperatur erfolgen. Bei Vernachlässigung des Einschaltimpulses ergibt sich die in das Bauteil eingetragene Verlustleistung aus dem Produkt aus konstantem Strom und Durchlassspannung. Durch die vorherigen experimentellen Untersuchungen sind die Durchlasskennlinien der Bauteile bekannt. Die Durchlassspannungen sind ihrerseits Sperrschichttemperaturabhängig, dies ist bei der Bestimmung der thermischen Impedanz nach (2.17) zu berücksichtigen.

Ein kritisch zu betrachtendes Problem stellt aufgrund der benötigten hohen Messdynamik die Messung der Sperrschichttemperatur selbst dar. Hierfür kommen Kontakttemperatursensoren, beispielsweise Thermoelemente, oder berührungslose Verfahren, wie Infrarotsensoren oder Wärmebildkameras in Frage.

Entscheidend bei der Auswahl des Messverfahrens ist neben einer möglichst praktikablen Umsetzung die zu erwartende Ansprechzeit der Temperaturmessmethode. Die Ansprechzeit verkörpert eine Zeitkonstante, welche die Zeit definiert, die ein Sensor benötigt, um unter spezifizierten Bedingungen 63,2% einer sprunghaften Temperaturänderung zu erreichen. Die schnellsten Ansprechzeiten im Bereich von Kontakttemperatursensoren erreichen Thermoelemente mit offenliegender Messspitze, also geerdeter Messstelle. Darüber hinaus wird die erreichbare Ansprechzeit außerdem durch den Drahtdurchmesser bei Thermoelementen ohne Schutzmantel beziehungsweise durch den Manteldurchmesser des Fühlers wesentlich beeinflusst. Je kleiner der Materialdurchmesser an der Temperaturmessstelle, desto schneller ist die Ansprechzeit, jedoch sinkt gleichzeitig die maximale Messtemperatur mit abnehmendem Materialeinsatz. Das Drahtthermoelement ist die einfachste Bauform eines Thermoelements. Es besteht aus zwei an einem Punkt verschweißten Thermoelementdrähten. Der Hersteller des untersuchten Leistungsmodultyps hat diese mit Drahtthermoelementen mit 0,2 mm Drahtdurchmesser präpariert, die über eine Lötverbindung in metallischen Kontakt mit den untersuchten Chipoberflächen stehen (Temperaturmessstelle T1 an IGBT2 und D1 an DIODE1, vergleiche Bild 5.3). Hinsichtlich der zu erwartenden Ansprechzeit kann der Hersteller keine Angabe machen. Aus der Literatur ist bekannt, dass für Thermoelemente mit vergleichbarem Manteldurchmesser mit einer Ansprechzeit von 20 ms gerechnet werden kann (TCM 15). Bei der Bewertung ist darüber hinaus der bei den präparierten Leistungsmodulen durch die Lötverbindung der Drahtthermoelemente an der jeweiligen Chipoberfläche eingebrachte zusätzliche Materialeinsatz zu beachten. Es wurde abgeschätzt, dass die Ansprechzeit der Drahtthermoelemente im Bereich der erwarteten Zeitkonstante der thermischen Impedanz von etwa 40 ms (vgl. Bild 5.9) liegt. Die Abschätzung unterliegt den dargelegten Unsicherheiten.

Für modernste Zeilenkameras werden Ansprechzeiten von etwa 2 ms unter günstigen Messbedingungen angegeben. Bei einem Einsatz dieser Temperaturmesstechnologie ist speziell bei einem Einsatz an metallischen Oberflächen das charakteristische Temperaturstrahlungsverhalten des untersuchten Materials zu beachten. Zusammen mit den kleinen geometrischen Abmessungen der zu untersuchenden Oberflächen sowie der, aufgrund der in der Messumgebung vorhandenen elektrotechnischen Messbedingungen, einzuhaltenden Sicherheitsabstände wurde die Entscheidung getroffen, zur Ermittlung der „Kurven der thermischen Impedanz" keine Wärmebildkamera zum Einsatz zu bringen. Stattdessen wurde auf mit

Drahtthermoelemente präparierte Leistungsmodule nach Bild 5.3 mit der damit verbundenen verringerten Messdynamik zurück gegriffen.

Bild 5.24 enthält die experimentell ermittelte „Kurve der thermischen Impedanz" $Z_{jc,IGBT}$ unter realen Betriebsbedingungen (Messkurve). Darunter wird für die Erprobung des entwickelten Verfahrens der Betrieb des auf einem Kühlkörper mittels Schraubverbindung und Wärmeleitpaste aufgebrachten IPM 1200 V 150 A verstanden, wobei der Kühlkörper nicht mit Kühlflüssigkeit durchströmt ist.

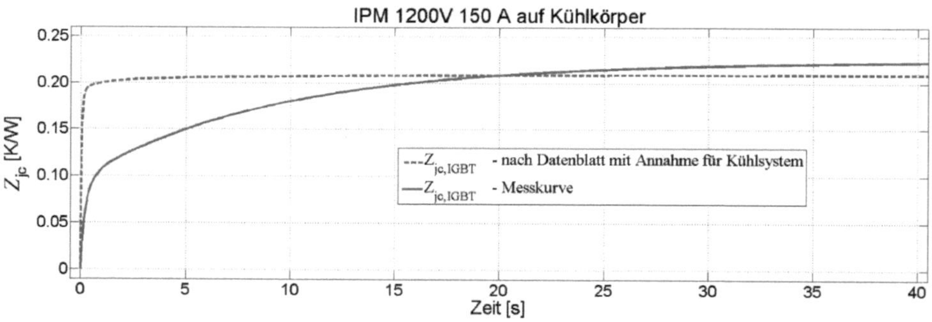

Bild 5.24: Kurven der thermischen Impedanz für den IGBT auf einem Kühlkörper

Aus Vergleichsgründen enthält Bild 5.24 zusätzlich die „Kurve der thermischen Impedanz" $Z_{jc,IGBT}$, die aus Datenblattangaben und Parameterannahmen für Wärmeleitpaste und Kühlsystem gewonnen wurde (vgl. Bild 5.5). Die ermittelte Abweichung belegt die Notwendigkeit zur thermischen Charakterisierung der HLE unter realen Betriebsbedingungen. Wie zuvor diskutiert, können die Abweichungen zumindest anteilig aus der gewählten Temperaturmessmethode resultieren.

5.4.3 Erprobung der Sollstromvorgabe mit Sperrschichttemperaturschätzung

Mit den experimentell bestimmten Daten der HLE des IPM 1200 V 150 A hinsichtlich Strom– und Sperrschichttemperaturabhängiger Verluste sowie des thermischen Übergangsverhaltens sind alle Parameter für die Modellbildung der Stromregelung auf Basis der Sperrschichttemperaturschätzung verfügbar.

Für die Entwicklung der Automatisierungslösung wurde die Modellbildung unter Matlab/Simulink® realisiert und anschließend auf der Steuerkarte ds11003 implementiert. Die Übertragung der graphisch programmierten Applikation in einen durch den Mikrokontroller der Steuerkarte bearbeitbaren Maschinencode erfolgt mittels des zum Programmpaket gehörenden Compilers. Die Möglichkeit, für den Testbetrieb relevante Stellgrößen auf einer Applikationsoberfläche zu hinterlegen, gewährleistet eine anwenderfreundliche Bedienung.

In Bild 5.25 ist die entwickelte Softwarelösung der Sollstromvorgabe auf Basis der Sperrschichttemperaturschätzung exemplarisch für die Überwachung der IGBT–Sperrschichttemperatur schematisch dargestellt. Die Überwachung des thermischen Zustands der antiparallelen Freilaufdiode ist in der Darstellung nicht enthalten. Ebenso verzichtet wurde auf die Darstellung:

- für den Betrieb notwendiger Statusmeldungen der Hardwarekomponenten,
- der Vorlade– und Entladeschaltungen für die Gewährleistung sicherer Betriebszustände vor und nach dem Betrieb des Leistungsteils,
- der Sicherheitsbeschaltung zur Leistungsversorgung der Treiberplatine über einen Optokoppler und

- von Sicherheitseinrichtungen zur visuellen Anzeige kritischer Betriebszustände und zum Personen– und Sachwertschutz.

Die aufgeführten Anlagenteile sind für den sicheren Betrieb des Versuchsaufbaus notwendig, jedoch kein wesentlicher Bestandteil der Entwicklungslösung.

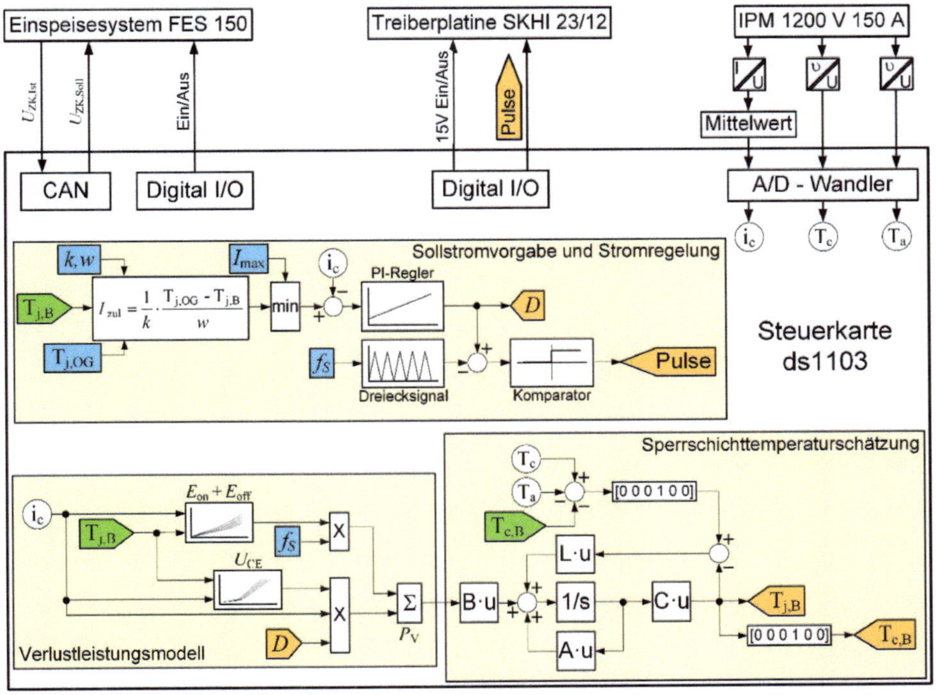

Bild 5.25: Schema der entwickelten Sollstromvorgabe auf Basis der Sperrschichttemperaturschätzung

Mit der entwickelten Geräte– und Softwarelösung konnte die Erprobung der Sollstromvorgabe auf Basis der Sperrschichttemperaturschätzung erfolgen. Parallel zur geschätzten Sperrschichttemperatur wurden mittels Drahtthermoelementen die Temperaturen der HLE im offenen IPM kontrolliert, um die Gefahr einer thermischen Zerstörung auszuschließen.

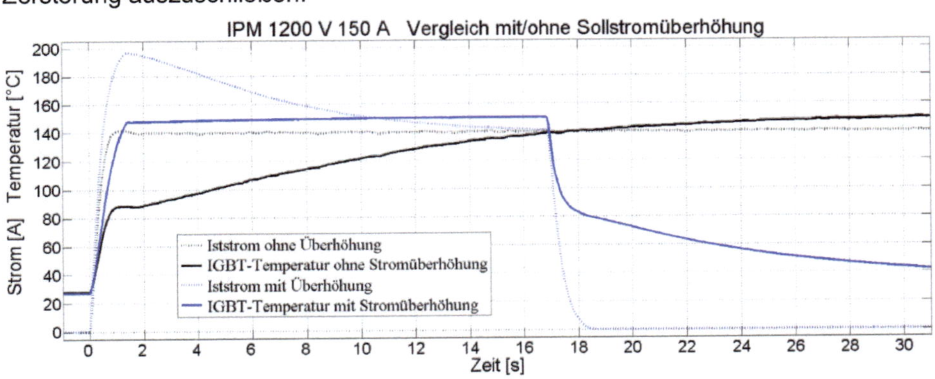

Bild 5.26: Erprobung des entwickelten Algorithmus (Messkurven)

Bild 5.26 veranschaulicht die umgesetzte Funktionalität des Algorithmus zur gezielten kurzzeitigen Belastung eines Gleichstromstellers, hier exemplarisch ausgeführt als Tiefsetzsteller, oberhalb von dessen zulässigem Dauerstrom.

Durch schrittweise Erhöhung des Übertragungsstromes bei gleichzeitiger Festlegung der zulässigen Sperrschichttemperatur $\mathrm{T}_{\mathrm{j,max}}$ auf 150°C wurde zunächst ein applikationsspezifischer zulässiger Dauerstrom I_{zul} von 141 A ermittelt. Die Sollstromvorgabe auf Basis der Sperrschichttemperaturschätzung war für diese experimentelle Untersuchung nicht aktiv.

In einem zweiten Bearbeitungsschritt wurde die Sollstromvorgabe aktiviert und der Maximalstrom I_{max} auf 232 A festgesetzt. Durch schrittweise Erhöhung der zulässigen Sperrschichttemperatur $\mathrm{T}_{\mathrm{j,max}}$ erfolgte die experimentelle Erprobung der Entwicklungslösung.

6 Zusammenfassung

6.1 Modellierung der thermischen Wechselbeanspruchung

Das erste Ziel der vorliegenden Arbeit bestand in der Entwicklung eines Simulationswerkzeuges. Das Werkzeug „Thermische Wechselbeanspruchung" ermöglicht die Ermittlung der thermischen Beanspruchung von Leistungshalbleiterelementen, welche im elektrischen Energiespeichersystem eines Straßenbahnfahrzeuges integriert sind.

Als Ergebnis einer Recherche zu verfügbaren Modellierungswerkzeugen ergab sich die Notwendigkeit, für die Realisierung der Aufgabenstellung ein eigenständiges Werkzeug zu entwickeln. Das erarbeitete Simulationsprogramm zeichnet sich durch folgende Besonderheiten aus:

- Möglichkeit zur Berücksichtigung von fahrzeugspezifischen Grenzwerten (Grenzdrehmoment, Maximalbeschleunigung und Höchstgeschwindigkeit),
- Berücksichtigung des Ladezustands des Fahrzeugenergiespeichers und der Sperrschichttemperaturen der am Energietransfer beteiligten Leistungshalbleiter für die Sollstromvorgabe und
- Einsparung von Rechenzeit und Umgehung der Notwendigkeit zusätzlicher Softwarewerkzeuge durch Abbildung thermischer Netzwerke in Form von Zustandsraummodellen.

Das entwickelte Simulationsmodell lässt sich durch Adaptionen für veränderte Untersuchungsziele anpassen. Beispielsweise kann es durch das Modell eines Hochleistungsbatteriespeichers ergänzt werden.

Für eine Erweiterung der Anwendbarkeit ist an das Werkzeug die Anforderung nach einer erhöhten Benutzerfreundlichkeit zu stellen. Durch eine Weiterentwicklung der Bedienoberfläche wird insbesondere die Vereinfachung der Modellparametrierung erwartet.

Anhand unterschiedlicher Beanspruchungssituationen konnte die korrekte Abbildung der fahrdynamischen Modellgleichungen durch den Vergleich von Simulationsergebnissen mit Messergebnissen aus dem Betriebseinsatz des untersuchten Straßenbahnfahrzeugs nachgewiesen werden.

Die Konzeption einer Steuerstrategie für den Einsatz eines elektrischen Energiespeichers zur Ein– und Ausspeicherung anfallender Bremsenergie bildete einen weiteren Arbeitsschritt. Die Steuerstrategie sollte die thermische Belastung des Gleichstromstellers bei unveränderlicher Energieaufnahme während Bremsphasen reduzieren. Hierdurch wird im Praxiseinsatz eine Lebensdauerverlängerung der Halbleiterelemente im Gleichstromsteller erwartet.

Die entwickelte Steuerstrategie basiert auf der Kenntnis des aktuellen Speicherladezustandes und den Anforderungen, die der als nächstes zu überwindende Streckenabschnitt an das Antriebssystem eines schienengebundenen Fahrzeugs stellt. Unter dieser Voraussetzung kann die Beteiligung des Energiespeichers an der notwendigen Antriebs– und Hilfsbetriebeleistung des Fahrzeugs so gesteuert werden, dass der Speicherladezustand möglichst hoch gehalten wird. Am Ende des unmittelbar vor dem Erreichen des nächsten regulären

Betriebshalts stattfindenden Bremsprozesses erreicht der Energiespeicher wieder seine maximale Betriebsspannung. Durch Vergleichsrechnungen konnte nachgewiesen werden, dass durch die entwickelte Steuerstrategie

- eine deutliche Reduzierung der thermischen Wechselbeanspruchung der am Energietransfer beteiligten Leistungshalbleiter und
- eine erhebliche Verbesserung der Energieeffizienz des Fahrzeugs

erzielt wird. Der erhöhte Ausnutzungsgrad anfallender Bremsenergie resultiert aus einer Absenkung der thermischen Verluste sowohl in den an der Leistungsübertragung beteiligten Bauteilen des Gleichstromstellers als auch innerhalb der Energiespeicherkomponente.

Die Untersuchung von zwei möglichen Hardwareveränderungen, der Einsatz von Leistungshalbleitern mit größerer Stromtragfähigkeit und die Parallelschaltung von zwei Leistungshalbleitermodulen, ergab die prinzipielle Möglichkeit, auf diese Weise eine Lebensdauerverlängerung der Halbleiterelemente zu erreichen. Es ist kritisch anzumerken, dass damit gleichzeitig eine reduzierte Ausnutzung verfügbarer Bremsenergie einhergeht, was auf den Anstieg der Verluste im Gleichstromsteller zurück zu führen ist.

Beim Betriebseinsatz wird die Notwendigkeit zur Anpassung der entwickelten Steuerstrategie an die realen Betriebsbedingungen erwartet. Ansätze hierfür werden in der Arbeit diskutiert.

6.2 Kurzzeitbelastung über zulässigem Dauerstrom

Ein zweites Ziel der Arbeit bestand in der Entwicklung eines Verfahrens zur online–Überwachung der Sperrschichttemperaturen von Halbleiterelementen eines Gleichstromstellers. Diese Temperaturen können unter Betriebsbedingungen nicht messtechnisch erfasst werden. Durch Verfügbarkeit der Information bezüglich des aktuellen thermischen Zustands der Halbleiterelemente soll die Möglichkeit geschaffen werden, diese kurzzeitig oberhalb von deren Nennbelastbarkeit zu betreiben. Es wird erwartet, dass sich hierdurch Reserven bezüglich der Strombelastung von Leistungshalbleitermodulen erschließen und beispielsweise für die Verkürzung von Schnellladevorgängen elektrischer Energiespeicher ausnutzen lassen.

Auf analytischem Weg wurde nachgewiesen, dass sich durch Darstellung des thermischen Netzwerkes eines Leistungshalbleiters mit angeschlossenem Kühlsystem als Zustandsraummodell und dessen Erweiterung um einen Zustandsbeobachter die Beobachtbarkeit der Sperrschichttemperatur unter Betriebsbedingungen erreichen lässt. Die Berechnung der Augenblickswerte für die Verlustleistung als Eingangsgröße des thermischen Modells basiert dabei zunächst auf Datenblattangaben des Leistungsmoduls.

Weiterhin wurde eine Methode entwickelt, welche aus dem Momentanwert der Sperrschichttemperatur eine Sollstrombegrenzung ableitet. Die Methode stützt sich auf den aus der Kurve der thermischen Impedanz des Bauteils mit angeschlossenem Kühlsystem bekannten Zusammenhang zwischen Strombelastung und thermischer Reaktion.

Mit der Erprobung des entwickelten Algorithmus auf analytischem Weg wurden die theoretischen Betrachtungen abgeschlossen.

Voraussetzungen für die experimentelle Verifizierung des Algorithmus waren die Planung und Realisierung eines geeigneten Laboraufbaus. Die Arbeit dokumentiert die gewählte Versuchsanordnung und diskutiert spezielle Anforderungen, die bei deren Aufbau zu realisieren waren.

Es wurde nachgewiesen, dass die im Datenblatt enthaltenen Angaben zur Beschreibung der Stromwärmeverluste des Leistungsmoduls und zur Erstellung eines thermischen Netzwerks für eine Kontrolle der Sperrschichttemperatur mit dem entwickelten Algorithmus unter Betriebsbedingungen nicht ausreichend sind. Die sich durch die spezielle elektrotechnische Verschaltung des Leistungsmoduls und dessen Kopplung mit einem Kühlkörper im Laboraufbau ergebenden Parameter zur Beschreibung der Verlustleistung und der thermischen Netzwerke von IGBT und Diode wurden durch messtechnische Untersuchungen erfasst.

Nach der Implementierung der Sollstrombegrenzung und des Verlustleistungsmodells in das zentrale Steuergerät des Versuchsaufbaus erfolgte die Überprüfung der Funktionalität des Algorithmus am Labormuster. Die geschätzte Sperrschichttemperatur konnte dabei durch die Möglichkeit zur Temperaturmessung an dem speziell für diesen Zweck präparierten Leistungsmodul kontrolliert werden. Die ermittelten Ergebnisse lassen die Bewertung zu, dass der entwickelte Algorithmus zur kontrollierten Kurzzeitbelastung eines Leistungshalbleiters oberhalb von dessen Nennbelastbarkeit geeignet ist.

Ausblickend wird in dem experimentell verifizierten Algorithmus eine Möglichkeit gesehen, die Schnellladung von elektrischen Energiespeichern auf Fahrzeugen des ÖPNV während regulärer Betriebshalte zu beschleunigen. Das bestehende Potential ist im Einzelfall von der eingesetzten Leistungselektronik des entsprechenden Gleichstromstellers abhängig.

Es ist ersichtlich, dass die gezielt herbei geführte Temperaturerhöhung im Leistungshalbleiter während der Schnellladeprozesse im Widerspruch zur zuvor diskutierten Absenkung der thermischen Belastung des Gleichstromstellers im Fahrbetrieb steht. Eine Betrachtung der Bauteilbelastung und Einschätzung der zu erwartenden Lebensdauer der leistungselektronischen Bauteile ist daher bei Überführung des entwickelten Algorithmus in den Praxiseinsatz für den gesamten Betriebsprozess zu führen.

Neben dem beschriebenen Einsatzziel zur Verkürzung von Schnellladevorgängen ergeben sich weitere Anwendungsmöglichkeiten für den Algorithmus überall dort, wo eine präzise Information bezüglich des Augenblickwertes der Sperrschichttemperatur eines Leistungshalbleiters unter Betriebsbedingungen erforderlich oder nützlich ist.

Literaturverzeichnis

[ABB 01] ABB INDUSTRY OY (ABB) (Hrsg.): *System–Anwendungsprogramm 6.x für ACS 600 Frequenzumrichter – Programmierhandbuch.* Mannheim: ABB, 2001. – Firmenschrift. 3AFY 64289284 R0403

[AMR 04] AMRO, Raed; LUTZ, Josef; LINDEMANN, Andreas: *Power cycling with high temperature swing of discrete components based on different technologies.* In: IEEE POWER ELECTRONICS SOCIETY (PELS) (Veranst.): Proceedings of the 35th annual IEEE Power Electronics Specialists Conference (PESC) (Aachen, Deutschland, 20.–25.06.2004). Nr. 4, S. 2593–2598

[AVL 07] AVL DEUTSCHLAND GmbH (AVL) (Hrsg.): *Simulationsprogramm AVL Advisor–Datenbasis.* Mainz–Kastel: AVL, 2007

[BAC 06] BACK, Michael: *Prädiktive Antriebsregelung zum energieoptimalen Betrieb von Hybridfahrzeugen.* Karlsruhe : Universitätsverlag, 2006. – ISBN: 3–86644–031–6

[BAI 12] BAIER, M.: *Fahrerassistenzsystem zum energiesparenden Fahren bei der Tram München.* In: Breidenbach und Frost (Veranst.): Fachtagung Energiesparkonzepte im Bahnbereich (Dresden, 16.–17.10.2012).

[BAL 03] SCHUPBACH, Roberto M.; BALDA, Juan C.; ZOLOT, Matthew; KRAMER, Bill: *Design Methodology of a Combined Battery–Ultracapacitor Energy Storage Unit for Vehicle Power Management.* In: IEEE POWER ELECTRONICS SOCIETY (PELS) (Veranst.): Proceedings of the 34th annual IEEE Power Electronics Specialists Conference (PESC) (Acapulco, Mexico, 15.–19.06.2003). Nr. 1, S. 88–93

[BAR 08] BARTHOLOMÄUS, Ralf; KLINGNER, Matthias; LEHNERT, Martin: *Prediction of power demand for hybrid vehicles operating in fixed–route service.* In: INTERNATIONAL FEDERATION OF AUTOMATIC CONTROL (IFAC) (Veranst.): Proceedings of the 17th World Congress of IFAC (Seoul, Korea, 06.–11.07.2008). S. 5640–5645. – ISBN: 978–3–902661–00–5

[BEC 05] BECKEDAHL, Peter; TURSKY, Werner; SCHEUERMANN, Uwe: *Packaging considerations of an Integrated Inverter Module (IIM) for Hybrid Vehicles.* In: MESAGO PCIM GmbH (Veranst.): Proceedings of the International Exhibition and Conference on Power Electronics, Intelligent Motion and Power Quality (PCIM) 2005 (Nürnberg 07.–09.06.2005).

[BLA 96] BLAABJERG, Frede, PEDERSEN, John K., SIGURJÓNSSON, Sigurdur, ELKJAER, Alexander: *An Extended Model of Power Losses in Hard–switched IGBT–inverters.* In: INSTITUTE OF ELECTRICAL AND ELECTRONICS ENGINEERS (IEEE) (Veranst.): Conference Record of the 1996 IEEE Industry Applications Conference Thirty–First IAS Annual Meeting (San Diego, USA, 06.–10.10.1996). Nr. 3, S. 1454–1463

[BLA 97] BLASKO, Vladimir; LUKASZEWSKI, Richard: *On the Loading of Power Modules in a Three Phase Voltage Source Converter.* In: INSTITUTE OF ELECTRICAL AND ELECTRONICS ENGINEERS (IEEE) (Veranst.): Conference Record of the 1997 IEEE Industry Applications Conference Thirty–Second IAS Annual Meeting (New Orleans, USA, 05.–09.10.1997). Nr. 2, S. 1241–1246

[BLA 99] BLASKO, Vladimir; LUKASZEWSKI, Richard; SLADKY, Ray: *On line thermal model and thermal management strategy of a three phase voltage source inverter.* In: INSTITUTE OF ELECTRICAL AND ELECTRONICS ENGINEERS (IEEE) (Veranst.): Conference Record of the 1999 IEEE Industry Applications Conference Thirty–Fourth IAS Annual Meeting (Phoenix, USA, 03.–07.10.1999). Nr. 2, S. 1423–1431

[BRA 00] BRADLEY, Michael J.: *Hybrid–electric drive heavy–duty vehicle testing project.* Boston (MA): DEFENSE ADVANCED RESEARCH PROJECTS AGENCY (NAVC) (Hrsg.), 2000. – Projektbericht, NAVC1098–PG009837

[BRE 10] BREKEL, Waleri; DÜTEMEYER, Thomas; PUK, Gunnar; SCHILLING, Oliver; SCHÜTZE, Thomas: *Vier praktische Methoden zur Messung der IGBT-Sperrschicht-Temperatur in Traktionsumrichtern.* In: Elektronikpraxis, Nr. 9/2010, S. 18–22

[BUR 09] BURG, Heinz; MOSER, Andreas: *Handbuch Verkehrsunfallrekonstruktion.* 2., akt. Aufl. Wiesbaden : Vieweg + Teubner Verlag, 2009. – ISBN: 978–3834805461

[CCM 11] CCM CENTRE FOR CONCEPTS IN MECHATRONICS (Hrsg.): *EMAFER RxV–II Data Sheet.* Nuenen: CCM, 2005. – Firmenschrift. Abrufbar im Internet. URL: http://www.ccm.nl/pdf/RxV-II-datasheet-v1.0.pdf. Stand: 06.11.2012

[COQ 03] COQUERY, Gerard; LEFRANC, Gerard; LICHT, Thomas; LALLEMAND, Richard; SELIGER, Norbert; BERG, Hermann: *High Temperature Reliability on Automotive Power Modules Verified by Power Cycling Tests up to 150°C.* In: ELSEVIER (Hrsg.): Microelectronics Reliability 43 (2003), S. 1871–1876

[DVB 07] DRESDNER VERKEHRSBETRIEBE AG (DVB AG) (Hrsg.): *Zahlen & Daten 2007.* Dresden : DVB AG, 2007. – Firmenschrift

[ELK 05] ELKURI, Sadek M.: *Thermische Untersuchungen an leistungselektronischen Systemen.* Ilmenau, Technische Universität, Fakultät für Elektrotechnik und Informationstechnik, Dissertation, 2005

[EN 50163] NORM DIN EN 50163: 2005–07. *Bahnanwendungen – Speisespannungen von Bahnnetzen*

[EVE 07] EVERS, Wolfgang; BREIDING, Sven: *Anwendung von Energiespeichern in Oberleitungsbussen.* In: ETG-Fachbericht 107 (2007), S. 381-385. – Tagungsband zum Internationalen ETG-Kongress (Karlsruhe 23.-24.10.2007)

[GAI 09] GAIA AKKUMULATORENWERKE GMBH (GAIA) (Hrsg.): *Lithium–Ionen–Zelle 60 Ah HE–602040–Datenblatt.* Nordhausen : GAIA, 2009. – Firmenschrift.

[GOD 04] GODBERSEN, Christian, HÖSCHLER, Paul: *Erfahrungen mit statischen Energiespeichern in der DC–Bahnenergieversorgung.* In: Elektrische Bahnen 102 (2004), Nr. 5, S. 217–222

[GUE 03] GUEZENNEC, Yann; CHOI, Ta-Young; PAGANELLI, Gino; RIZZONI, Giorgio: *Supervisory Control of Fuel Cell Vehicles and its Link to Overall System Efficiency and Low–Level Control Requirements.* In: INSTITUTE OF ELECTRICAL AND ELECTRONICS ENGINEERS (IEEE) (Veranst.): Proceedings of the 2003 American Control Conference (Columbus, USA, 04.– 06.06.2003). Nr. 3, S. 2055–2061

[GUE 06] GÜLDNER, Henry: *Leistungselektronik Teil 3 – Selbstgeführte Leistungselektronische Schaltungen.* Dresden, Technische Universität, Vorlesungsskript, 2006

[HAK 07] HAKEN, Karl-Ludwig: *Grundlagen der Kraftfahrzeugtechnik.* 1. Aufl. München : Hanser Verlag, 2007. – ISBN: 978–3446228122

[IMM 98] IMMEL, Georg: *Synthese von Prüfzyklen für Straßenfahrzeuge.* 1. Aufl. Herrsching : Energie & Management Verlagsgesellschaft, 1997. – ISBN: 9783980517911

[INF 09] INFINEON TECHNOLOGIES AG (INFINEON) (Hrsg.): *Technische Informationen FZ1200R17HP4 und FZ1800R17HP4_B9.* Warstein : INFINEON, 14.10.2009. – Firmenschrift.

[JAG 00] JÄGER, Rainer; STEIN, Edgar: *Leistungselektronik – Grundlagen und Anwendungen.* 5. Aufl. Berlin [u.a.] : VDE–Verlag, 2000. – ISBN: 978–3800723430

[JOS 06] JOSSEN, Andreas, WEYDANZ, Wolfgang: *Moderne Akkumulatoren richtig einsetzen.* 1. Aufl. Untermeitingen : Reichardt Verlag, 2006. – ISBN: 978–3939359111

[KÄH 02] KÄHLER, Steffen: *Energiesparmaßnahmen im Stadtbahnnetz der üstra.* In: Elektrische Bahnen 100 (2002), Nr. 8–9, S. 335–340

[KÄH 06] KÄHLER, Steffen: *Ergebnisse des Energiespeichereinsatzes in Hannover–Vahrenheide.* In: Elektrische Bahnen 103 (2005), Nr. 6, S. 299–304

[KLA 0801] KLAUSNER, Sven; LEHNERT, Martin: *Betriebsspezifische Auslegung von Energiespeichern für Straßenbahnen.* In: Elektrische Bahnen 106 (2008), Nr. 5, S. 237–245

[KLA 0802] KLAUSNER, Sven; LEHNERT, Martin; BARTHOLOMÄUS, Ralf: *Energieverbrauch bei Stadtbahnsystemen – Identifizierung von Einsparpotentialen.* In: Bahntechnik aktuell, Proceedings 14 (2008), S. 15–26. – ISBN: 978–3–940727–03–9

[KLA 0803] KLAUSNER, Sven; LEHNERT, Martin: *Auslegung mobiler Energiespeicher für Straßenbahnen.* In: INNOVATIONSZENTRUM BAHNTECHNIK EUROPA (IZBE) (Veranst.), VDE / ETG FACHBEREICH BAHNEN UND FAHRZEUGE MIT ELEKTRISCHEN ANTRIEBEN (Veranst.): Symposium Elektrische Fahrzeugantriebe und –Ausrüstung (Dresden 27.–28.11.2008). – Abrufbar im Internet. URL: http://www.izbe.de. Stand: 13.11.2013

[KLO 07] STEINER, Michael, KLOHR, Markus: *Energy Storage System with Ultra Caps on Board of Railway Vehicles.* In: ETG–Fachbericht 107 (2007), S. 393–402. – Tagungsband zum Internationalen ETG–Kongress (Karlsruhe 23.–24.10.2007)

[KNO 07] KNOTE, Thoralf; HAUFE, Beate: *Wirtschaftlichkeitsuntersuchungen : Anhang zum Meilensteinbericht „Das Docking–Prinzip – Klimaschutz durch emissionsreduzierte Nahverkehrssysteme“.* Dresden: Fraunhofer IVI, 2007

[KOJ 04] KOJIMA, Takashi; YAMADA, Yasushi; CIAPPA, Mauro; CHIAVARINI, Marco; FICHTNER, Wolfgang: *A novel electro–thermal simulation approach of power IGBT modules for automotive traction applications.* In: INSTITUTE OF ELECTRICAL AND ELECTRONICS ENGINEERS (IEEE) (Veranst.): Proceedings of the 16th International Symposium on Power Semiconductor Devices and ICs. (Kitakyushu, Japan, 24.–27.05.2004). S. 289–292

[LEH 11] LEHNERT, Martin: *Energieversorgung und Betrieb eines Nahverkehrssystems mit on–board–Speicher und Nachladepunkten.* Dresden, Technische Universität, Fakultät Verkehrswissenschaften Friedrich List, Dissertation, 2011

[LIT 08] LITEC BATTERY GMBH & CO. KG (LITEC) (Hrsg.): *HEI 40 High Energy Zelle.* Kamenz : LiTec, MS–TD–008 rev.1.0, 16.04.2008. – Firmenschrift. Abrufbar im Internet. URL: http://www.products4engineers.nl/resources/upload/KGaxYt-BE88-(2).pdf. Stand: 06.11.2012

[LUN 02] LUNZE, Jan: *Regelungstechnik 2: Mehrgrößensysteme, Digitale Regelung.* 2., neu bearb. Aufl., 1., korr. Nachdr. Berlin [u.a.]: Springer, 2002. – ISBN: 978–3540784623

[LUO 04] LUO, Zhaohui; AHN, Hyungkeun; EL NOKALI, Mahmoud A.: *A thermal model for insulated gate bipolar transistor module.* In: IEEE Transactions on Power Electronics 19 (2004), Nr. 4, S. 902–907

[LUT 05] AMRO, Raed; LUTZ, Josef; RUDZKI, Jacek; THOBEN, Markus; LINDEMANN, Andreas: *Double–Sided Low–Temperature Joining Technique for Power Cycling Capability at High Temperature.* In: Proceedings of 11th European Conference on Power Electronics and Applications EPE. (Dresden 11.–15.09.2005). S. 10–19

[MAE 04] MÄRZ, Martin: *Leistungswandler – Schlüsselkomponenten für das Energiemanagement in Kraftfahrzeugen.* In: VERBAND DER ELEKTROTECHNIK, ELEKTRONIK UND INFORMATIONSTECHNIK (VDE) (Veranst.): VDE–Kongress „Innovationen für Menschen“ (Berlin 20.10.2004).

[MAX 09] MAXWELL TECHNOLOGIES SA (Hrsg.): *MC Power Series BOOSTCAP® Ultracapacitors.* San Diego: Maxwell Technologies, 2009. – Firmenschrift, Dokument–Nummer: 1009361, rev.9

[MCL 04] MCLYMAN, William T.: *Transformer and inductor design handbook.* 3., überarb. Aufl. New York : CRC Press, 2004. – ISBN: 9780824751159

[MCL 97] MCLYMAN, William T.: *Magnetic core selection for transformers and inductors – a user's guide to practice and specification.* 2., überarb. Aufl. New York : Taylor & Francis, 1997. – ISBN: 9780824798413

[MEI 09] MEINERT, Michael: *Einsatz des Hybrid–EnergieSpeichersystems Sitras® HES auf dem Avenio®.* In: TU DRESDEN, FAKULTÄT VERKEHRSWISSENSCHAFTEN (Veranst.): 22. Verkehrswissenschaftliche Tage (Dresden 28.–29.09.2009)

[MEI 10] MEINERT, Michael: *Lösungen zum oberleitungslosen Betrieb der Firma Siemens.* In: VERBAND DEUTSCHER VERKEHRSUNTERNEHMEN (VDV) (Veranst.): 4. Fachtagung „Elektrische Energieanlagen von Gleichstrom–Nahverkehrsbahnen“ (Dresden 04.–05.02. 2010).

[MIT 04] MITSCHKE, Manfred, WALLENTOWITZ, Henning: *Dynamik der Kraftfahrzeuge.* 4., neu bearb.. Aufl. Berlin : Springer Verlag, 2004. – ISBN: 978–3540420118

[MOE 08] MÖHWALD, Karsten: *Synthese von Prüfzyklen – Projektdokumentation.* Dresden : Fraunhofer IVI, 2008. – Projektzwischenbericht, unveröffentlicht

[MUE 71] MÜLLER, Hans: *Beziehungen zwischen dem praktisch verwendeten und dem physikalisch sinnvollen Wärmeersatzschaltbild von Dioden und Thyristoren.* In: Archiv für Elektrotechnik 54 (1971), S. 170–176

[NAP 01] DI NAPOLI, Augusto; CRESCIMBINI, Fabio; SOLERO, Luca; PEDE, Giovanni; PASQUALI, Manlio, LO BIANCO, Giovanni: *Ultracapacitor and Battery Storage System Supporting Fuel–Cell Powered Vehicles.* In: TU BERLIN, EUROPEAN ELECTRIC ROAD VEHICLE ASSOCIATION (AVERE) (Veranst.): *18th International electric fuel cell and hybrid vehicle Symposium EVS. (Berlin 20.–24.10.2001).*

[NIC 98] NICOLAI, Ulrich, REIMANN, Tobias, PETZOLD, Jürgen, LUTZ, Josef: *Applikationshandbuch IGBT– und MOSFET–Leistungsmodule.* 1. Aufl. Ilmenau : Steuerungstechnik und Leistungselektronik GmbH (ISLE), 1998. – ISBN: 978–3–932633–24–9

[NIE 83] NIEMANN, Gustav; HIRT, Manfred: *Maschinenelemente.* 3. Aufl. Berlin : Springer, 1983. ISBN: 0387068090 (Standardwerk in drei Bänden)

[PAL 03] PALMA, Leonardo; ENJETI, Prasad, HOWZE, Jo W.: *An approach to improve battery run–time in mobile applications with super capacitors.* In: IEEE POWER ELECTRONICS SOCIETY (PELS) (Veranst.): Proceedings of the 34th annual IEEE Power Electronics Specialists Conference (PESC) (Acapulco, Mexico, 15.–19.06.2003). Nr. 2, S. 918–923

[PEL 01] PELKMANS, Luc; DE KEUKELEERE, Dirk; BRUNEEL, Hans; LENAERS, Guido: *Influence of Vehicle Test Cycle Characteristics on Fuel Consumption and Emissions of City Buses.* In: International Spring Fuels & Lubricants Meeting. (Orlando, USA, 07.05.2001).

[PLE 09] PLEXIM GMBH (Hrsg.): *PLECS – User Manual Version 2.1.* Zürich: Plexim GmbH, 2009

[RAJ 05] RAJAPAKSE, Athula D.; GOLE, Aniruddha M.; WILSON, Paul L.: *Electromagnetic transients simulation models for accurate representation of switching losses and thermal performance in power electronic systems.* In: IEEE Transactions on Power Delivery 20 (2005), Nr. 1, S. 319–327

[RED 97] REDDIG, Manfred F.: *Untersuchungen zum Schaltverhalten von IGBT–Modulen und zur Ermittlung der Schaltverluste.* München, Universität der Bundeswehr, Lehrstuhl für Elektrische Antriebstechnik und Aktorik, Dissertation, 1997

[REF 01] BOSCH REXROTH AG (BOSCH) (Hrsg.): *REFUdrive 500 RD52 Antriebsregelgeräte Feldorientierte Regelung.* Lohr a. Main: Bosch, 2000. – Firmenschrift 120–1950–B304–05/DE

[RIE 97] RIEMERSMA, Iddo J., HENDRIKSEN, Peter, GENSE, N.L.J., SMOKERS, Richard T.M.: *Methodology for the development of representative driving cycles.* Delft: TNO Automotive (Hrsg.), 1997. – Firmenschrift

[SCH 02] SCHEUERMANN, Uwe; HECHT, Uta: *Power Cycling Lifetime of Advanced Power Modules for different Temperature Swings.* In: MESAGO PCIM GmbH (Veranst.): Proceedings of the International Exhibition and Conference on Power Electronics, Intelligent Motion and Power Quality (PCIM) 2002 (Nürnberg 14.–16.05.2002).

[SCH 03] SCHMIDT, Tobias; SCHLENDER, Dirk: *Untersuchung zum saisonalen Reifenwechsel unter Berücksichtigung technischer und klimatischer Aspekte.* Wuppertal : Bergische Universität, Fachbereich Sicherheitstechnik, Projektbericht, 2003

[SCH 09] SCHEUERMANN, Uwe: *Chip Temperature Measurement without Additional Sensors.* In: Bodo's Power Systems 2009, Nr. 9, S. 58–59

[SCI 04] SCIARETTA, Antonio; GUZZELLA, Lino; BACK, Michael: *A real–time optimal control strategy for hybrid vehicle with on–board estimation of the control parameters.* In: INTERNATIONAL FEDERATION OF AUTOMATIC CONTROL (IFAC) (Veranst.): Proceedings of the First IFAC Symposium on Advances in Automotive Control (Salerno 19.–23.04.2004). S. 502–507

[SEM 09] SEMIKRON ELEKTRONIK GMBH & CO. KG: *Produktblatt SKM150GB12T4.* Nürnberg : Semikron, 2000. – Firmenschrift

[SEM 11] SEMIKRON INTERNATIONAL GmbH (SEMIKRON) (Hrsg.): *Application Manual Power Semiconductors.* Nürnberg : SEMIKRON, 2011. – Firmenschrift. – ISBN: 978-3-938843-66-6

[SHI 05] SHIN, Hwi B.; PARK, Jong G.; CHANG, Sung D.; CHOI, Hyun C.: *Generalized analysis of multi–phase interleaved boost converter.* In: International Journal of Electronics 92 (2005), S. 1–20

[STE 08] STEINHORST, Frank, JONASSEN, Ingo, PETERS, Arne: *Stationärer Schwungmasse–Energiespeicher bei der Hamburger U–Bahn.* In: Elektrische Bahnen 106 (2008), Nr. 4, S. 176–180

[TCM 15] TC MESS- UND REGELTECHNIK GMBH: *Handbuch zur Temperaturmessung mit Thermoelementen und Widerstandsthermometern.* Firmenschrift, 2015, Version 6.1, S.47

[TUE 01] TÜRKES, Peter: *Thermal Network Calculation for Level–3 Compact Models – Application Note AN–PSM–12.* Warstein : Infineon Technologies AG (Hrsg.): 2001. – Firmenschrift, Version 1.0

[TUT 07] TUTZAUER, René: *Neue Erfahrungen mit oberleitungslosen Straßenbahnen.* In: ETG–Fachbericht 107 (2007), S. 426–432. – Tagungsband zum Internationalen ETG–Kongress (Karlsruhe 23.–24.10.2007)

[UIT 09] UITP BUS COMMITTEE – BUS CONTRACTORS: *UITP–Projekt „SORT" – Standardisierte Zyklen für Straßentests.* 2., überarb. Aufl. Brüssel : INTERNATIONALER VERBAND FÜR ÖFFENTLICHES VERKEHRSWESEN (UITP) (Hrsg.), 2009

[VDV 07] VERBAND DEUTSCHER VERKEHRSUNTERNEHMEN (VDV) (Hrsg.): *Statistik.* Köln : VDV, 2007

[WEN 03] WENDE, Dietrich: *Fahrdynamik des Schienenverkehrs.* 1. Aufl. Wiesbaden : Teubner Verlag, 2003. – ISBN: 3–519–00419–4

[WOL 01] WOLFGANG, Eckhard; LEFRANC, Gerard; SELIGER, Norbert; BERG, Hermann; LICHT, Thomas: *Zuverlässige Leistungselektronik für die Automobiltechnik.* In: ETG Fachbericht 88 (2002), S. 123–128. – Tagungsband zur ETG–Fachtagung (Bad Nauheim 23.–24.04.2002). ISBN: 3–8007–2690–4

[WOL 02] WOLFGANG, Eckhard; SELIGER, Norbert; LUGERT, Gunter; RIEPL, Thomas: *High–Temperature Power Electronics: Challenges and Opportunities.* In: VDE–Verlag (Hrsg.): Proceeding of the 2nd International Conference on Integrated Power Electronics Systems (CIPS) 2002 (Bremen 11.–12.06.2002). S. 43–48. ISBN: 3–8007–2704–8

[YAM 02] YAMADA, Junji; SIMIZU, Takayuki; KAWAGUCHI, Muneyosi; NAKAMURA, Mitsuhiro; KIKUCHI, Masao; THAL, Eckhard: *The latest High Performance and High Reliability IGBT Technology in New Packages with Conventional Pin Layout.* In: MESAGO PCIM GmbH (Veranst.): Proceedings of the International Exhibition and Conference on Power Electronics, Intelligent Motion and Power Quality (PCIM) 2003 (Nürnberg 20.–22.05.2003).

Anhang

Verzeichnis der Anhänge

A Aus der Literatur bekannte Fahrzyklen für „Busse/LKW“ .... A - 2

B Daten des Geschwindigkeitsprofils „FP STRAB“ .... A - 8

C Überprüfung des Translationsmodells an ausgewählten Messdaten .... A - 9

D Daten des RC–Netzwerkes für das IPM 1700 V 1800 A .... A - 12

A Aus der Literatur bekannte Fahrzyklen für „Busse/LKW“

Ein Teil der Recherche zum Stand der Technik widmete sich der Belastungssituation von Fahrzeugen des ÖPNV. Dabei wurden Fahrzyklen für „Busse/LKW“ ermittelt und hinsichtlich ihrer Eignung für die Umsetzung der Aufgabenstellung analysiert.

Nachfolgend sind die Geschwindigkeitsprofile recherchierter Fahrzyklen zusammen mit charakteristischen Merkmalen dargestellt. Die Profile weisen im Vergleich besonders hinsichtlich der Zyklusdauern und Geschwindigkeitsverteilungen, maximaler und durchschnittlicher Geschwindigkeiten aber auch bezüglich mittlerer Fahrspiellängen und durchschnittlicher Haltedauern deutliche Unterschiede auf.

Arterial Test Cycle

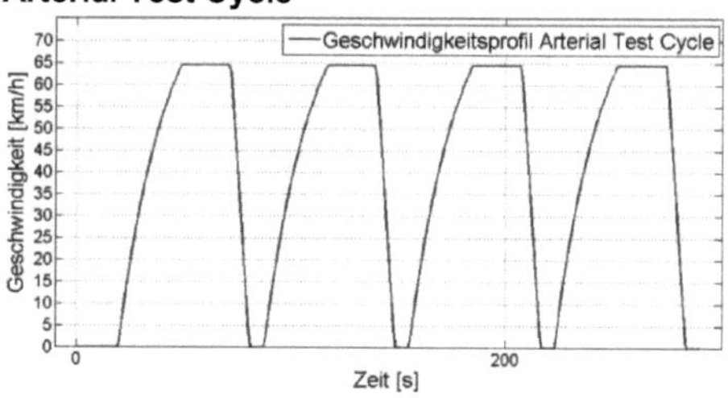

Höchstgeschwindigkeit	64.4	[km/h]
Durchschnittsgeschwindigkeit	39.8	[km/h]
max. Beschleunigung / Bremsverzögerung	1.07 / -2.01	[m/s²]
Streckenlänge	3221	[m]
durchschnittliche Fahrspiellänge	805	[m]

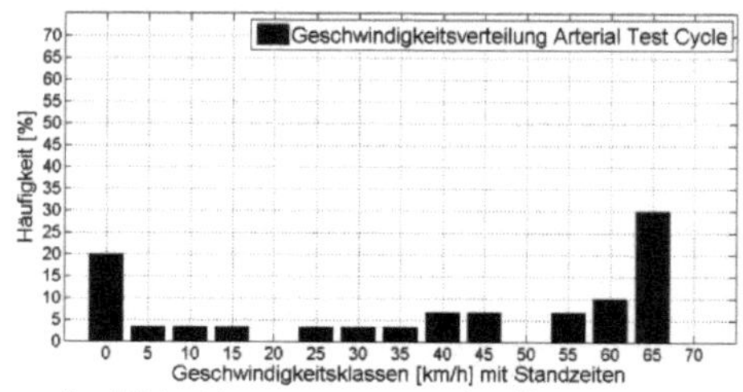

Anzahl Fahrspiele	4	[-]
Anzahl Fahrspiele mit Halt größer 4 s	4	[-]
Zyklusdauer	291	[s]
durchschnittliche Standzeit bei Halt	9.6	[s]
Anteil Standzeit	16.5	[%]

Braunschweig Bus Zyklus

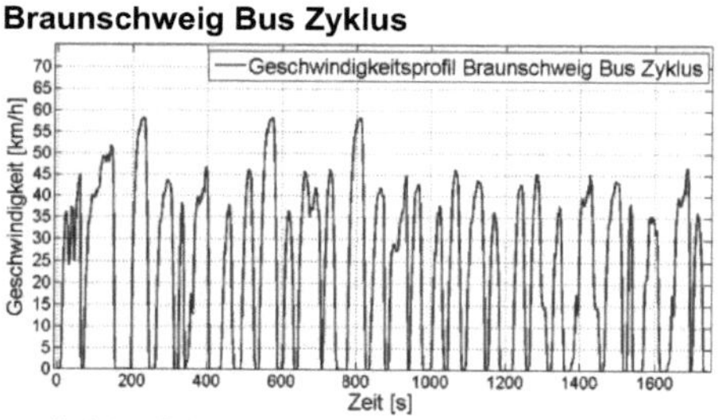

Höchstgeschwindigkeit	58.2	[km/h]
Durchschnittsgeschwindigkeit	22.5	[km/h]
max. Beschleunigung / Bremsverzögerung	2.36 / -2.64	[m/s²]
Streckenlänge	10873	[m]
durchschnittliche Fahrspiellänge	375	[m]

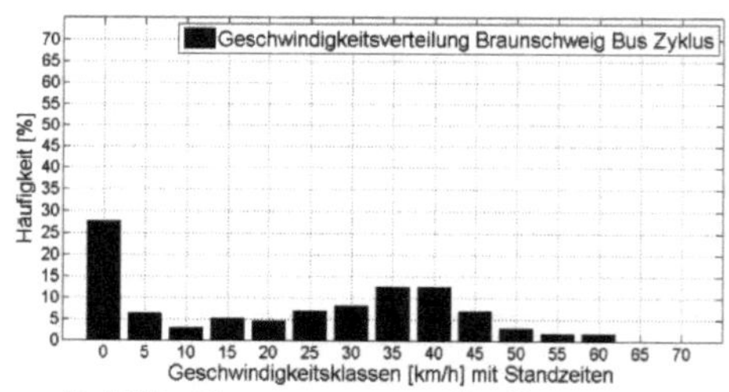

Anzahl Fahrspiele	29	[-]
Anzahl Fahrspiele mit Halt größer 4 s	29	[-]
Zyklusdauer	1740	[s]
durchschnittliche Standzeit bei Halt	14.7	[s]
Anteil Standzeit	25.3	[%]

Bus Route

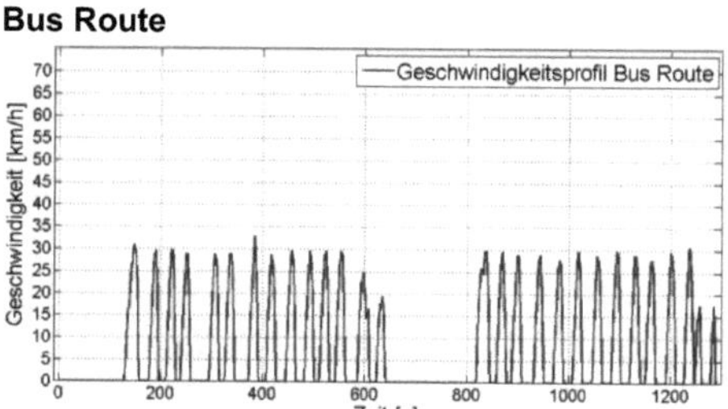

Höchstgeschwindigkeit	32.7	[km/h]
Durchschnittsgeschwindigkeit	7.2	[km/h]
max. Beschleunigung / Bremsverzögerung	1.42 / -1.70	[m/s²]
Streckenlänge	2595	[m]
durchschnittliche Fahrspiellänge	100	[m]

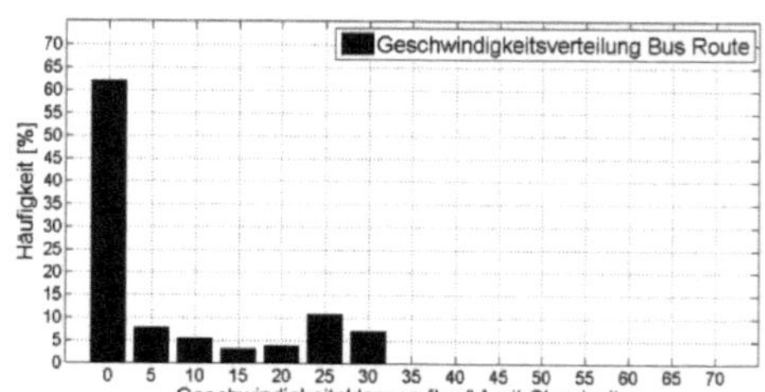

Anzahl Fahrspiele	28	[-]
Anzahl Fahrspiele mit Halt größer 4 s	26	[-]
Zyklusdauer	1289	[s]
durchschnittliche Standzeit bei Halt	28.3	[s]
Anteil Standzeit	59.2	[%]

Central Business District for Bus

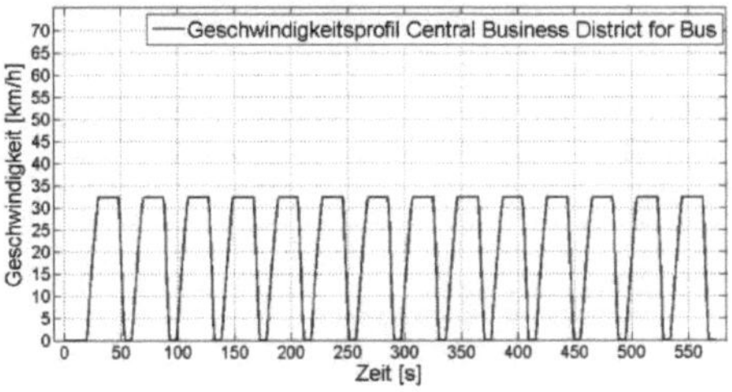

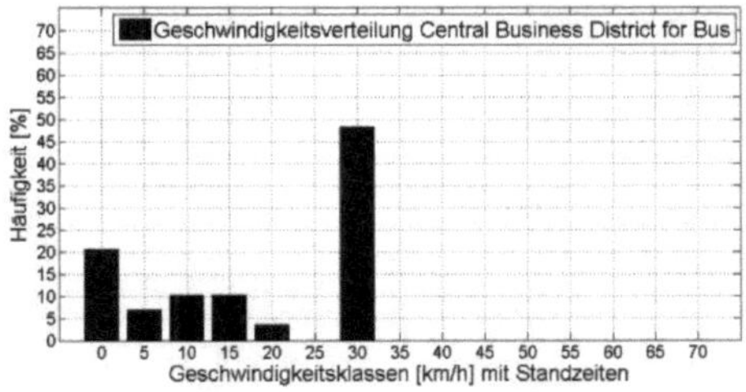

Höchstgeschwindigkeit	32.2	[km/h]
Durchschnittsgeschwindigkeit	20.2	[km/h]
max. Beschleunigung / Bremsverzögerung	1.03 / -2.01	[m/s²]
Streckenlänge	3228	[m]
durchschnittliche Fahrspiellänge	231	[m]

Anzahl Fahrspiele	14	[-]
Anzahl Fahrspiele mit Halt größer 4 s	14	[-]
Zyklusdauer	574	[s]
durchschnittliche Standzeit bei Halt	7.7	[s]
Anteil Standzeit	20.2	[%]

Central Business District for Trucks

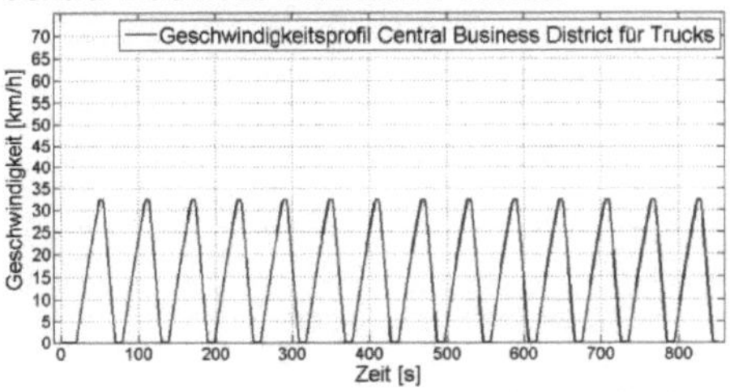

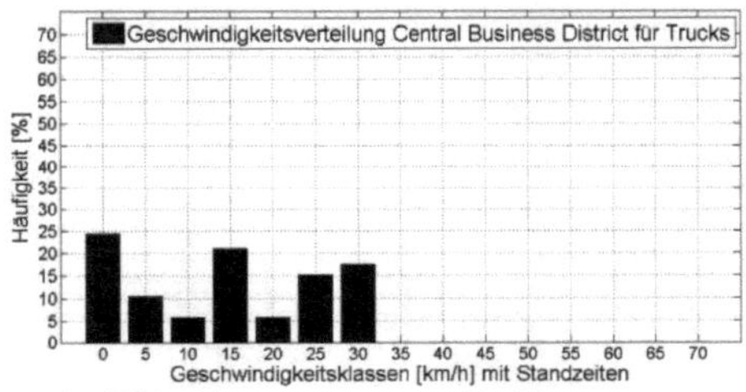

Höchstgeschwindigkeit	32.2	[km/h]
Durchschnittsgeschwindigkeit	14.9	[km/h]
max. Beschleunigung / Bremsverzögerung	0.36 / -0.63	[m/s²]
Streckenlänge	3513	[m]
durchschnittliche Fahrspiellänge	251	[m]

Anzahl Fahrspiele	14	[-]
Anzahl Fahrspiele mit Halt größer 4 s	14	[-]
Zyklusdauer	850	[s]
durchschnittliche Standzeit bei Halt	10.6	[s]
Anteil Standzeit	18.7	[%]

Commuter

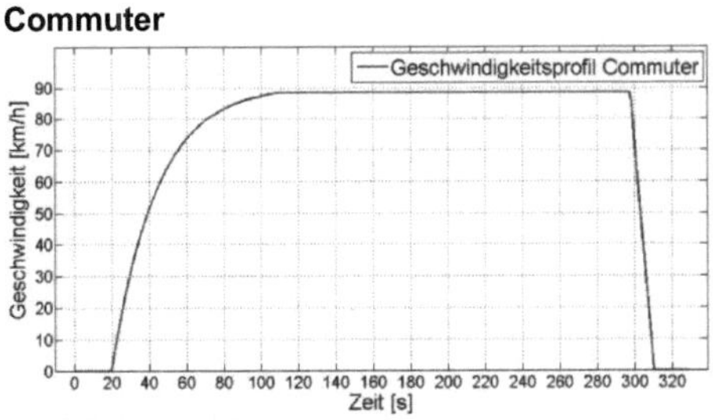

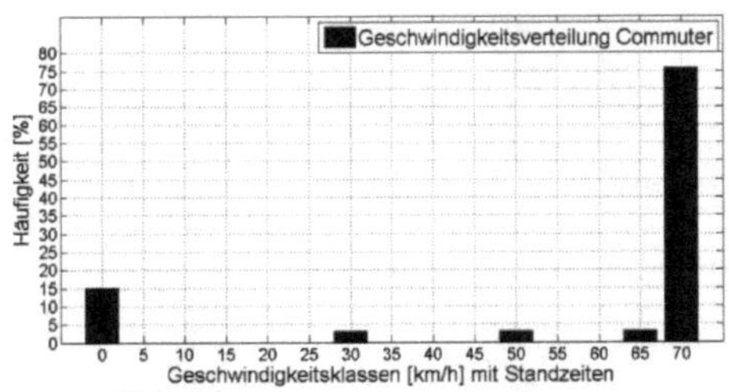

Höchstgeschwindigkeit	88.5	[km/h]
Durchschnittsgeschwindigkeit	70.5	[km/h]
max. Beschleunigung / Bremsverzögerung	1.03 / -2.01	[m/s²]
Streckenlänge	6442	[m]
durchschnittliche Fahrspiellänge	6442	[m]

Anzahl Fahrspiele	1	[-]
Anzahl Fahrspiele mit Halt größer 4 s	1	[-]
Zyklusdauer	329	[s]
durchschnittliche Standzeit bei Halt	20.0	[s]
Anteil Standzeit	12.2	[%]

City Suburban Heavy Vehicle Road Cycle

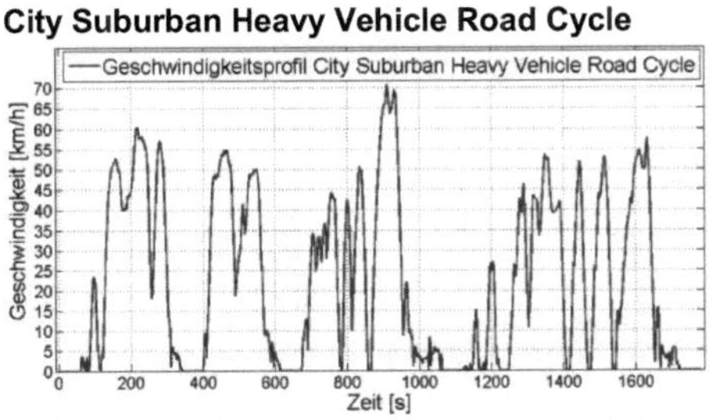

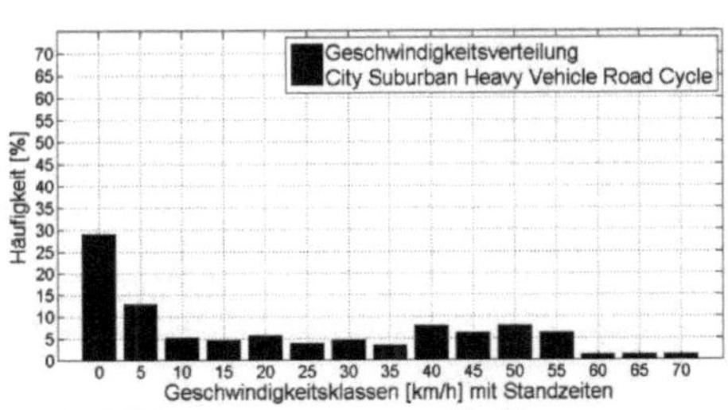

Höchstgeschwindigkeit	70.5	[km/h]
Durchschnittsgeschwindigkeit	21.9	[km/h]
max. Beschleunigung / Bremsverzögerung	0.98 / -0.98	[m/s²]
Streckenlänge	10814	[m]
durchschnittliche Fahrspiellänge	901	[m]

Anzahl Fahrspiele	18	[-]
Anzahl Fahrspiele mit Halt größer 4 s	12	[-]
Zyklusdauer	1780	[s]
durchschnittliche Standzeit bei Halt	29.6	[s]
Anteil Standzeit	21.6	[%]

Manhattan Bus Cycle

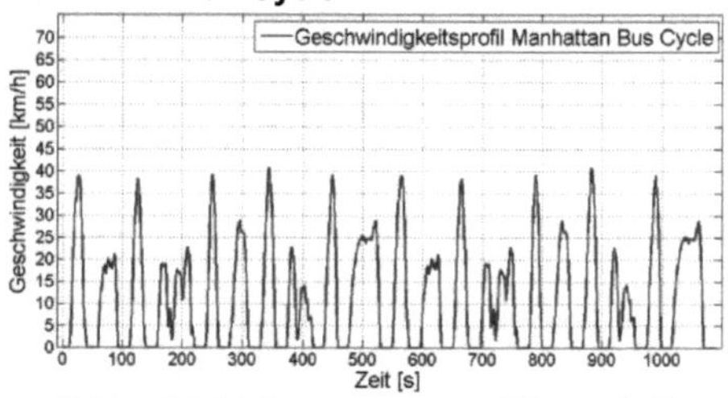

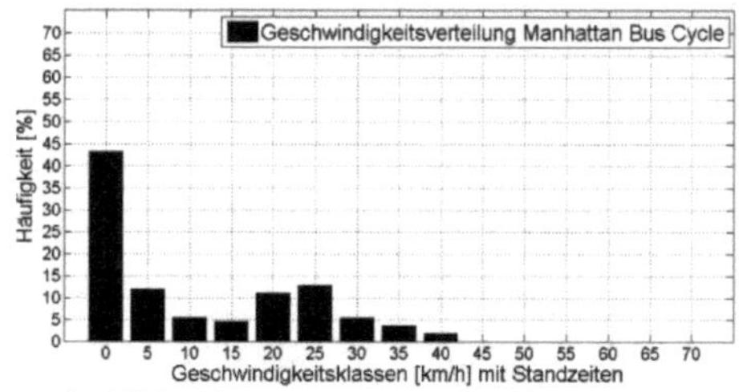

Höchstgeschwindigkeit	40.7	[km/h]
Durchschnittsgeschwindigkeit	11.0	[km/h]
max. Beschleunigung / Bremsverzögerung	1.83 / -1.97	[m/s²]
Streckenlänge	3324	[m]
durchschnittliche Fahrspiellänge	166	[m]

Anzahl Fahrspiele	20	[-]
Anzahl Fahrspiele mit Halt größer 4 s	20	[-]
Zyklusdauer	1089	[s]
durchschnittliche Standzeit bei Halt	18.8	[s]
Anteil Standzeit	36.2	[%]

Nürnberg Linie 36

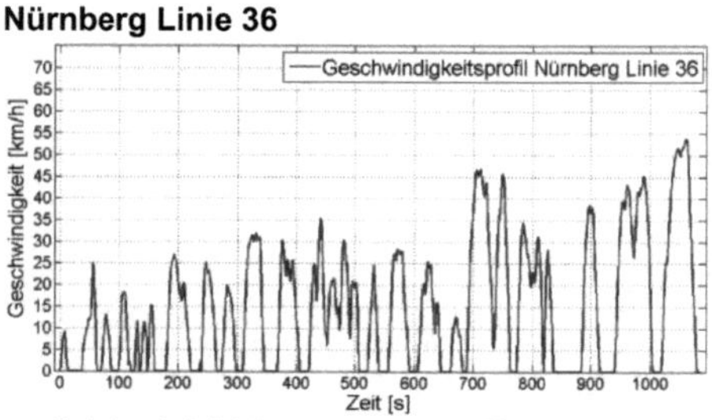

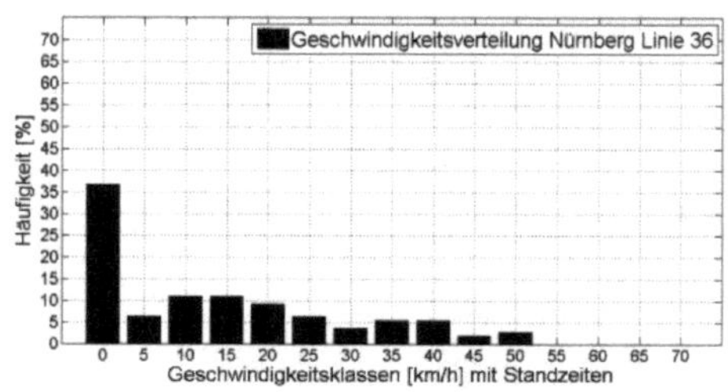

Höchstgeschwindigkeit	53.7	[km/h]
Durchschnittsgeschwindigkeit	14.3	[km/h]
max. Beschleunigung / Bremsverzögerung	1.64 / -1.88	[m/s²]
Streckenlänge	4320	[m]
durchschnittliche Fahrspiellänge	206	[m]

Anzahl Fahrspiele	24	[-]
Anzahl Fahrspiele mit Halt größer 4 s	21	[-]
Zyklusdauer	1084	[s]
durchschnittliche Standzeit bei Halt	15.1	[s]
Anteil Standzeit	30.7	[%]

New York Bus Cycle

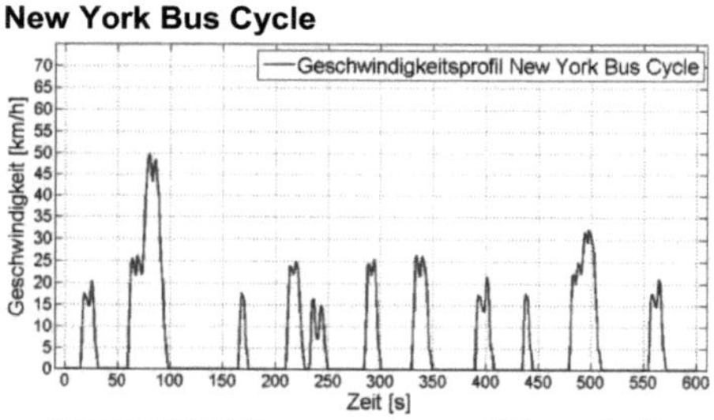

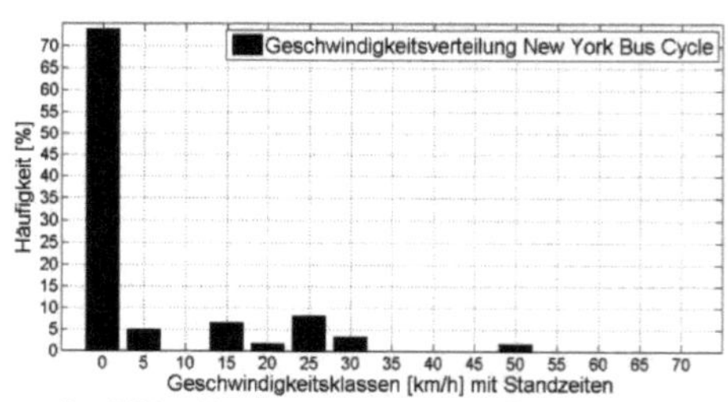

Höchstgeschwindigkeit	49.6	[km/h]
Durchschnittsgeschwindigkeit	5.9	[km/h]
max. Beschleunigung / Bremsverzögerung	2.15 / -1.70	[m/s²]
Streckenlänge	989	[m]
durchschnittliche Fahrspiellänge	90	[m]

Anzahl Fahrspiele	11	[-]
Anzahl Fahrspiele mit Halt größer 4 s	11	[-]
Zyklusdauer	600	[s]
durchschnittliche Standzeit bei Halt	33.7	[s]
Anteil Standzeit	67.3	[%]

New York City Composite

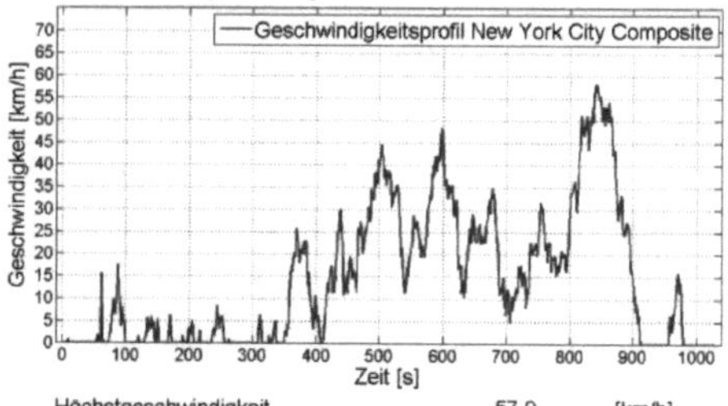

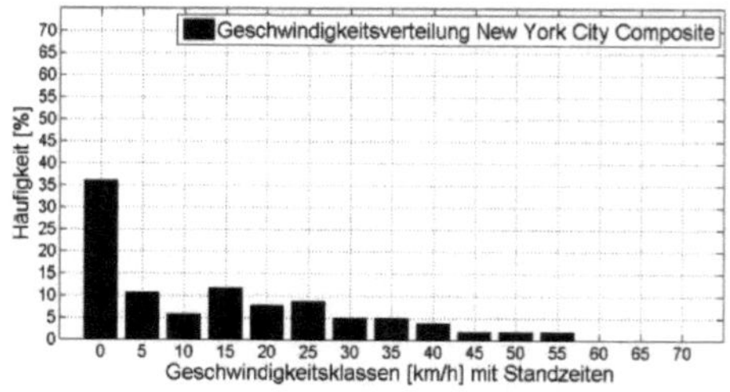

Höchstgeschwindigkeit	57.9	[km/h]
Durchschnittsgeschwindigkeit	14.1	[km/h]
max. Beschleunigung / Bremsverzögerung	1.24 / -1.76	[m/s²]
Streckenlänge	4035	[m]
durchschnittliche Fahrspiellänge	237	[m]

Anzahl Fahrspiele	19	[-]
Anzahl Fahrspiele mit Halt größer 4 s	17	[-]
Zyklusdauer	1029	[s]
durchschnittliche Standzeit bei Halt	18.9	[s]
Anteil Standzeit	33.1	[%]

New York City Truck

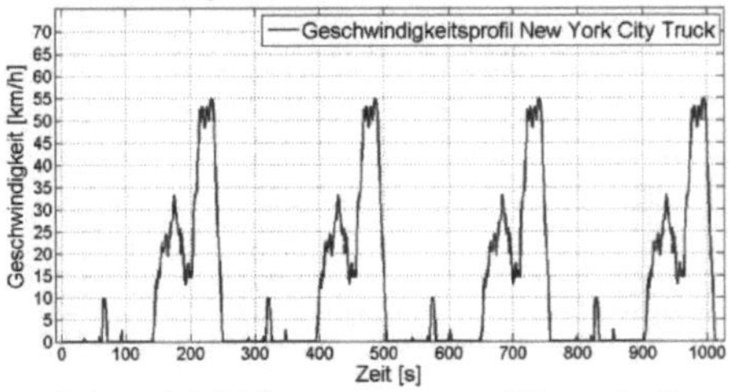

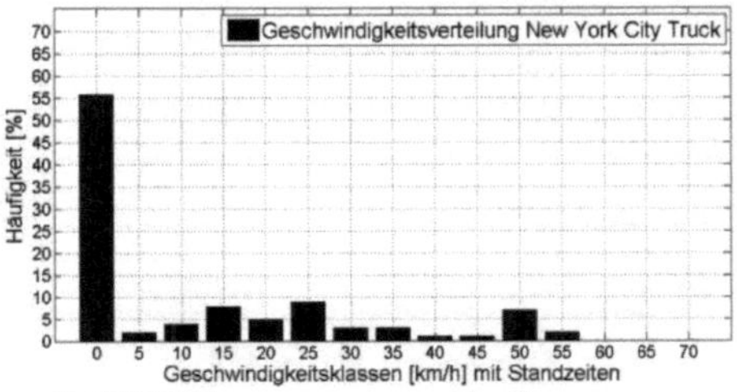

Höchstgeschwindigkeit	54.7	[km/h]
Durchschnittsgeschwindigkeit	12.2	[km/h]
max. Beschleunigung / Bremsverzögerung	1.22 / -1.87	[m/s²]
Streckenlänge	3434	[m]
durchschnittliche Fahrspiellänge	172	[m]

Anzahl Fahrspiele	20	[-]
Anzahl Fahrspiele mit Halt größer 4 s	20	[-]
Zyklusdauer	1016	[s]
durchschnittliche Standzeit bei Halt	25.2	[s]
Anteil Standzeit	52.1	[%]

New York City Garbage Truck

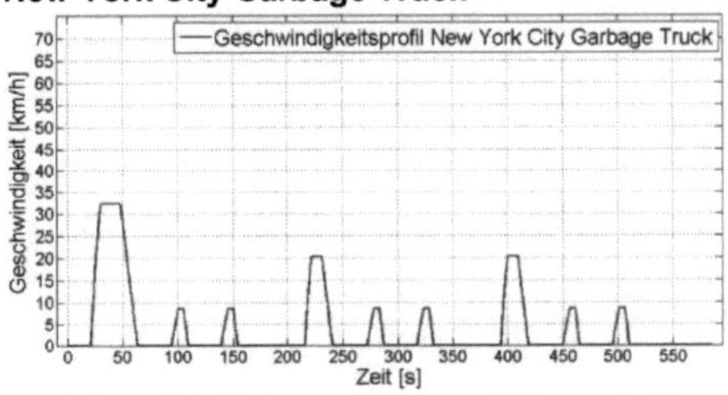

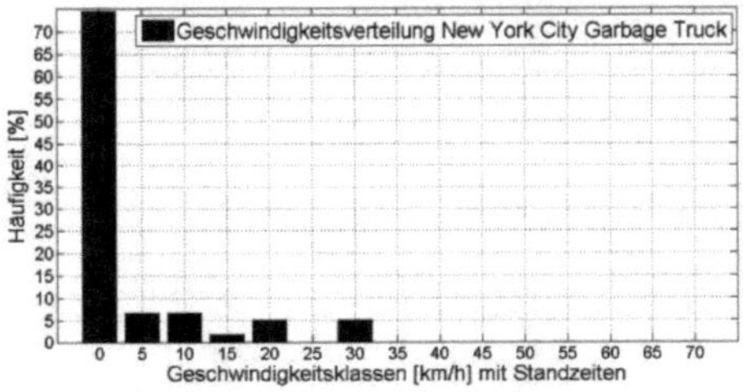

Höchstgeschwindigkeit	32.2	[km/h]
Durchschnittsgeschwindigkeit	3.7	[km/h]
max. Beschleunigung / Bremsverzögerung	0.67 / -0.58	[m/s²]
Streckenlänge	609	[m]
durchschnittliche Fahrspiellänge	68	[m]

Anzahl Fahrspiele	9	[-]
Anzahl Fahrspiele mit Halt größer 4 s	9	[-]
Zyklusdauer	585	[s]
durchschnittliche Standzeit bei Halt	40.6	[s]
Anteil Standzeit	69.4	[%]

Orange County Bus Cycle

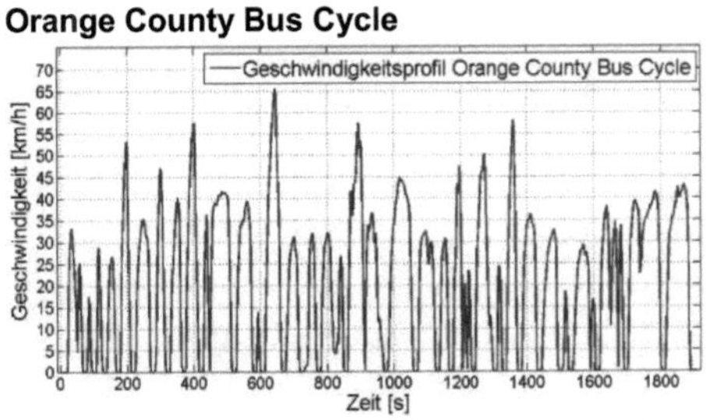

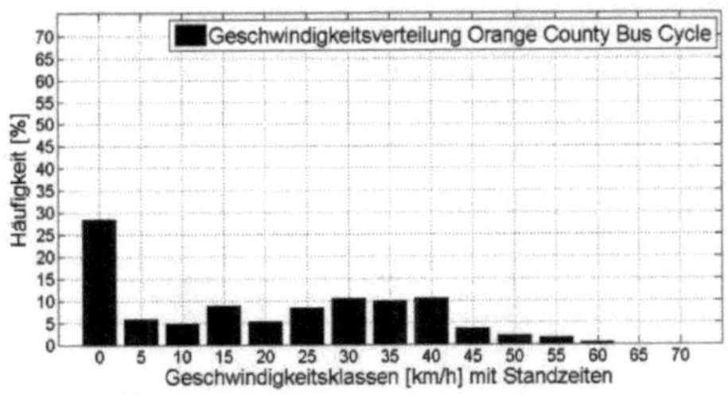

Höchstgeschwindigkeit	65.4	[km/h]
Durchschnittsgeschwindigkeit	19.9	[km/h]
max. Beschleunigung / Bremsverzögerung	1.65 / -2.21	[m/s²]
Streckenlänge	10526	[m]
durchschnittliche Fahrspiellänge	340	[m]

Anzahl Fahrspiele	31	[-]
Anzahl Fahrspiele mit Halt größer 4 s	31	[-]
Zyklusdauer	1909	[s]
durchschnittliche Standzeit bei Halt	12.7	[s]
Anteil Standzeit	21.3	[%]

Stuttgart Linie 42

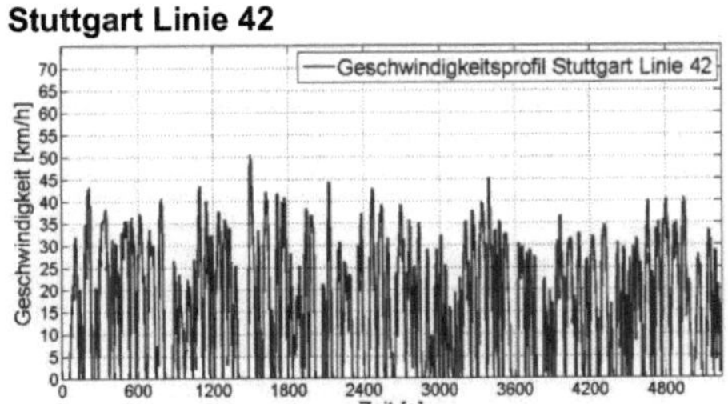

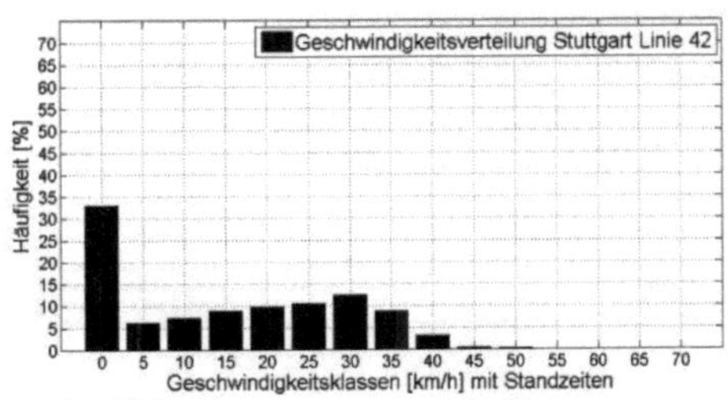

Höchstgeschwindigkeit	50.4	[km/h]
Durchschnittsgeschwindigkeit	15.1	[km/h]
max. Beschleunigung / Bremsverzögerung	9.61 / -2.44	[m/s²]
Streckenlänge	21972	[m]
durchschnittliche Fahrspiellänge	289	[m]

Anzahl Fahrspiele	86	[-]
Anzahl Fahrspiele mit Halt größer 4 s	76	[-]
Zyklusdauer	5238	[s]
durchschnittliche Standzeit bei Halt	17.1	[s]
Anteil Standzeit	25.2	[%]

Urban Dynamometer Driving Schedule for Heavy Duty

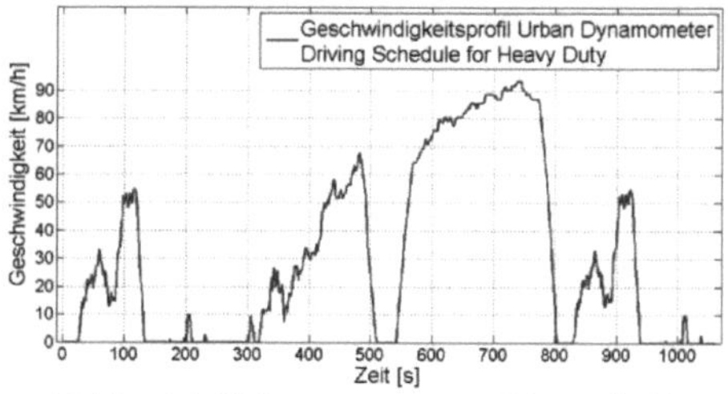

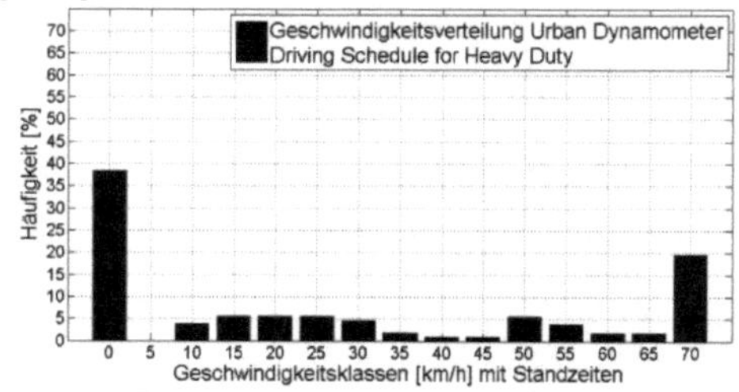

Höchstgeschwindigkeit	93.3	[km/h]
Durchschnittsgeschwindigkeit	30.3	[km/h]
max. Beschleunigung / Bremsverzögerung	1.56 / -2.07	[m/s²]
Streckenlänge	8935	[m]
durchschnittliche Fahrspiellänge	812	[m]

Anzahl Fahrspiele	14	[-]
Anzahl Fahrspiele mit Halt größer 4 s	11	[-]
Zyklusdauer	1060	[s]
durchschnittliche Standzeit bei Halt	29.4	[s]
Anteil Standzeit	33.3	[%]

United Kingdom Bus 6

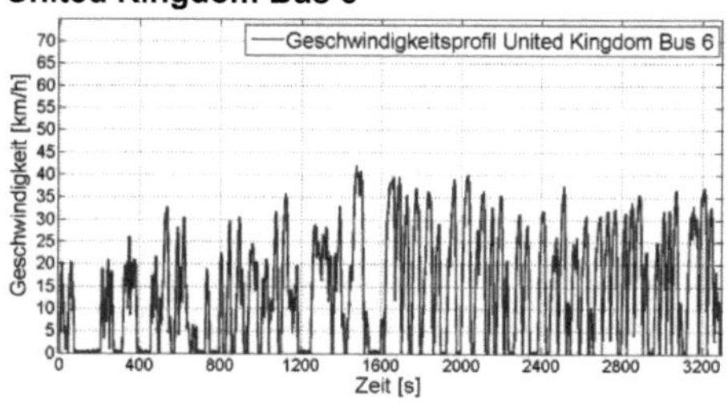

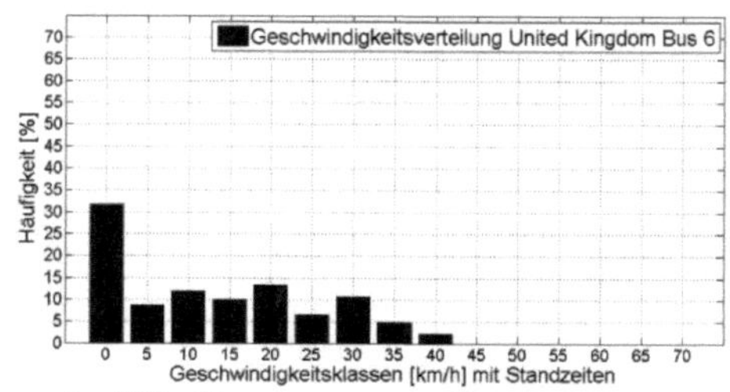

Höchstgeschwindigkeit	42.0	[km/h]
Durchschnittsgeschwindigkeit	13.3	[km/h]
max. Beschleunigung / Bremsverzögerung	1.21 / -1.66	[m/s²]
Streckenlänge	12125	[m]
durchschnittliche Fahrspiellänge	758	[m]

Anzahl Fahrspiele	79	[-]
Anzahl Fahrspiele mit Halt größer 4 s	16	[-]
Zyklusdauer	3288	[s]
durchschnittliche Standzeit bei Halt	4.9	[s]
Anteil Standzeit	2.5	[%]

West Virginia University 5 Peak

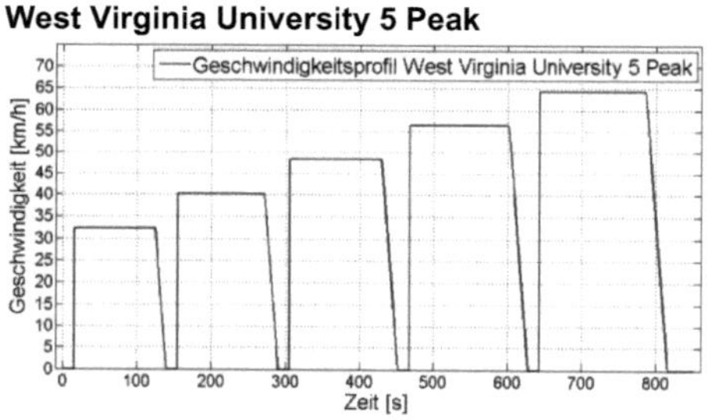

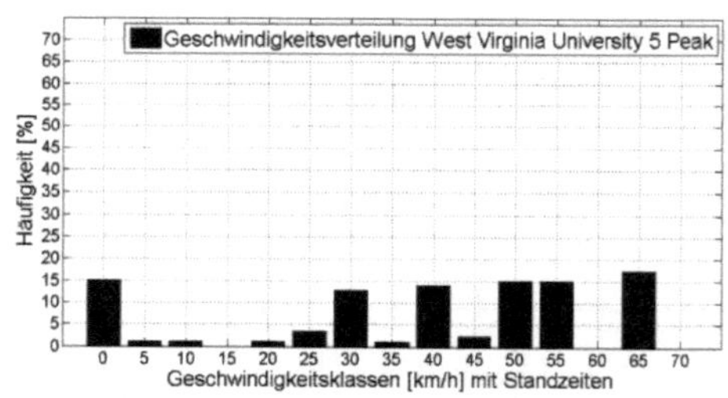

Höchstgeschwindigkeit	64.4	[km/h]
Durchschnittsgeschwindigkeit	39.7	[km/h]
max. Beschleunigung / Bremsverzögerung	Inf / -0.63	[m/s²]
Streckenlänge	9372	[m]
durchschnittliche Fahrspiellänge	1874	[m]

Anzahl Fahrspiele	5	[-]
Anzahl Fahrspiele mit Halt größer 4 s	5	[-]
Zyklusdauer	850	[s]
durchschnittliche Standzeit bei Halt	19.2	[s]
Anteil Standzeit	13.5	[%]

West Virginia University City

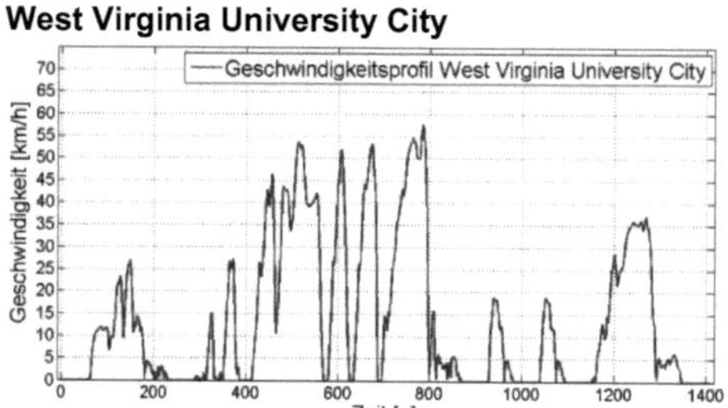

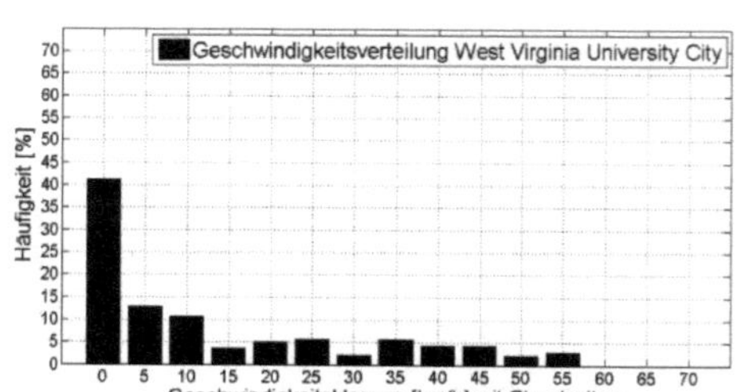

Höchstgeschwindigkeit	57.7	[km/h]
Durchschnittsgeschwindigkeit	13.6	[km/h]
max. Beschleunigung / Bremsverzögerung	1.14 / -3.24	[m/s²]
Streckenlänge	5319	[m]
durchschnittliche Fahrspiellänge	484	[m]

Anzahl Fahrspiele	14	[-]
Anzahl Fahrspiele mit Halt größer 4 s	11	[-]
Zyklusdauer	1408	[s]
durchschnittliche Standzeit bei Halt	35.5	[s]
Anteil Standzeit	30.3	[%]

West Virginia University Inter

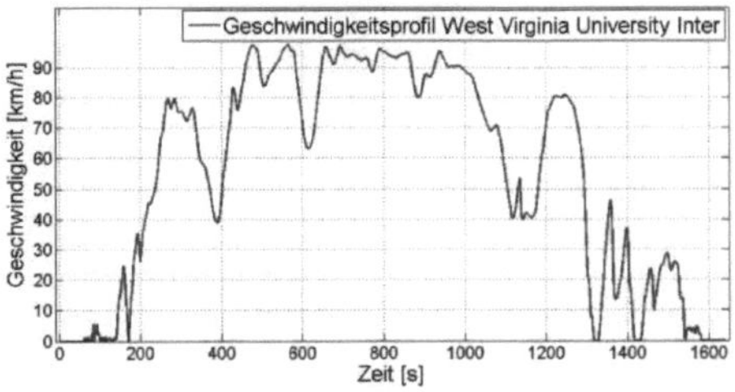

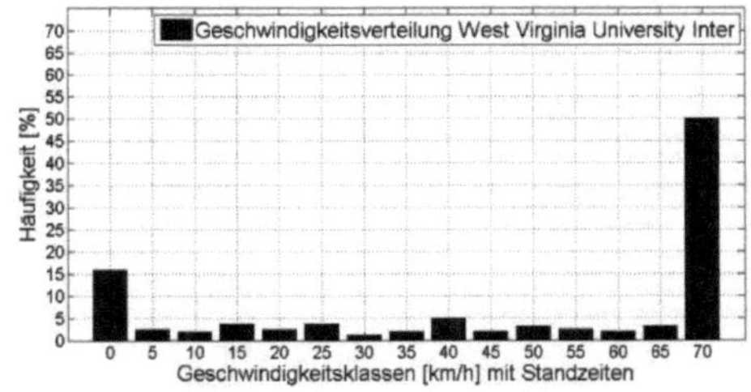

Höchstgeschwindigkeit	97.7	[km/h]
Durchschnittsgeschwindigkeit	54.8	[km/h]
max. Beschleunigung / Bremsverzögerung	1.42 / -1.86	[m/s²]
Streckenlänge	24958	[m]
durchschnittliche Fahrspiellänge	6240	[m]

Anzahl Fahrspiele	9	[-]
Anzahl Fahrspiele mit Halt größer 4 s	4	[-]
Zyklusdauer	1640	[s]
durchschnittliche Standzeit bei Halt	30.4	[s]
Anteil Standzeit	9.3	[%]

West Virginia University Suburban

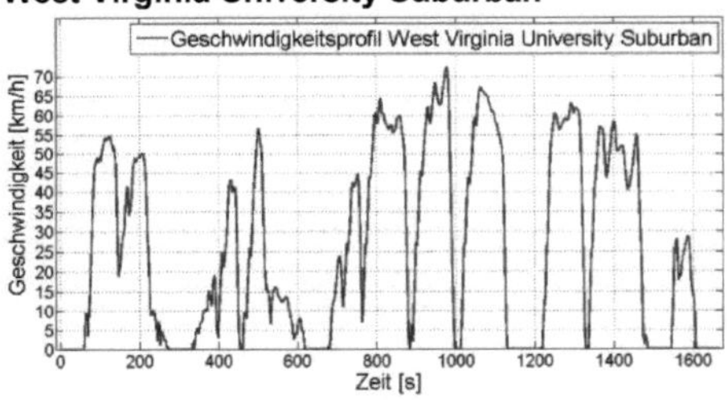

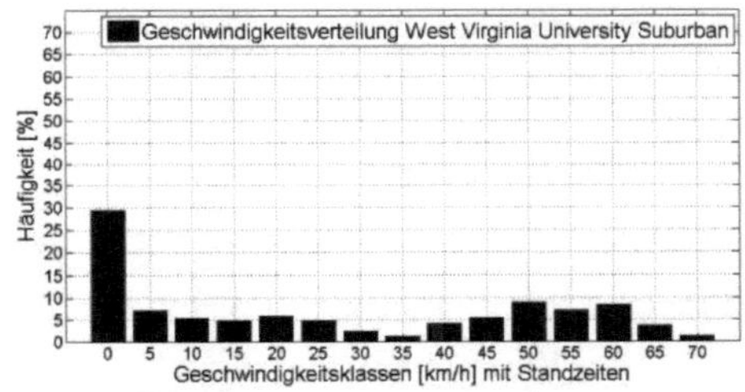

Höchstgeschwindigkeit	72.1	[km/h]
Durchschnittsgeschwindigkeit	25.9	[km/h]
max. Beschleunigung / Bremsverzögerung	1.29 / -2.16	[m/s²]
Streckenlänge	11971	[m]
durchschnittliche Fahrspiellänge	1496	[m]

Anzahl Fahrspiele	9	[-]
Anzahl Fahrspiele mit Halt größer 4 s	8	[-]
Zyklusdauer	1665	[s]
durchschnittliche Standzeit bei Halt	46.6	[s]
Anteil Standzeit	25.2	[%]

Bild A 1: aus der Literatur bekannte Fahrzyklen für „schwere Fahrzeuge“ und ausgewählte statistische Daten

B Daten des Geschwindigkeitsprofils „FP STRAB“

Mit dem Ziel, die durch einzelne Hardware– oder Softwareeingriffe erzielbare Absenkung der Sperrschichttemperaturen oder Erhöhung der Energieeffizienz möglichst objektiv bewertbar zu halten, wurde nach einem repräsentativen Belastungsprofil gesucht. Nachdem die aus der Literatur bekannten Fahrzyklen als für das Untersuchungsziel nicht geeignet einzuschätzen waren, erfolgten eigene messtechnische Erfassungen solcher Profile im Dresdner Straßenbahnnetz [KLA 0801]. Nach Auswertung der gesamten Datenbasis entfiel die Wahl auf einen nahezu ebenen Streckenabschnitt, welcher unmittelbar an den Innenstadtbereich angrenzt. Ausschlaggebend für die Auswahl war dabei hauptsächlich der Vergleich mit als charakteristisch eingeschätzten Eckdaten der Betriebscharakteristik von Straßenbahnen nach Tabelle 4.1.

Vergleichend zu den aus der Literatur recherchierten Belastungsprofilen (Anhang A) stellt Bild B1 das Geschwindigkeitsprofil „FP STRAB“ zusammen mit ausgewählten charakteristischen Merkmalen dar.

FP STRAB

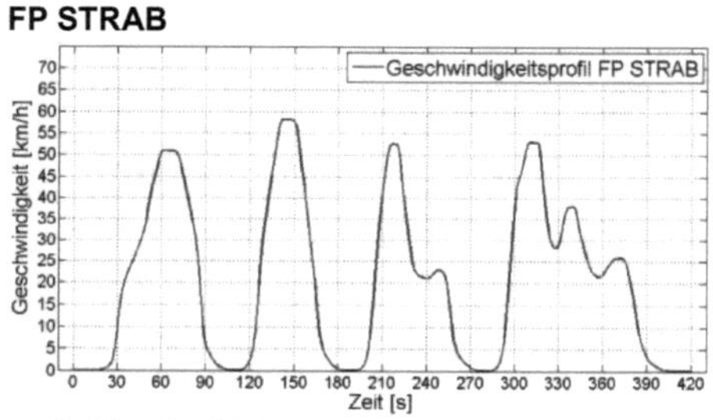

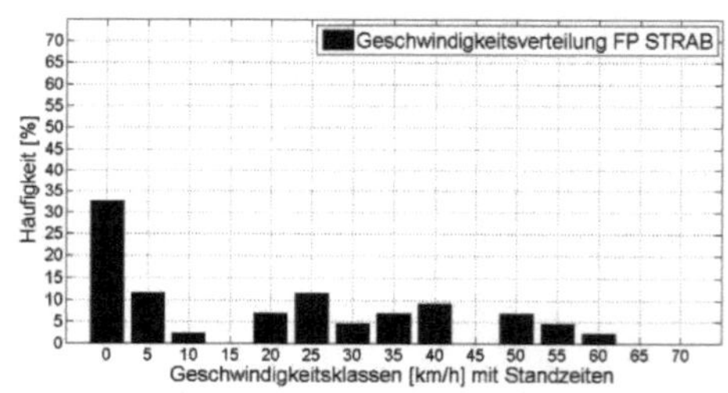

Höchstgeschwindigkeit	58.2	[km/h]
Durchschnittsgeschwindigkeit	20.6	[km/h]
max. Beschleunigung / Bremsverzögerung	1.42 / -1.31	[m/s²]
Streckenlänge	2409	[m]
durchschnittliche Fahrspiellänge	602	[m]

Anzahl Fahrspiele	4	[-]
Anzahl Fahrspiele mit Halt größer 4 s	4	[-]
Zyklusdauer	420	[s]
durchschnittliche Standzeit bei Halt	9.8	[s]
Anteil Standzeit	11.7	[%]

Bild B1: ausgewählte statistische Daten des Geschwindigkeitsprofils „FP STRAB“

C Überprüfung des Translationsmodells an ausgewählten Messdaten

Das Translationsmodell, welches ein Teilmodell des Werkzeugs „thermische Wechselbeanspruchung“ darstellt, wurde mittels vorhandener Messdaten überprüft. Die Grundlage bildeten hierfür Streckenabschnitte mit besonderen Charakteristiken, um das Modellverhalten bei unterschiedlichen Sollvorgaben mit den im Betriebseinsatz gemessenen Werten zu vergleichen.

Aus der gesamten Datenbasis erfolgte die Auswahl eines Linienabschnittes mit starker Streckenneigung sowie eines Netzbereiches, welcher mit geringer Maximalgeschwindigkeit befahren wird, was in vergleichsweise langen Beharrungsphasen resultiert.

Nachfolgend sind die Sollvorgaben und Berechnungsergebnisse sowie die entsprechenden Messergebnisse vergleichend dargestellt.

C 1 *Linienabschnitt mit starker Streckenneigung „FP STRAB steil“*

Der zur Modellüberprüfung ausgewählte Linienabschnitt „FP STRAB steil“ besteht aus vier Fahrspielen und ist etwa 3100 m lang. Es wurden alle Fahrten bei Außentemperaturen größer 18°C aus der Gesamtdatenmenge extrahiert. Insgesamt standen damit Messdaten von 75 Fahrten zur Verfügung. In Bild C1.1 sind die Messdaten zusammen mit dem daraus abgeleiteten Geschwindigkeitsprofil „FP STRAB steil“ dargestellt.

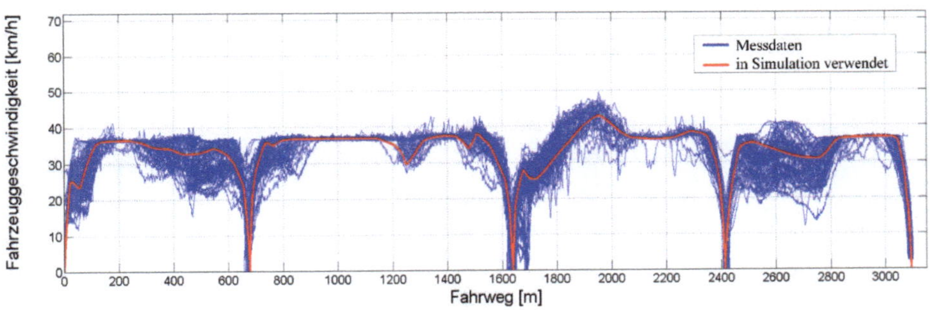

Bild C1.1: Messdaten und für die Simulation verwendetes Geschwindigkeitsprofil FP STRAB steil

Bild C1.2 zeigt das zeitbasierte Geschwindigkeitsprofil „FP STRAB steil“ zusammen mit ausgewählten statistischen Daten.

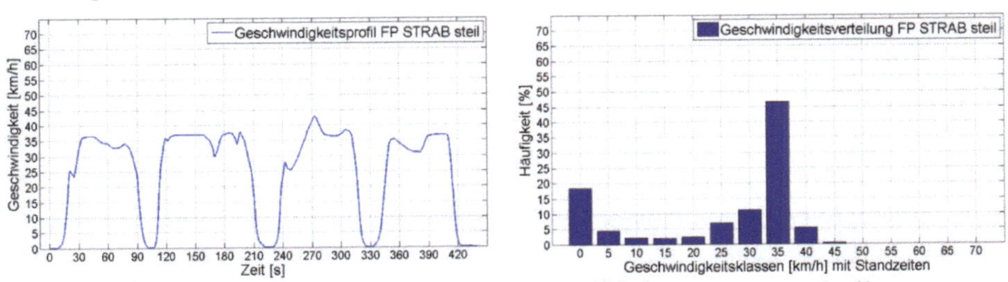

Höchstgeschwindigkeit	42.8	[km/h]
Durchschnittsgeschwindigkeit	25.3	[km/h]
max. Beschleunigung / Bremsverzögerung	2.15 / -1.80	[m/s²]
Streckenlänge	3093	[m]
durchschnittliche Fahrspiellänge	773	[m]

Anzahl Fahrspiele	4	[-]
Anzahl Fahrspiele mit Halt größer 4 s	4	[-]
Zyklusdauer	440	[s]
durchschnittliche Standzeit bei Halt	7.8	[s]
Anteil Standzeit	8.8	[%]

Bild C1.2: zeitlicher Verlauf und statistische Daten des Geschwindigkeitsprofils „FP STRAB steil“

Zur Komplettierung der Sollvorgaben des Linienabschnitts „FP STRAB steil“ gehört das Höhenprofil „HP STRAB steil“ nach Bild C1.3. Der maximale Höhenunterschied beträgt etwa 106 m, die maximale Streckenneigung etwa 16 %.

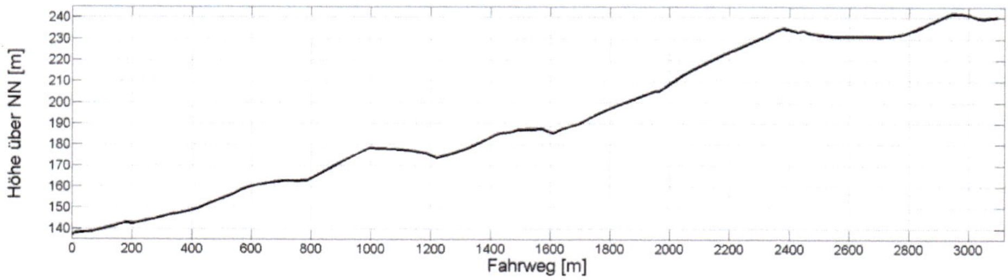

Bild C1.3: Höhenprofil „HP STRAB steil“

Der Vergleich zwischen dem Simulationsergebnis und den Messdaten zeigt bei Berücksichtigung des Höheneinflusses (rote Kurve in Bild C1.4) eine gute Übereinstimmung und bestätigt die Eignung des gewählten Modellansatzes. Zur Veranschaulichung des Einflusses der topographischen Höhe auf den ELB wurde die Simulation ohne Höheneinfluss wiederholt (schwarze Kurve in Bild C1.4). Es ist eine deutliche Abweichung von der tatsächlich durch den Antriebsstrang des Fahrzeuges aufzubringenden Leistung festzustellen. In der Literatur aufgeführte Geschwindigkeitsprofile sind somit nur dann zur Ermittlung des ELB einsetzbar, wenn die zugrunde liegenden Linienabschnitte keine größeren Höhenunterschiede aufweisen.

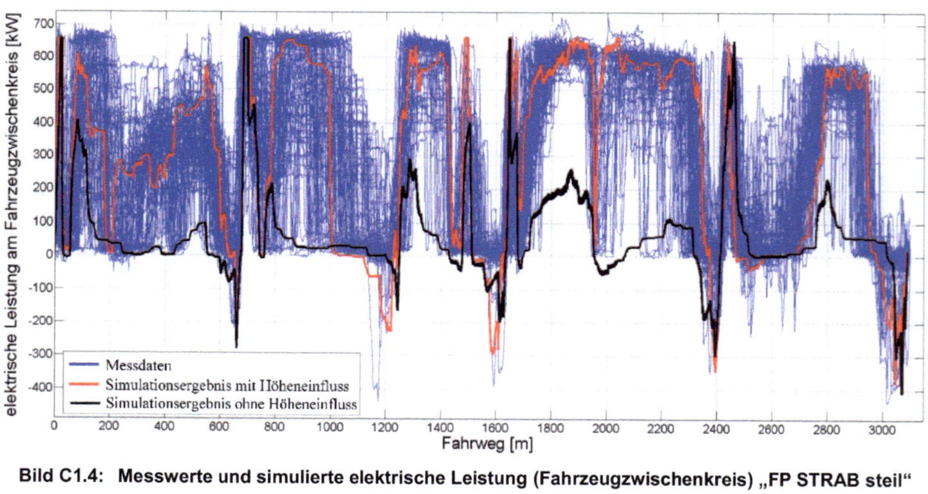

Bild C1.4: Messwerte und simulierte elektrische Leistung (Fahrzeugzwischenkreis) „FP STRAB steil“

C 2 *Linienabschnitt mit kleiner Höchstgeschwindigkeit „FP STRAB langsam“*

Der zur Modellerprobung ausgewählte Linienabschnitt „FP STRAB langsam“ besteht aus drei Fahrspielen, ist etwa 1100 m lang und weist einen vernachlässigbar kleinen Höhenunterschied von unter 3 m auf. Wiederum erfolgte die Beschränkung auf Fahrten bei Außentemperaturen größer 18°C, wodurch die Messdaten von 48 Fahrten ausgewertet werden konnten. Bild C1.5 zeigt die Messdaten sowie das erzeugte Geschwindigkeitsprofil „FP STRAB langsam“. Der Einfluss der topographischen Höhe wurde vernachlässigt.

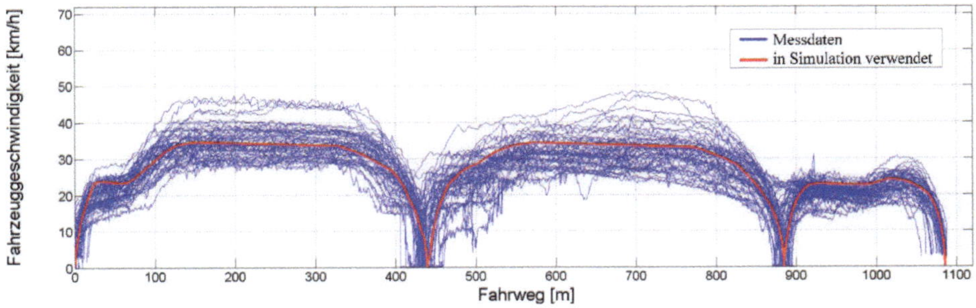

Bild C1.5: Messdaten und für die Simulation verwendetes Geschwindigkeitsprofil „FP STRAB langsam“

Bild C1.6 zeigt das Geschwindigkeitsprofil „FP STRAB langsam“ zusammen mit ausgewählten statistischen Daten.

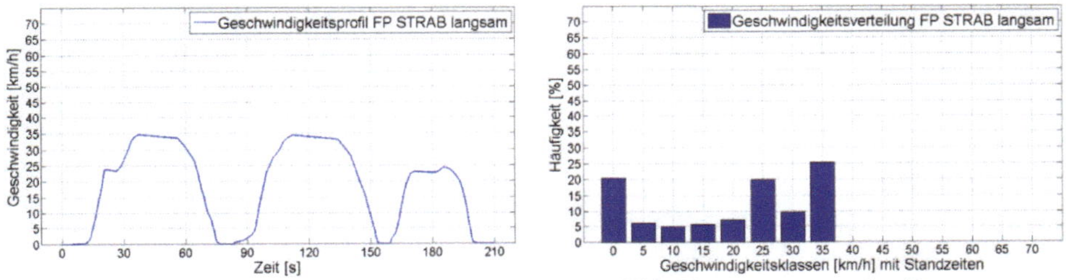

Höchstgeschwindigkeit	34.6	[km/h]
Durchschnittsgeschwindigkeit	18.6	[km/h]
max. Beschleunigung / Bremsverzögerung	1.24 / -1.35	[m/s²]
Streckenlänge	1086	[m]
durchschnittliche Fahrspiellänge	362	[m]

Anzahl Fahrspiele	3	[-]
Anzahl Fahrspiele mit Halt größer 4 s	3	[-]
Zyklusdauer	210	[s]
durchschnittliche Standzeit bei Halt	5.6	[s]
Anteil Standzeit	10.6	[%]

Bild C1.6: zeitlicher Verlauf und statistische Daten des Geschwindigkeitsprofils „FP STRAB steil“

Die Auswahl eines Linienabschnitts mit kleiner Höchstgeschwindigkeit erfolgte zur Überprüfung der gewählten Parameter des im Modell als „Fahrer“ fungierenden PI–Reglers. Bild C1.7 belegt, dass das Modell auch bei verhältnismäßig langen Phasen der Beharrung keinen schwingenden oder driftenden Leistungsverlauf erzeugt. Zudem zeigen Simulations- und Messerergebnisse eine gute Übereinstimmung.

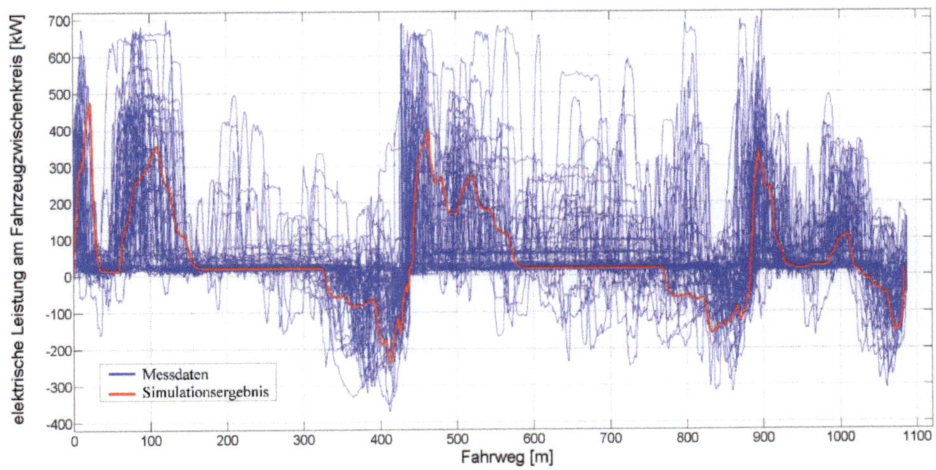

Bild C1.7: Messwerte und simulierte elektrische Leistung (Fahrzeugzwischenkreis) „FP STRAB langsam“

D Daten des RC–Netzwerkes für das IPM 1700 V 1800 A

In Kapitel 4 wurde als eine Maßnahme zur Absenkung der thermischen Belastung durch Hardwareänderungen der Einsatz von IPM mit größerer Stromtragfähigkeit im Vergleich zur Ausgangssituation diskutiert. Innerhalb einer Vergleichsrechnung erfolgte die Überprüfung der Wirksamkeit dieser Möglichkeit anhand eines IPM 1700 V 1800 A. Tabelle D1 enthält Datenblattangaben zur Beschreibung des thermischen Netzwerks gemeinsam mit den mittels Parametertransformationen berechneten und innerhalb der Simulation eingesetzten Werten.

Tabelle D1: Datenblattwerte und in Modellrechnungen verwendete Parameter des IPM 1700 V 1800 A

IPM 1700 V 1800 A		**N**					
		1	**2**	**3**	**4**	**WLP / 5**	**Cool / 6**
IGBT's							
RH_{iN}	[K/W]	0.0010	0.0102	0.0012	0.0003	0.0068	0.0070
CH_{iN}	[Ws/K]	1.55	3.92	189.76	12300.61	147.06	1350.00
Ra_{iN}	[K/W]	0.0020	0.0102	0.0051	0.0039	0.0051	0.0003
Ca_{iN}	[Ws/K]	1.10	2.94	90.52	144.14	1434.73	17324.54
DIODEN							
RH_{dN}	[K/W]	0.0014	0.0021	0.0165	0.0014	0.0074	0.0070
CH_{dN}	[Ws/K]	0.42	2.17	2.36	375.82	135.14	1350.00
Ra_{dN}	[K/W]	0.0026	0.0066	0.0118	0.0084	0.0017	0.0047
Ca_{dN}	[Ws/K]	0.30	1.00	1.75	99.77	556.73	1256.38

Lebenslauf

Sven Klausner

geboren am 07.10.1969 in Dresden

Familienstand: ledig, zwei Kinder 16 und 21 Jahre

Berufstätigkeit und wissenschaftlicher Werdegang

seit 2002 Fraunhofer Institut für Verkehrs- und Infrastruktursysteme Dresden (IVI)
Mitarbeiter der Abteilung Fahrzeug- und Verkehrssystemtechnik
- Konzeption und Umrüstung von Linienbussen auf vollelektrische Betriebsführung
- Projektarbeiten zum schnellen Energietransfer zwischen wegseitiger Ladeinfrastruktur und fahrzeugseitiger Energiespeichertechnologie
- Netzanalysen zum Einsatz von Energiespeichertechnologie
- Ingenieurtechnische Begleitung von Nahverkehrsbetreibern bei der Einführung des vollelektrischen Busbetriebes

1997 – 2002 Institut für Leichtbau und Kunststofftechnik der TU Dresden
Studentische Hilfskraft
- Vorbereitung und Durchführung von Versuchen an Rotorprüfständen

1990 –1993 Mietzsch GmbH Dresden
Montagetätigkeit als Lüftungsmonteur

Studium

1997 – 2002 Hochschule für Technik und Wirtschaft Dresden (FH)
Allgemeiner Maschinenbau, Vertiefung Technische Gebäudeausrüstung

Diplomarbeit EAST 4D GmbH Lightweight Structures, „Entwicklung und Prüfung neuartiger Faserverbundstrukturen für Impactbeanspruchungen“

Ausland Royal Melbourne Institute of Technology (Australia),
zwei Semester am Department of Mechanical Engineering

Schul- und Berufsbildung

1996 – 1997 Fachoberschule im BSZ Metalltechnik Dresden
Allgemeine Fachhochschulreife

1993 – 1995 Oberstufenzentrum Havelland
Staatlich geprüfter Techniker für Heizungs-, Lüftungs- und Klimatechnik

1986 – 1988 Mietzsch GmbH Dresden
Maschinen- und Anlagenmonteur

1976 – 1986 120. Polytechnische Oberschule Dresden
Realschulabschluss